任意边界条件下回转类板壳结构动力学

石先杰　王青山　黄　舟　著

科学出版社

北京

内 容 简 介

本书系统介绍结构动力学特性求解的基本原理、基于谱几何法的动力学特性分析方法以及任意边界条件下回转类板壳结构动力学特性，主要内容包括：基于谱几何法的动力学特性分析方法、数学原理、回转类板结构横向振动特性分析、面内振动特性分析、三维振动特性分析、回转类壳体结构动力学特性分析、回转类板-壳耦合结构动力学特性分析以及球-锥-柱耦合结构动力学特性分析。本书为任意边界条件下回转类板壳结构动力学特性研究提供了一套完整的理论体系和分析手段。

本书可供动力机械、汽车、船舶、工程机械、建筑、石油化工、航空航天及相关工程领域的高年级本科生、研究生、教师及相关行业的科技工作者参考。

图书在版编目 (CIP) 数据

任意边界条件下回转类板壳结构动力学 / 石先杰，王青山，黄舟著.
北京 : 科学出版社，2024.9. -- ISBN 978-7-03-079157-3

Ⅰ . TB334

中国国家版本馆 CIP 数据核字第 2024FQ9569 号

责任编辑：陈丽华 / 责任校对：彭　映
责任印制：罗　科 / 封面设计：墨创文化

科 学 出 版 社 出版

北京东黄城根北街16号
邮政编码：100717
http://www.sciencep.com

成都锦瑞印刷有限责任公司 印刷
科学出版社发行　各地新华书店经销

*

2024 年 9 月第 一 版　开本：B5 (720×1000)
2024 年 9 月第一次印刷　印张：13
字数：262 000

定价：189.00 元
(如有印装质量问题,我社负责调换)

前　　言

回转类板壳结构作为基础结构单元，已经被广泛地应用到工业、工程等诸多领域，而其动力学特性成为动力机械、汽车、船舶、工程机械、航空航天等领域的研究热点。

近十年来，学者们围绕回转类板壳结构动力学特性开展了大量研究工作，从最开始的回转类板壳结构的固有频率精确解到多种经典边界条件下的半解析解和数值解，再到板壳结构的动力学响应解。Leissa 在 1969 年和 1973 年分别出版了著名的专著 *Vibration of Plates* 和 *Vibration of Shells*，详细介绍了板壳理论发展情况，并给出了扇形板、圆柱壳、圆锥壳等回转类板壳结构振动求解方程的详细推导过程。曹志远在 1984 年出版的专著《板壳振动理论》中，系统地论述了板壳振动的基本理论与分析方法。邢誉峰和刘波在 2015 年出版的专著《板壳自由振动问题的精确解》中，系统地给出了薄板横向和面内自由振动的精确解、中厚板横向自由振动的精确解、圆柱薄壳自由振动的精确解。

近年来，作者及其所在的中国工程物理研究院总体工程研究所一直从事装备结构动力学设计、验证与评估等研究工作。在动力学设计与评估研究过程中，发现在实际复杂边界约束条件下，装备结构中的回转类板壳结构动力学环境分析与评估仍存在不足，还有很多工作尚待进一步深入探讨，亟须构建一套任意边界条件下回转类板壳及其耦合结构动力学特性分析的理论体系和分析手段。基于上述迫切需要，作者及其合作者在回转类板壳及其耦合结构动力学建模及特性分析方面开展了较为系统的研究，掌握了任意边界条件下回转类板壳结构动力学响应规律，相关研究工作的开展为先进结构设计及动力学建模分析提供了方法和数据支撑。

本书以回转类板壳结构为研究对象，梳理了近年来在板壳结构动力学研究方面的工作，从回转类板壳结构横向振动、面内振动、三维振动及板壳耦合结构系统振动(或者动力学)等方面开展了论述，相关成果对工程结构的动力学设计与耐振特性评估有较强支撑作用。第 1 章绪论，重点回顾回转类板壳及其耦合结构研究成果；第 2 章介绍板壳结构动力学求解方法，并重点阐述谱几何法的数学原理及其内涵；第 3 章、第 4 章和第 5 章分别细述回转类板结构横向振动特性分析、面内振动特性分析和三维振动特性分析；第 6 章详细描述圆锥壳、圆柱壳和球壳等回转类壳体结构动力学特性；第 7 章和第 8 章分别细述回转类板-壳耦合结构及球-锥-柱耦合结构的动力学特性。所述工作除了本人及其合作者开展的相关研究工作之外，还凝聚了大量知名专家、同行学者的智慧与辛劳，虽已在本书的参考文献中有所提及，但远不是全部。由于文献浩繁，难免有所遗漏，对该领域的小部分工作可能未曾提及，对此深表歉意。

本书得到了国家自然科学基金面上项目(51975547)、中国工程物理研究院院长基金(YZJJLX2018008)、国家自然科学基金青年基金项目(51505445)的资助与支持，在此表示衷心感谢！在撰写过程中，本书得到了中国工程物理研究院总体工程研究所同事以及钟锐、陈正雄、左朋、王瑞华、胡双卫、沈蒙瑜、郭琛琛等研究生的大力帮助，在此一并致以诚挚的感谢。

本书由中国工程物理研究院总体工程研究所石先杰高级工程师、中南大学机电工程学院王青山副教授和中国工程物理研究院总体工程研究所黄舟工程师共同撰写。全书共 8 章：第 1~4 章由石先杰撰写，第 5 章由石先杰与王青山共同撰写，第 6~7 章由石先杰与黄舟共同撰写，第 8 章由王青山撰写。全书由石先杰统稿。

由于作者水平有限，书中难免存在疏漏和不足之处，敬请各位读者批评指正。

石先杰

2024 年 3 月

目　　录

第1章 绪 论

回转类板壳结构(扇形板、环板、圆板、圆锥壳、圆柱壳以及板壳组合结构等)作为独立结构或组合结构的基本单元被广泛应用于航空航天、船舶工程、石化容器、飞机工业、土木建筑、火箭及铁路交通等工程领域[1]。在铁路交通运输工程中,铁路车轮可以采用圆盘结构来模拟;在火箭工程中,火箭的主体结构可以由圆柱壳、圆锥壳、圆板和环板等结构组合而成;在船舶工程中,圆柱壳、圆板等结构单元构成了潜艇的主要组成部分;在飞机工业中,回转类板(扇形板、环板和圆板)大量存在于飞机结构中。

在实际工程应用中,回转类板壳结构往往具有更加复杂的边界约束条件,不仅包括固支、简支和自由这三种经典边界条件,还包括弹性边界约束条件以及经典与弹性边界的任意组合。板壳结构在外界激励载荷作用下产生的剧烈振动常常会造成结构的疲劳破坏、机械故障、能量损耗,并降低结构的可靠性等性能。此外,结构通过振动向周围环境辐射的噪声不仅关系着国防安全(如飞机、潜艇的隐蔽性),同时也和人们日常生活息息相关,直接关系到人类生存环境和居住环境的舒适性。因此,在理论上和实验上对任意边界条件下回转类板壳结构动力学问题这一挑战性的课题进行持续深入的研究,对高速机车、火箭、舰船/潜艇及航空航天飞行器工程等不同工程应用条件下的回转类板壳结构的设计提供必要的理论和技术支持,显得极其重要和迫切。

任何结构系统的动力学分析均需要对结构部件和边界条件进行建模,而准确建立回转类板壳结构动力学分析模型是进行动力学特性研究的前提。虽然目前已有较多回转类板壳结构动力学特性的相关研究成果,但是大部分是针对简支或特定边界条件,且相关研究工作仅局限于单一形状结构,对于任意边界条件下回转类板壳结构统一动力学模型的构建与研究尚未见报道。由于对回转类板壳结构动力学特性的认识不够深入,工程师和设计者们在进行结构动态设计时会遇到一定的困难,这将成为制约相关工程结构技术水平的一个重要因素。此外,边界条件是影响结构振动噪声特性的一个重要参数,详尽了解其影响规律可以给人们提供更为广阔的设计参数空间。因此,有必要构建任意边界条件下回转类板壳结构的统一动力学模型,并对其动力学特性开展深入的研究,为相关工程结构部件的设计提供理论指导和技术支撑。

1.1 回转类板结构横向振动

几十年来，学者们围绕回转类板结构的横向振动做了大量的研究工作。1969年，Leissa[2]对板结构横向振动的研究文献进行了综述，并出版了著名的专著 *Vibration of Plates*。随后，他基于贝塞尔级数又提出了一种通用的求解方案，并获得了径向直边简支、弧边为任意边界条件的扇形板结构的固有频率精确解[3]。随着研究的不断深入，研究学者开始对任意圆心角大小的回转类板结构振动问题开展相关研究工作。Huang 等[4]第一次较为全面地给出了圆心角大于 π 且径向直边简支约束的圆扇形板结构自由振动问题的精确解析解。Kim 和 Yoo[5]结合 Levy 级数形式推导了环扇形板结构弯曲振动响应的精确解析解，其中环扇形板的径向直边边界设置为简支，弧边边界分别设置为简支、固支及其组合。Wang 和 Thevendran[6]采用瑞利-里兹法求解了具有内部轴对称支撑环板的自由振动问题，在此基础上，他们将内半径设定为一个趋于零的极小数来求解圆板结构的振动特性。Aghdam 等[7]采用扩展的康托洛维奇方法对固支边界条件下环扇形板结构的弯曲振动特性进行了相关研究。该方法将四阶的控制微分方程转化为两个常微分方程组，在此基础上，能够通过迭代方式快速获得收敛解。

Liew 和 Liu[8]采用微分求积法(differential quadrature method，DQM)对环扇形明德林(Mindlin)板的自由振动特性进行了计算分析，模型边界条件考虑了自由、固支、简支及其任意组合情况。Wang 和 Wang[9]采用一种改进的 DQM 来求解圆扇形薄板的自由振动问题。对于薄板结构，在圆心点处仅赋予一个自由度。Hejripour 和 Saidi[10]利用 DQM 研究了各向同性环扇形板非线性自由振动特性，通过迭代求解获得特征值解。

Houmat[11]建立了一种 Fourier-p 扇形板单元，可以准确地描述扇形板结构的几何形状，并随后将其用于求解扇形板结构的自由振动特性，其中单元采用三次型函数和三角函数来分别定义节点自由度和单元边界及内部附加自由度。Cheng 等[12]采用有限元法(finite element method，FEM)和实验相结合的方式对类环形板结构进行了振动分析，并详细探究了偏心率、孔尺寸和边界条件等因素对结构振动特性的影响规律。Cai 等[13]基于基尔霍夫板理论提出一种无旋转正交单元，可以有效解决扇形板存在的角应力奇异问题，并随后将其用于分析任意边界约束下扇形板自由振动问题，其中结构边界点由距离很小的两个节点模拟，以此满足 C^1 位移连续性要求。

Bahrami 等[14]、Shirmohammadi 和 Bahrami[15]基于谱单元法(spectral element method，SEM)分别研究了冲击载荷作用下环扇形板、圆板以及圆环板等结构的动力学响应，且通过与文献相关结果对比验证了方法的有效性。Ghannadiasl 和 Mofid[16]采用格林函数法研究了文克尔(Winkler)弹性地基上阶梯圆板自由振动问题，且采用人工弹簧技术来模拟任意内部弹性环支撑。Żur[17]结合格林函数和诺伊曼(Neumann)幂级数求解了非线性变厚度均匀和各向同性圆环板结构的振动频率。在此基础上，Żur[18]还采用拟格林函数法研究了功能梯度圆板结构的自由振动特性，且考虑了固支、简支以及自由三种边界条件。Guan 等[19]建立了一种研究类扇形板结构自由振动问题的新的半解析模型，并通过高斯-勒让德求积公式求解理论模型。在该研究中，采用贝塞尔函数描述类扇形板结构位移函数，同时在边界条件下进行傅里叶级数展开，以此满足边界上任意点的边界条件。

陈美霞等[20]结合伽辽金法和傅里叶-贝塞尔函数研究了弹性边界下圆板结构的流固耦合振动问题。王忠民等[21]采用积分方程法分析了直边简支的凹角(圆心角大于或等于 π)和凸角(圆心角小于 π)扇形板结构自由振动特性。朱竑祯等[22]采用动刚度矩阵法研究了变厚度圆环板和圆板结构的自由振动问题。姚伟岸和孙贞[23]基于辛弹性力学理论对扇形薄板的弯曲振动问题进行了相关研究，采用赫林格-赖斯纳(Hellinger-Reissner)变分原理推导了板结构问题的对偶方程，得到了不同边界条件下板结构弯曲振动问题对应的超越方程。研究结果表明该方法对于弧边固支、简支或自由等约束条件的振动问题都可以很好地求解，且具有较好的收敛性和精确性。Zhou 等[24]在辛空间上研究了圆形和环形薄板结构的振动问题，在哈密顿方程基础上建立了哈密顿对偶方程，通过分离变量法对对偶方程进行了解析求解，获得了结构的自由振动特性。王珊和姚伟岸[25]采用辛体系理论分析了两径向直边为自由边界条件的双材料环扇形薄板的弯曲挠度特性，并将该方法拓展至含裂纹或 V 形切口的扇形薄板弯曲振动问题中。秦于越等[26]基于多辛保结构方法求解了偏心冲击载荷作用下圆板振动响应解，研究结果表明多辛分析方法可以很好地保持圆板动力学系统的几何性质。

1.2　回转类板结构面内振动

众所周知，回转类板结构中存在三种类型的波：弯曲波、纵波和剪切波。其中，弯曲波存在于结构的弯曲(横向)振动，即面外振动(out-of-plane vibration)中，而纵波和剪切波存在于结构的拉伸振动，即面内振动(in-plane vibration)中。由于面外振动的固有频率与大部分外界激励频率相接近，使得板结构的面外振动具有十分重要的工程应用价值，而相应地有关板结构的面外振动的研究文献较为丰富。与面外振动相比，面内振动的特征频率值往往较高，一般都比普通的外界激励频率要高，难以激励，因此有关回转类板结构面内振动特性的研究文献较少。近年来的研究表明，面内振动在铁路车轮、盘式制动器和硬盘驱动器等实际工程应用领域中起着重要的作用，从而使得回转类板结构的面内振动特性引起了专家学者的广泛关注[27]。

Love[28]开创性地研究了板结构的面内振动问题，推导并建立了面内运动的基本方程，给出了自由边界条件下圆板结构面内振动的一般解，即著名的洛夫(Love)理论。由于当时面内振动问题的物理意义不明显，使得他没有进一步研究圆板结构的面内振动特性。后来，Holland[29]对圆板的面内振动进行了更为普遍的研究，在较大范围的节径数和泊松比下给出了板结构的频率参数和归一化特征模态。此外，该研究中还分析了面内外界激励力作用下板结构的响应特性。Farag 和 Pan[30]分析了固支圆板结构面内振动特性随泊松比和圆板厚度的影响规律，结构的面内振动位移函数在周向和径向方向的分量分别采用三角函数和贝塞尔级数表示。研究结果表明周向波数为 1 的振动均是圆板中心点振动位移为主导的模态振型，且板结构的轴对称模态频率不随泊松比改变而变化，而其余阶次特征频率将随泊松比的减小而增大。Park[31]基于哈密顿原理推导建立了固支圆板面内振动频率方程，采用亥姆霍兹(Helmholtz)分解法和分离变量法分别将方程解耦和特征频率精确求解，通过与有限元法和文献[30]的结果比较分析，验证了所建立分析模型的正确性。

Bashmal 等[32]采用瑞利-里兹法并结合边界特征正交多项式，建立了经典边界条件下圆板和环板的面内振动特性分析模型。在该研究中，采用了两种方式来模拟固支边界条件：一是构造满足固支边界条件的多项式；二是通过在自由边界下板结构的边界处引入具有较大刚度的边界约束弹簧。随后，Bashmal 等[33]采用贝塞尔级数构造了环板和圆板面内振动位移场函数，并建立该类结构面内振动特性分析模型。通过该模型可以精确地获得经典边界条件及弹性支撑下板结构面内振动特征频率，整个建模推导过程较为复杂。Ravari 和 Forouzan[34]则通过应力-应变-位移关系建立了正交各向异性环板的运动控制方程，采用 Helmholtz 分解法将方程解耦以建立板结构系统面内振动频率方程，最后采用分离变量法获得了各向同性和正交各向异性板结构的面内振动频率及其对应模态振型。基于上述研究方法，Yuan 等[35]分析了简支边界条件下环板和扇形板结构的面内自由振动特性，研究结果表明特征值交叉现象的出现会导致相邻模态间振型互换。Wang 等[36]采用改进傅里叶级数法建立了正交各向异性圆板、环板、圆环板等回转板结构面内自由振动分析的统一半解析理论模型。在研究中，通过引入人工弹簧技术实现对任意边界条件的模拟。随后，Liu 等[37]还采用切比雪夫多项式描述结构位移函数，研究了任意曲率板的面内自由振动特性，并通过与试验结果以及有限元法结果对比，验证了所构建模型的正确性。

Kim 等[38]精确求解了弧边具有径向和切向约束弹簧的圆板结构面内振动微分方程，其中，圆板的面内振动位移函数在径向和周向上的分量分别表示为带有节径数的三角函数和振型函数。Hasheminejad 等[39]结合经典的变量分离法和 Helmholtz 分解法求解了椭圆板和共焦椭圆环板的面内振动特性。Dousti 和 Jalali[40]采用配点法和哈密顿原理分析了高速旋转复合材料环板的面内振动和横向振动特性。Qin 等[41]结合等几何方法(isogeometric approach，IGA)和非均匀有理 B 样条基函数研究了圆板、环板和扇形板的面内振动问题。Eftekhari[42]基于微分求积法求解了移动点载荷作用下变厚度圆弧拱的面内振动响应解，并通过将相关移动点载荷的狄拉克 δ 函数扩展为傅里叶级数，解决了动力学方程非奇异的问题。吴天行建立了一个可适用于不同边界约束条件下的圆板和环板结构扭振问题的解析分析模型[43]。吕朋等[44]研究了任意边界条件下圆环板结构的面内自由振动特性。滕兆春等[45]、蒲育等[46]采用 DQM 建立了圆环板、环扇形板等结构的振动特性求解方程，并在此基础上获得了结构面内自由振动解。

1.3　回转类板结构三维振动

现有公开文献中关于回转类板结构振动问题的研究大多都是在经典薄板或一阶剪切变形理论等经典板壳理论基础上展开的，由于上述理论的提出忽略厚度方向的剪切变形，因此导致结构振动分析时的总厚度要远小于其他维度。随着厚度的增加，经典板理论由于忽略剪切变形将会导致求解得到高于结构真实频率的不正确计算结果。然而，在铁路车轮和盘式制动器等工程应用领域，板结构厚度较其他维度而言无法忽略，而三维弹性理论的建立不基于任何假设，可以考虑厚度方向存在的剪切变形等效应。因此，建立板结构的三维振动分析模型显得十分必要。

Hutchinson[47]首次对圆板结构的三维振动特性进行了相关研究，三维振动位移函数在径向方向的分量采用第一类贝塞尔级数表示，而在其余两个方向则被描述为三角函数。Liu 和 Lee[48]采用有限元法对圆形和环形厚板的三维振动问题进行了相关研究，分析了强简支和弱简支等不同边界条件下结构的振动特性。Khare 和 Mittal[49]基于有限元法求解了复合材料厚层合圆板和环板的三维振动频率解及相应的模态振型，并且分析了厚度比、纤维角、铺层方式、边界条件等因素对振动特性的影响。Liew 等[50]采用 2-D 正交多项式作为瑞利-里兹法的形函数分析了经典边界条件下环扇形板的三维振动问题。Hashemi 等[51]采用 3-D p-Ritz 法并结合一系列正交多项式建立了双参数巴斯特纳克(Pasternak)弹性地基上环板结构的三维弹性振动分析模型，分析了弹性地基刚度参数及环板结构参数对结构特征频率的影响。同时，他们还通过不同弹性地基参数下由薄板理论和 Mindlin 板理论求得的结果与 3-D p-Ritz 法结果对比来确定各种理论的适用范围。

Zhou[52]等采用瑞利-里兹法研究了经典边界条件下圆板和环板的三维振动问题，板结构的三维振动位移场函数由边界条件多项式和切比雪夫多项式的组合来进行描述，其中边界条件多项式用于保证结构满足几何边界约束条件，而切比雪夫多项式则可以使整个数值计算过程具有较好的稳健性。该方法逐渐应用于变厚度环板、环扇形板等结构的三维振动问题中，并详细分析了尺寸参数等因素对板结构系统振动特性的影响[53,54]。McGee 和 Kim[55]采用基于三维弹性理论和里兹变分法求解了具有 V 形缺口和径向裂纹的圆柱形弹性板结构的振动问题。采用与文献[55]相同的研究方法，Li 等[56]探讨了变厚度齿轮圆板的自由振动特性，该研究采用切比雪夫多项式表征结构的位移容许函数。Jin 等[57]采用三维改进傅里叶级数法和瑞利-里兹法分析了功能梯度厚圆环板的自由振动特性，分析了经典边界条件、弹性边界条件以及组合边界条件对结构振动频率的影响。Tahouneh 和 Yas[58]采用微分求积法和级数法求解了不同经典边界条件组合下弹性地基上功能梯度环板的自由振动问题，其中功能梯度材料参数沿着板结构厚度方向成幂级数形式变化。研究结果表明该模型收敛速度快，且固有特征频率参数随着板结构厚度的增加而减小。

Rad 和 Shariyat[59]基于精确的三维弹性理论分析了法向和面内切向外载作用下非均匀双参数 Winkler-Pasternak 基础上功能梯度环板结构的弯曲挠度和应力问题。在该研究中，功能梯度材料参数沿横向和径向成幂级数形式变化，且采用状态空间和微分求积法来求解三维弹性问题。Talebitooti[60]基于三维弹性变形理论研究了功能梯度 2D 环扇形厚板的自由振动问题，三维振动问题的三个复杂控制方程采用微分求积法进行解析求解，且功能梯度材料参数将沿多个方向变化。Roshanbakhsh 等[61]基于引入的位移势函数建立了功能梯度厚圆板结构三维自由振动理论分析模型，并采用分离变量法获得结构振动控制方程。在其研究中，采用幂级数和指数两种形式描述功能梯度有效材料参数沿厚度方向的变化规律。Cuong-Le 等[62]结合等几何方法和哈密顿原理研究了由功能梯度多孔岩石材料制成的环板、圆柱壳、圆锥壳结构的三维自由振动和屈曲行为，并采用余弦函数描述沿厚度方向分布的孔隙。研究中采用非均匀有理 B 样条基函数建立结构几何和变量场之间的映射关系。Wu 和 Yu[63]则提出一种三维有限环形棱镜法（finite annular prism method，FAPM）求解双向功能梯度环形板的自由振动问题。该研究中的功能梯度有效材料属性沿结构径向和厚度方向的变化规律均采用指数形式表示，且分别采用傅里叶级数和拉格朗日多项式对分割得到的单元棱镜周向和径向厚度表面的场变量进行插值。秦慧斌等[64]基于三维弹性方程和能量变分原理，采用 3-D 瑞利-里兹法分析了环盘结构三维自由振动问题，分析了不同结构参数和材料参数对其振动特性的影响，总结了特征频率参数的相应变化规律。同时，通过模态实验验证了三维振动分析模型的正确性及可靠性。

1.4　回转类壳体结构动力学

　　圆柱壳、圆锥壳、圆球壳等回转类壳体结构作为基本结构单元，在火箭、导弹、潜艇等工程结构中得到广泛应用。这些结构在服役期间会不可避免地经受随机载荷、周期载荷的作用，从而造成结构振动甚至疲劳失效。为了提高结构的安全性与服役寿命，有必要开展回转类壳体结构动力学特性分析。近几十年，国内外研究学者针对回转类壳体结构振动问题展开了一系列研究，对壳体理论和振动分析方法的发展做出了许多贡献。

　　Lessia[65]在 *Vibration of Shells* 一书中详尽介绍了壳体理论的发展情况，并给出了圆柱壳、圆锥壳等回转类壳体结构控制微分方程和能量方程的详细推导过程。Irie 等[66]采用传递矩阵法研究了变厚度圆锥壳和轴向弹性约束圆柱壳的自由振动特性，该研究考虑了自由、固支以及简支等边界条件。随后，Yamada 等[67]在 Irie 研究的基础上，进一步分析了周向轮廓呈函数变化的非圆柱壳自由振动特性，且在研究中讨论了壳体长度和凸角对固有频率的影响。Loy 等[68]基于广义微分求积法研究了不同边界条件下圆柱壳结构的自由振动特性，并与文献结果对比验证了方法的有效性。Tornabene 和 Viola[69]结合一阶剪切变形理论和广义微分求积法求解获得抛物线双曲率壳自由振动的近似解。该研究中考虑了固支、简支以及自由三种边界条件。Bacciocchi 等[70]基于高阶等效单层理论并结合广义微分求积法建立了变厚度层合板和层合壳自由振动特性的半解析模型，数值分析结果表明该模型具有良好收敛性和有效性。由于边界条件普适性较差，该模型不适用于任意边界条件下回转类壳体结构振动问题的求解。

　　Pellicano[71]建立了圆柱壳结构线性和非线性振动半解析理论模型，并通过与试验结果和文献结果对比验证了上述模型的有效性。Qin 等[72]采用瑞利-里兹法分析了任意边界条件下圆柱壳的振动特性，探讨了正交多项式、切比雪夫多项式以及改进傅里叶级数等不同结构位移函数下振动控制方程求解精度和收敛性，研究结果表明切比雪夫多项式具有更快的收敛速度和更好的求解效率。Pang 等[73]、Li 等[74]建立了任意边界条件下均匀双曲率壳以及圆柱壳结构的自由振动特性分析模型，其中位移函数采用雅可比多项式和傅里叶级数表达。通过与文献结果和有限元法结果的对比，验证了理论模型的有效性和收敛性。Jin 等[75]采用改进傅里叶级数法求解了任意边界条件下圆锥壳结构的固有频率及其振型，详细分析了结构参数对振动频率的影响规律。Renno 和 Mace[76]采用波和有限元法(wave and finite element method，WFE)研究了任意厚度圆柱壳的强迫振动特性。Kolarević 和 Danilović[77]基于 Flügge 薄壳理论和动刚度矩阵法(dynamic stiffness method，DSM)

研究了开口圆柱壳结构自由振动问题，分析了边界条件以及几何参数对结构振动频率的影响。

Zhou 等[78]结合状态空间法和精细矩阵指数求解了圆球壳的固有频率及其振型。Jia 等[79]采用辛方法分析了任意边界条件下阶梯厚度圆柱壳的自由振动特性，探讨了边界条件和正交各向异性材料参数对振动特性的影响规律。Poultangari 和 Bahrami[80]采用波传播法分析了圆柱壳的自由振动解，且通过人工弹簧技术实现对不同边界条件的模拟。数值结果表明周向弹簧刚度对固有频率影响最大。Civalek[81]采用离散奇异卷积技术(discrete singular convolution technique，DSC)研究了旋转圆柱壳和圆锥壳的自由振动问题。Qu 等[82]采用区域分解法(domain decomposition method，DDM)建立各向同性/层合圆柱壳结构的自由振动和强迫振动分析模型，通过多段划分策略将圆柱壳结构划分为 N 段，并采用改善的变分原理和最小二乘加权残值法来处理壳段间的连续性条件模拟问题，使 DDM 可以满足高阶模态的计算需求。Xie 等[83]则引入哈尔(Haar)小波离散化方法(Haar wavelet discretization method, HWDM)研究了圆柱壳结构的自由振动特性，并采用 Goldenveizer-Novozhilov 壳理论描述结构的位移场和本构关系。

陈旭东和叶康生[84]结合动刚度矩阵法和哈密顿原理推导获得了中厚圆柱壳和椭球壳的动力刚度矩阵，随后采用 Wittrick-Williams 算法求解结构的振动频率。陈美霞等[85]采用幂级数法研究了水中环肋圆锥壳结构自由振动和强迫振动特性，并采用刚度各向异性法等效环肋的质量和刚度。研究结果表明流体负载和环肋可以通过附加质量及阻尼的形式作用于圆锥壳结构。张冠军等[86]结合波传播法和级数变换法研究了椭圆柱壳自由振动问题。黄小林等[87]推导了弹性地基上含均匀/非均匀孔隙功能梯度圆锥壳自由振动理论分析模型，采用伽辽金方法对理论模型进行离散，总结了不同因素对圆锥壳振动特性的影响规律。王金朝等[88]采用改进傅里叶级数法研究了环肋圆柱壳自由振动和稳态振动特性，并通过与模态试验结果和有限元法结果对比，验证了振动模型的正确性和有效性。

1.5　回转类板壳耦合结构动力学

在实际的工程应用领域中，板-壳耦合结构往往是一种更为符合实际的基本结构单元。当板壳结构之间存在耦合连接时，由于组成耦合结构的子构件之间存在能量流动和传递，从而使得板-壳耦合结构的动力学特性变得更加复杂。因此，开展耦合结构的动力学特性研究对实际工程应用具有重要的理论价值。目前国内外专家学者就板-壳耦合结构的动力学问题进行了一系列的研究工作。

White[89]采用平均能量和能量流法开创性地对带有端板的圆柱壳结构声传递

特性进行了研究，并通过相关物理实验验证了理论计算研究的正确性。Irie 等[90]采用传递矩阵法建立了锥壳和圆柱壳耦合结构系统自由振动分析模型，分析了耦合结构的固有频率及其振型。在该研究中，当锥壳的倾斜角等于 $\pi/2$ 时将退化为环板，从而可以轻松获得环板-圆柱壳耦合结构系统的自由振动特性。Huang 和 Soedel[91]采用导纳法对在任一轴向位置与一圆板耦合连接的简支圆柱壳结构的振动问题进行了研究，通过数值算例对比分析验证了该方法的有效性，并在此基础上考察了圆板结构在圆柱壳轴向耦合位置对耦合结构系统振动特性的影响。

Zhang 等[92,93]采用 DSM 分析了任意边界条件下圆锥-加肋圆柱-圆锥组合壳结构的自由振动和强迫振动特性。在该研究中，通过变换矩阵将子结构的动刚度矩阵转换到全局坐标系下，从而实现对组合结构整体刚度矩阵的构造。Tian 等[94]利用 DSM 建立了锥-柱组合壳结构自由振动和强迫振动问题的解析模型，在该研究中，分别采用幂函数和波函数描述圆锥壳和圆柱壳的位移容许函数。Shakouir 和 Kouchakzadeh[95]结合傅里叶级数和幂级数描述圆锥壳结构的位移函数，解析求解了圆锥-圆锥组合壳的自由振动问题。该模型可以通过改变锥顶角实现锥-柱组合壳、圆柱-圆板组合壳、圆锥-圆板组合壳等结构的自由振动分析。采用相同的位移描述方式，Sarkheil 和 Foumani[96]研究了旋转锥-柱组合壳的自由振动特性，并在研究中考虑了离心力、科式力以及初始环向张力的影响。

Lee[97]建立了一套半解析模型求解圆球-圆柱组合壳结构的自由振动问题，其中圆球壳和圆柱壳的轴向位移函数由切比雪夫多项式统一描述，并采用傅里叶级数描述壳体结构周向位移函数。随后，Lee[98]将建立的半解析模型扩展至锥-柱组合壳自由振动特性研究。采用雅可比多项式以及傅里叶级数，Li 等[99-100]、Pang 等[101]对组合壳结构自由振动特性展开了一系列研究。此外，Qu 等[102,103]采用 DDM 建立了锥-柱组合壳结构以及加筋锥-柱组合壳结构的半解析分析模型，其中结构的位移函数采用切比雪夫多项式和傅里叶级数的混合级数形式来表示。随后，He 等[104]采用 DDM 求解了圆柱-圆球组合壳结构自由振动问题。Ma 等[105,106]基于改进傅里叶级数法和瑞利-里兹法研究了圆柱-环板组合结构以及锥-柱组合壳结构的自由振动和稳态振动特性。Zhang 等[107]采用相同方法详细分析了带有环板的双圆柱壳组合结构的自由振动以及强迫振动特性。Ma 等[105,106]、Zhang 等[107]采用人工弹簧技术实现对任意边界条件以及子结构间连续性条件的模拟。由于该方法的引入同时会造成特征方程出现"病态"现象，为了克服这一问题，Su 和 Jin[108]提出一种傅里叶谱单元法求解组合结构振动响应，并采用该方法研究了锥-柱-球组合壳自由振动问题。

Bagheri 等[109]在一阶剪切变形理论的框架下建立了圆锥-圆锥组合壳结构的振动分析模型，采用微分求积法获得结构的离散动力学运动方程，探讨了边界条件、几何参数等因素对组合壳结构自由振动的影响。随后，基于上述研究方法和分析流程，Bagheri 等[110,111]进一步对锥-柱-锥组合壳结构、功能梯度锥-球组合壳结构的振动特性展开了研究。邹明松等[112]求解获得了两端具有端板的圆柱壳结构自由振动问题的半解析解。在该研究中，他采用三角级数和贝塞尔级数对圆柱壳和圆板结构的振动位移函数进行描述，而板-壳间的连接条件通过连接处的位移和内力平衡关系建立。最后，他将计算结果与有限元法的结果比较分析来验证该模型的正确性，但该项研究没有考虑平板的面内振动对耦合结构系统动力学特性的影响。张帅等[113]采用改进傅里叶级数法建立了锥-柱-球组合壳结构的自由振动半解析理论模型，并通过人工弹簧模拟任意边界条件以及子单元之间的连续性条件。

参 考 文 献

[1] 卢天健, 辛锋先. 轻质板壳结构设计的振动和声学基础[M]. 北京: 科学出版社, 2012.

[2] Leissa A W. Vibration of Plates[M]. Washington D.C.: Government Printing Office, 1993.

[3] Leissa A W, Narita Y. Natural frequencies of simply supported circular plates[J]. Journal of Sound and Vibration, 1980, 70(2): 221-229.

[4] Huang C S, Leissa A W, McGee O G. Exact analytical solutions for the vibrations of sectorial plates with simply-supported radial edges[J]. Journal of Applied Mechanics, 1993, 60(2): 478-483.

[5] Kim K, Yoo C H. Analytical solution to flexural responses of annular sector thin-plates[J]. Thin-Walled Structures, 2010, 48(12): 879-887.

[6] Wang C M, Thevendran V. Vibration analysis of annular plates with concentric supports using a variant of Rayleigh-ritz method[J]. Journal of Sound and Vibration, 1993, 163(1): 137-149.

[7] Aghdam M M, Mohammadi M, Erfianian V. Bending analysis of thin annular sector plates using extended Kantorovich method[J]. Thin-Walled Structures, 2007, 45(12): 983-990.

[8] Liew K M, Liu F L. Differential quadrature method for vibration analysis of shear deformable annular sector plates[J]. Journal of Sound and Vibration, 2000, 230(2): 335-356.

[9] Wang X W, Wang Y L. Free vibration analyses of thin sector plates by the new version of differential quadrature method[J]. Computer Methods in Applied Mechanics and Engineering, 2004, 193(36-38): 3957-3971.

[10] Hejripour F, Saidi A R. Nonlinear free vibration analysis of annular sector plates using differential quadrature method[J]. Proceedings of the Institution of Mechanical Engineers, Part C. Journal of Mechanical Engineering Science, 2012, 226(2): 485-497.

[11] Houmat A. A sector Fourier p-element applied to free vibration analysis of sectorial plates[J]. Journal of Sound and Vibration, 2001, 243(2): 269-282.

[12] Cheng L, Li Y Y, Yam L H. Vibration analysis of annular-like plates[J]. Journal of Sound and Vibration, 2003, 262(5): 1153-1170.

[13] Cai D, Wang X, Zhou G. A rotation-free quadrature element formulation for free vibration analysis of thin sectorial plates with arbitrary boundary supports[J]. Computers and Mathematics with Applications, 2021, 99: 84-98.

[14] Bahrami S, Shirmohammadi F, Saadatpour M M. Modeling wave propagation in annular sector plates using spectral strip method[J]. Applied Mathematical Modelling, 2015, 39(21): 6517-6528.

[15] Shirmohammadi F, Bahrami S. Dynamic response of circular and annular circular plates using spectral element method[J]. Applied Mathematical Modelling, 2018, 53: 156-166.

[16] Ghannadiasl A, Mofid M. Free vibration analysis of general stepped circular plates with internal elastic ring support resting on Winkler foundation by green function method[J]. Mechanics Based Design of Structures and Machines, 2016, 44(3): 212-230.

[17] Żur K K. Green's function for frequency analysis of thin annular plates with nonlinear variable thickness[J]. Applied Mathematical Modelling, 2016, 40(5/6): 3601-3619.

[18] Żur K K. Quasi-Green's function approach to free vibration analysis of elastically supported functionally graded circular plates[J]. Composite Structures, 2018, 183: 600-610.

[19] Guan X, Tang J, Shi D, et al. A semi-analytical method for transverse vibration of sector-like thin plate with simply supported radial edges[J]. Applied Mathematical Modelling, 2018, 60: 48-63.

[20] 陈美霞, 姚仕辉, 谢坤. Galerkin 法求解弹性边界条件下圆板的流-固耦合振动特性[J]. 振动与冲击, 2019, 38(7): 204-211.

[21] 王忠民, 王昭, 张荣, 等. 基于微分求积法分析旋转圆板的横向振动[J]. 振动与冲击, 2014, 33(1): 125-129.

[22] 朱竑祯, 王纬波, 殷学文, 等. 变厚度圆环板/圆板横向自由振动的动刚度法求解[J]. 应用力学学报, 2019, 36(6): 1260-1266.

[23] 姚伟岸, 孙贞. 环扇形薄板弯曲问题的环向辛对偶求解方法[J]. 力学学报, 2008, 40(4): 557-563.

[24] Zhou Z H, Wong K W, Xu X S, et al. Natural vibration of circular and annular thin plates by Hamiltonian approach[J]. Journal of Sound and Vibration, 2011, 330(5): 1005-1017.

[25] 王珊, 姚伟岸. 双材料环扇形薄板弯曲问题的辛本征解[J]. 应用力学学报, 2012, 29(3): 252-257, 350.

[26] 秦于越, 邓子辰, 胡伟鹏. 偏心冲击荷载作用下薄圆板动力学响应的保结构分析[J]. 应用数学和力学, 2014, 35(8): 883-892.

[27] Lee H, Singh R. Self and mutual radiation from flexural and radial modes of a thick annular disk[J]. Journal of Sound and Vibration, 2005, 286(4/5): 1032-1040.

[28] Love A E H A. A treatise on the Mathematical Theory of Clasticity[M]. New York: Dover Publications, 1944.

[29] Holland R. Numerical studies of elastic-disk contour modes lacking axial symmetry[J]. Journal of the Acoustical Society of America, 1966, 40(5): 1051-1057.

[30] Farag N H, Pan J. Modal characteristics of in-plane vibration of circular plates clamped at the outer edge[J]. Journal of the Acoustical Society of America, 2003, 113(4): 1935-1946.

[31] Park C I. Frequency equation for the in-plane vibration of a clamped circular plate[J]. Journal of Sound and Vibration, 2008, 313(1/2): 325-333.

[32] Bashmal S, Bhat R, Rakheja S. In-plane free vibration of circular annular disks[J]. Journal of Sound and Vibration, 2009, 322(1/2): 216-226.

[33] Bashmal S, Bhat R, Rakheja S. Frequency equations for the in-plane vibration of circular annular disks[J]. Advances in Acoustics and Vibration, 2010, 2010: 1-8.

[34] Ravari M R K, Forouzan M R. Frequency equations for the in-plane vibration of orthotropic circular annular plate[J]. Archive of Applied Mechanics, 2011, 81(9): 1307-1322.

[35] Yuan Y, Li H, Wang D, et al. An exact analytical solution for free in-plane vibration of sector plates with simply supported radial edges[J]. Journal of Sound and Vibration, 2020, 466: 115024.

[36] Wang Q S, Shi D Y, Liang Q, et al. A unified solution for free in-plane vibration of orthotropic circular, annular and sector plates with general boundary conditions[J]. Applied Mathematical Modelling, 2016, 40(21/22): 9228-9253.

[37] Liu T, Wang Q S, Qin B, et al. Free in-plane vibration of plates with arbitrary curvilinear geometry: Spectral-Chebyshev method and experimental study[J]. Thin-Walled Structures, 2022, 170: 108628.

[38] Kim C B, Cho H S, Beom H G. Exact solutions of in-plane natural vibration of a circular plate with outer edge restrained elastically[J]. Journal of Sound and Vibration, 2012, 331(9): 2173-2189.

[39] Hasheminejad S M, Ghaheri A, Rezaei S. Semi-analytic solutions for the free in-plane vibrations of confocal annular elliptic plates with elastically restrained edges[J]. Journal of Sound and Vibration, 2012, 331(2): 434-456.

[40] Dousti S, Jalali M A. In-plane and transverse eigenmodes of high-speed rotating composite disks[J]. Journal of Applied Mechanics, 2013, 80(1): 011019.

[41] Qin X, Jin G, Chen M, et al. Free in-plane vibration analysis of circular, annular and sector plates using isogeometric approach[J]. Shock and Vibration, 2018, 2018: 4314761.

[42] Eftekhari S A. Differential quadrature procedure for in-plane vibration analysis of variable thickness circular arches traversed by a moving point load[J]. Applied Mathematical Modelling, 2016, 40(7/8): 4640-4663.

[43] Wu T X. Analytical study on torsional vibration of circular and annular plate[J]. Proceedings of the Institution of Mechanical Engineers Part C: Journal of Mechanical Engineering Science, 2006, 220(4): 393-401.

[44] 吕朋, 杜敬涛, 邢雪, 等. 热环境下弹性边界约束 FGM 圆环板面内振动特性分析[J]. 振动工程学报, 2017, 30(5): 713-723.

[45] 滕兆春, 朱亚文, 蒲育. FGM 环扇形板的面内自由振动分析[J]. 计算力学学报, 2018, 35(5): 560-566.

[46] 蒲育, 赵海英, 滕兆春, 等. 弹性约束边界圆环板面内自由振动的二维弹性解[J]. 计算力学学报, 2016, 33(5): 697-703.

[47] Hutchinson J R. Vibrations of thick free circular plates, exact versus approximate solutions[J]. Journal of Applied Mechanics, 1984, 51(3): 581-585.

[48] Liu C F, Lee Y T. Finite element analysis of three-dimensional vibrations of thick circular and annular plates[J]. Journal of Sound and Vibration, 2000, 233(1): 63-80.

[49] Khare S, Mittal N D. Free vibration of thick laminated circular and annular plates using three-dimensional finite element analysis[J]. Alexandria Engineering Journal, 2018, 57(3): 1217-1228.

[50] Liew K M, Ng T Y, Wang B P. Vibration of annular sector plates from three-dimensional analysis[J]. Journal of the Acoustical Society of America, 2001, 110(1): 233-242.

[51] Hashemi S H, Taher H R D, Omidi M. 3-D free vibration analysis of annular plates on Pasternak elastic foundation via p-Ritz method[J]. Journal of Sound and Vibration, 2008, 311(3-5): 1114-1140.

[52] Zhou D, Au F T K, Cheung Y K, et al. Three-dimensional vibration analysis of circular and annular plates via the Chebyshev-Ritz method[J]. International Journal of Solids and Structures, 2003, 40(12): 3089-3105.

[53] Zhou D, Lo S H, Cheung Y K. 3-D vibration analysis of annular sector plates using the Chebyshev-Ritz method[J]. Journal of Sound and Vibration, 2009, 320(1/2): 421-437.

[54] Zhou D, Lo S H. Three-dimensional vibrations of annular thick plates with linearly varying thickness[J]. Archive of Applied Mechanics, 2011, 82(1): 111-135.

[55] McGee O G, Kim J W. Three-dimensional vibrations of cylindrical elastic solids with V-notches and sharp radial cracks[J]. Journal of Sound and Vibration, 2010, 329(4): 457-484.

[56] Li Y, Lv M, Wang S, et al. Three-dimensional free vibration analysis of gears with variable thickness using the Chebyshev-Ritz method[J]. Mathematical Problems in Engineering, 2018, 2018(PT.14): 9684154.1-9684154.11.

[57] Jin G, Su Z, Ye T, et al. Three-dimensional free vibration analysis of functionally graded annular sector plates with general boundary conditions[J]. Composites Par B: Engineering, 2015, 83: 352-366.

[58] Tahouneh V, Yas M H. 3-D free vibration analysis of thick functionally graded annular sector plates on Pasternak elastic foundation via 2-D differential quadrature method[J]. Acta Mechanica, 2012, 223(9): 1879-1897.

[59] Rad A B, Shariyat M. A three-dimensional elasticity solution for two-directional FGM annular plates with non-uniform elastic foundations subjected to normal and shear tractions[J]. Acta Mechanica Solida Sinica, 2013, 26(6): 671-690.

[60] Talebitooti M. Three-dimensional free vibration analysis of rotating laminated conical shells: Layerwise differential quadrature (LW-DQ) method[J]. Archive of Applied Mechanics, 2013, 83(5): 765-781.

[61] Roshanbakhsh M Z, Tavakkoli S M, Neya B N. Free vibration of functionally graded thick circular plates: an exact and three-dimensional solution[J]. International Journal of Mechanical Sciences, 2020, 188: 105967.

[62] Cuong-Le T, Nguyen K D, Nguyen-Trong N, et al. A three-dimensional solution for free vibration and buckling of annular plate, conical, cylinder and cylindrical shell of FG porous-cellular materials using IGA[J]. Composite Structures, 2021, 259: 113216.

[63] Wu C P, Yu L T. Free vibration analysis of bi-directional functionally graded annular plates using finite annular prism methods[J]. Journal of Mechanical Science and Technology, 2019, 33(5): 2267-2279.

[64] 秦慧斌, 吕明, 王时英. 环盘轴对称振动频率的三维振动里兹法求解[J]. 振动与冲击, 2013, 32(17): 52-58.

[65] Leissa A W. Vibration of Shells[M]. Washington D.C.: U.S Government Printing Office, 1973.

[66] Irie T, Yamada G, Kaneko Y. Free vibration of a conical shell with variable thickness[J]. Journal of Sound and Vibration, 1982, 82(1): 83-94.

[67] Yamada G, Irie T, Tagawa Y. Free vibration of non-circular cylindrical shells with variable circumferential profile[J]. Journal of Sound and Vibration, 1984, 95(1): 117-126.

[68] Loy C T, Lam K Y, Shu C. Analysis of cylindrical shells using generalized differential quadrature[J]. Shock and Vibration, 1997, 4(3): 193-198.

[69] Tornabene F, Viola E. 2-D solution for free vibrations of parabolic shells using generalized differential quadrature method[J]. European Journal of Mechanics A/Solids, 2007, 27(6): 1001-1025.

[70] Bacciocchi M, Eisenberger M, Fantuzzi N, et al. Vibration analysis of variable thickness plates and shells by the Generalized Differential Quadrature method[J]. Composite Structures, 2016, 156: 218-237.

[71] Pellicano F. Vibrations of circular cylindrical shells: theory and experiments[J]. Journal of Sound and Vibration, 2007, 303(1/2): 154-170.

[72] Qin Z, Chu F, Zu J. Free vibrations of cylindrical shells with arbitrary boundary conditions: a comparison study[J]. International Journal of Mechanical Sciences, 2017, 133: 91-99.

[73] Pang F, Li H, Wang X, et al. A semi analytical method for the free vibration of doubly-curved shells of revolution[J]. Computers and Mathematics with Applications, 2018, 75(9): 3249-3268.

[74] Li H, Pang F, Miao X, et al. Jacobi-Ritz method for free vibration analysis of uniform and stepped circular cylindrical shells with arbitrary boundary conditions: a unified formulation[J]. Computers and Mathematics with Applications, 2019, 77(2): 427-440.

[75] Jin G Y, Ma X L, Shi S X, et al. A modified Fourier series solution for vibration analysis of truncated conical shells with general boundary conditions[J]. Applied Acoustics, 2014, 85: 82-96.

[76] Renno J M, Mace B R. Calculating the forced response of cylinders and cylindrical shells using the wave and finite element method[J]. Journal of Sound and Vibration, 2014, 333(21): 5340-5355.

[77] Kolarević N, Danilović M N. Dynamic stiffness-based free vibration study of open circular shells[J]. Journal of Sound and Vibration, 2020, 486: 115600.

[78] Zhou C, Zheng X, Wang Z, et al. Benchmark free vibration solutions of spherical shells by the state space method incorporating precise matrix exponential computation[J]. Thin-Walled Structures, 2022, 175: 109305.

[79] Jia J, Lai A, Li T, et al. A symplectic analytical approach for free vibration of orthotropic cylindrical shells with stepped thickness under arbitrary boundary conditions[J]. Thin-Walled Structures, 2022, 171: 108696.

[80] Poultangari R, Bahrami M N. Application of vectorial wave method in free vibration analysis of cylindrical shells[J]. Advances in Applied Mathematics and Mechanics, 2017, 9(5): 1145-1161.

[81] Civalek Ö. An efficient method for free vibration analysis of rotating truncated conical shells[J]. International Journal of Pressure Vessels and Piping, 2006, 83(1): 1-12.

[82] Qu Y, Hua H, Meng G. A domain decomposition approach for vibration analysis of isotropic and composite cylindrical shells with arbitrary boundaries[J]. Composite Structures, 2013, 95: 307-321.

[83] Xie X, Jin G, Liu Z. Free vibration analysis of cylindrical shells using the Haar wavelet method[J]. International Journal of Mechanical Sciences, 2013, 77: 47-56.

[84] 陈旭东, 叶康生. 中厚圆柱壳自由振动的动力刚度法分析[J]. 工程力学, 2016, 33(9): 40-48.

[85] 陈美霞, 邓乃旗, 张聪, 等. 水中环肋圆锥壳振动特性分析[J]. 振动与冲击, 2014, 33(14): 25-32.

[86] 张冠军, 朱翔, 李天匀. 基于级数变换法的椭圆柱壳受迫振动分析[J]. 哈尔滨工程大学学报, 2017, 38(4): 506-513.

[87] 黄小林, 刘思奇, 肖薇薇, 等. 弹性地基中含孔隙的功能梯度圆锥壳的振动分析[J]. 力学与实践, 2021, 43(4): 536-543.

[88] 王金朝, 曹贻鹏, 黄齐上, 等. 任意边界条件下环肋圆柱壳振动特性的建模与求解[J]. 固体力学学报, 2017, 38(3): 271-280.

[89] White P H. Sound Transmission through a finite, closed, cylindrical shell[J]. Journal of the Acoustical Society of America, 1966, 40(5): 1124-1130.

[90] Irie T, Yamada G, Muramoto Y. Free vibration of joined conical-cylindrical shells[J]. Journal of Sound and Vibration, 1984, 95(1): 31-39.

[91] Huang D T, Soedel W. Natural frequencies and modes of a circular plate welded to a circular cylindrical shell at arbitrary axial positions[J]. Journal of Sound and Vibration, 1993, 162(3): 403-427.

[92] Zhang C Y, Jin G Y, Ye T G, et al. Harmonic response analysis of coupled plate structures using the dynamic stiffness method[J]. Thin-Walled Structures, 2018, 127: 402-415.

[93] Zhang C Y, Jin G Y, Wang Z H, et al. Dynamic stiffness formulation and vibration analysis of coupled conical-ribbed cylindrical-conical shell structure with general boundary condition[J]. Ocean Engineering, 2021, 234(Aug.15): 109294.1-109294.19.

[94] Tian L H, Ye T G, Jin G Y. Vibration analysis of combined conical-cylindrical shells based on the dynamic stiffness method[J]. Thin-Walled Structures, 2021, 159: 107260.

[95] Shakouri M, Kouchakzadeh M A. Free vibration analysis of joined conical-shells: analytical and experimental study[J]. Thin-Walled Structures, 2014, 85: 350-358.

[96] Sarkheil S, Foumani M S. Free vibrational characteristics of rotating joined cylindrical-conical[J]. Thin-Walled Structure, 2016, 107: 657-670.

[97] Lee J. Free vibration analysis of joined conical-cylindrical shells by matched Fourier-Chebyshev collocation method[J]. Journal of Mechanical Science and Technology, 2018, 32(10): 4601-4612.

[98] Lee J. Free vibration analysis of joined spherical-cylindrical shells by matched Fourier-Chebyshev expansions[J]. International Journal of Mechanical Sciences, 2017, 122: 53-62.

[99] Li H, Pang F, Wang X, et al. Free vibration analysis of uniform and stepped combined paraboloidal, cylindrical and spherical shells with arbitrary boundary conditions[J]. International Journal of Mechanical Sciences, 2018, 145: 64-82.

[100] Li H, Pang F, Chen H. A semi-analytical approach to analyze vibration characteristics of uniform and stepped annular-spherical shells with general boundary conditions[J]. European Journal of Mechanics-A/Solids, 2019, 74: 48-65.

[101] Pang F, Li H, Cui J, et al. Application of flügge thin shell theory to the solution of free vibration behaviors for spherical-cylindrical-spherical shells: a unified formulation[J]. European Journal of Mechanics-A/Solids, 2019, 74: 381-393.

[102] Qu Y, Chen Y, Long X, et al. A variational method for free vibration analysis of joined cylindrical-conical shells[J]. Journal of Vibration and Control, 2013, 19(16): 2319-2334.

[103] Qu Y, Chen Y, Long X, et al. A modified variational approach for vibration analysis of ring-stiffened conical-cylindrical shell combinations[J]. European Journal of Mechanics-A/Solids, 2013, 37: 200-215.

[104] He Q, Dai H L, Gui Q F, et al. Analysis of vibration characteristics of joined cylindrical-spherical shells[J]. Engineering Structures, 2020, 218(Sep.1): 110767.1-110767.14.

[105] Ma X, Jin G, Shi S, et al. An analytical method for vibration analysis of cylindrical shells coupled with annular plate under general elastic boundary and coupling conditions[J]. Journal of Vibration and Control, 2017, 23(2): 305-328.

[106] Ma X, Jin G, Xiong Y, et al. Free and forced vibration analysis of coupled conical-cylindrical shells with arbitrary boundary conditions[J]. International Journal of Mechanical Sciences, 2014, 88: 122-137.

[107] Zhang C Y, Jin G Y, Ma X L, et al. Vibration analysis of circular cylindrical double-shell structures under general coupling and end boundary conditions[J]. Applied Acoustics, 2016, 110: 176-193.

[108] Su Z, Jin G Y. Vibration analysis of coupled conical-cylindrical-spherical shells using a Fourier spectral element method[J]. Journal of the Acoustical Society of America, 2016, 140(5): 3925-3940.

[109] Bagheri H, Kiani Y, Eslami M R. Free vibration of joined conical- conical shells[J]. Thin-walled Structures, 2017, 120: 446-457.

[110] Bagheri H, Kiani Y, Eslami M R. Free vibration of joined conical-cylindrical-conical shells[J]. Acta Mechanica, 2018, 229(7): 2751-2764.

[111] Bagheri H, Kiani Y, Eslami M R. Free vibration of FGM conical-spherical shells[J]. Thin-Walled Structures, 2021, 160: 107387.

[112] 邹明松, 吴文伟, 孙建刚, 等. 两端圆板封闭圆柱壳自由振动的半解析解[J]. 船舶力学, 2012, 16(11): 1306-1313.

[113] 张帅, 李天匀, 朱翔, 等. 改进傅里叶级数法求解封口锥柱球组合壳的自由振动[J]. 振动工程学报, 2021, 34(3): 601-609.

第2章 基于谱几何法的动力学特性分析方法

工程中许多部件或者结构的动力学问题往往都能归为板、壳及其组合结构的动力学问题，采用何种分析方法来建立合理的求解模型受到了工程设计人员和国内外学者的广泛关注。本章首先对目前计算结构力学领域典型的动力学求解方法及其各自特点进行简单介绍，然后详细阐述与本书密切相关的里兹法与改进傅里叶级数构造的基本原理。在此基础上，进一步针对不同辅助函数形式下改进傅里叶级数的计算性能进行比较，从结构动力学特性的求解简洁性与高效性角度出发，界定谱几何法的基本内涵，并以此建立基于谱几何法的板壳结构动力学分析计算流程，为后续章节提供理论基础。

2.1 结构动力学求解方法

板壳结构的动力学问题往往归结为偏微分方程的边值问题或能量泛函的变分极(驻)值问题，因此结构动力学问题求解的本质是数学问题的求解。目前国内外研究人员致力于该领域的研究，并发展了一系列求解方法，主要可归纳为解析法和数值法两类。解析法本质是针对偏微分方程进行直接求解，因而具有计算精确、求解效率高等优点，其应用范围局限于一些特定边界且形状规则的结构，对于复杂的板壳组合结构或弹性边界问题尚无法获得理论上的解析解。数值法通常是将复杂的偏微分方程组转换为简单的线性方程组进行近似求解。因此，对于许多复杂的工程结构，通常借助数值法进行求解。

2.1.1 结构动力学解析求解方法

在结构动力学分析中，解析法通常是采用数学理论将弹性体的基本方程进行降维或构造各变量之间的数学关系，再针对实际问题选取合适的求解方法。目前常见的解析法包括纳维(Navier)法[1-4]、莱维(Levy)法[5-8]、叠加法[9-11]、辛几何法[12-15]等。其中，Navier法和Levy法同属于逆法，它们的本征函数均为分离变量形式，二者主要区别在于Navier法采用重三角级数形式的本征函数，而Levy法则采用单三角级数形式的本征函数。由于本征函数的局限性，这两种方法仅适用于至少一组对边为简支或滑移边界的情形，对于其他边界如固支边界、自由边界、弹性边界等尚不能获得满足要求的解析解。

叠加法是依据给定边界下弹性结构力学微分方程的线性特征，将其分解为两个或多个结构几何相同且边界条件不同的动力学问题，分别求解各结构的理论解，在此基础上将所获得的解进行叠加，即可得到给定边界条件下的结构动力学特性。以完全固支边界的圆柱壳面板为例，典型叠加法的分解过程如图 2-1 所示。尽管叠加法能获得许多边界条件下结构的解析解，但在边界条件分解时，对叠加法的使用技巧性要求较高，对于复杂边界条件的叠加项并无规律可循，并且这种方法需要多次选取本征函数，计算过程相对复杂。

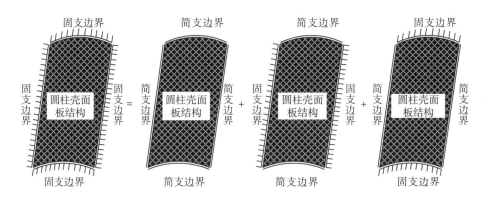

图 2-1   完全固支边界的圆柱壳面板结构分解示意图

辛几何法最初是由钟万勰和姚伟岸[16]针对板的弯曲问题求解而提出的，经过多年发展已被逐渐应用于板壳结构的动力学分析。该方法基于弹性结构的最小势能原理，通过选取合适的状态变量以及对偶变量，同时引入哈密顿(Hamilton)体系，从而推导出 Hamilton 矩阵算子本征函数向量的共轭辛正交关系，再利用展开求解得到原偏微分方程的解。目前，辛几何法主要用于求解矩形板、圆柱壳等结构动力学精确解析解问题，由于其理论计算过程较为复杂，因此对于其他结构如环板、扇形板、球壳、锥壳等结构的动力学建模研究工作鲜见报道。

2.1.2   结构动力学数值求解方法

近几十年来，随着计算机科学技术和数值分析理论的发展，结构动力学问题的数值求解方法也取得了丰富的研究成果，目前广泛使用的数值法包括有限元法[17-20]、微分求积法[21-23]、无网格法[24-28]等、里兹法[29-33]等。

有限元法是目前理论比较成熟且实用的一种数值计算方法，关于该方法的理论著作相对较多。有限元法的基本思想是通过将连续的结构划分为有限个离散的单元，各单元之间采用节点连接，并且选取适当的插值函数近似表征单元的场变量，从而将一个连续空间上的问题转换为离散空间上的问题，再利用变分原理或者加权残值法建立未知变量的代数方程组。典型结构有限元离散示意图如图 2-2 所示。事实上，有限元法具有较强的灵活性和适用性，特别适用于求解大型复杂工程结构的动力学问题，目前已在汽车、航空航天、船舶等工程领域得到了广泛应用。有限元法也存在自身的局限性，例如，有限元法在模型前处理以及迭代计算过程中往往消耗大量时间，对于高频振动和大变形问题往往需要大量的结构单元，且对于自适应分析和移动载荷问题通常也会面临网格重构等问题，因此其计算效率较低，不利于结构的快速参数化研究。

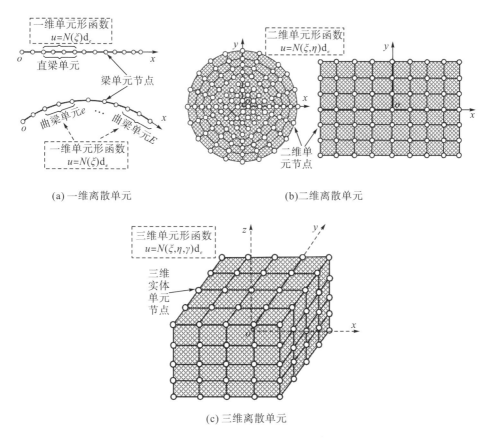

(a) 一维离散单元　　　　　　　(b)二维离散单元

(c) 三维离散单元

图 2-2　典型结构有限元离散示意图

微分求积法(differential quadrature method，DQM)是一种求解常微分、偏微分、积分以及积分-微分方程的数值解法，该方法最初是由 Bellman 和 Casti[34]提出，经过多年已由最初的 DQM 发展到如今的广义微分求积法(generalized differential quadrature method, GDQM)以及调和微分求积法(harmonic differential quadrature method, HDQM），其插值基函数的种类和微分求积节点的排布形式也越来越多样化。微分求积法的核心思想是利用数值分析技术将控制方程或者能量函数中的微分和积分运算转换成一组代数方程。对于"微分"，DQM 是将控制方程中的微分算子采用一组函数在指定离散点上的函数值进行加权求和，即数值微分。同样地，对于"求积"，也可以采用数值积分技术如高斯-洛巴托积分进行处理，如图 2-3 所示。与有限元法相比，微分求积法具有理论公式简单、使用方便、收敛性好等优点，已广泛应用于板壳结构的动力学特性分析。当然，微分求积法也存在一定局限性，如对于形状不规则的复杂结构，虽然可以通过等参变换、共形映射等技术转变为规则形状后进行求解，但是其计算模型收敛性还有待进一步研究。此外，在边界条件处理方面，如何合理有效处理包含经典、弹性约束在内的边界条件成为该方法面临的主要问题之一，尤其是当高阶微分方程中存在多个边界约束方程且边界节点唯一时，边界条件的施加较为困难。目前处理该类问题的方法主要有权系数修正法、直接法、δ法、方程替代法等。

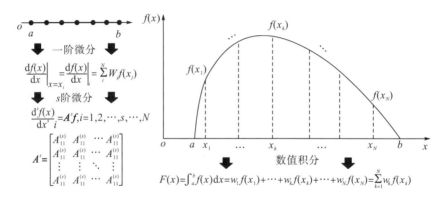

图 2-3 微分求积法的微分与积分原理示意图

无网格法是近几十年发展起来的数值计算方法[35]，其基本思想是通过一系列离散节点建立问题域的代数方程，而无须使用预定义的网格进行问题域离散，从而摆脱了网格和单元的束缚，并且采用局部近似函数来自适应构造节点变量使计算变得更加灵活，避免了有限元法中因网格存在而产生的网格移动、网格畸变等问题。无网格法的节点离散示意图如图 2-4 所示。根据节点基函数、控制方程和梯度近似技术的不同，可划分为多种形式的无网格法，如无网格径向点插值法（radial point interpolation method，RPIM）、无单元伽辽金法（element-free Galerkin method，EFG）、无网格局部 Petrov 伽辽金法（meshless local Petrov Galerkin，MLPG）、无网格配点法等。需要说明的是，作为一种新型数值法，无网格法的相关理论尚不成熟，且其近似基函数选取尚无统一规范，在数值求解精度和计算稳定性等方面也缺少定性的结论。

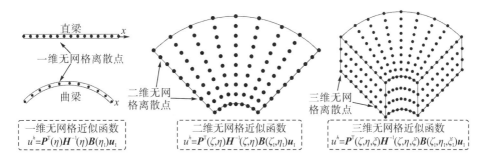

图 2-4　无网格法的节点离散示意图

里兹法是基于能量变分原理，通过求解结构能量泛函的极小值来获得结构振动量的一种方法。其本质是通过引入一组合适的试函数对结构域进行近似表征，再对求解域的边界进行力或位移的限定约束，以此满足特定问题的定解条件，进而获得结构的振动特性。因此，合理地构造满足边界条件的试函数是保证解的收敛性和准确性的关键。如果所选试函数能真实反映所给定结构边界的实际振型，那么得到的固有频率是精确的，反之则需要通过增加试函数的阶次来逼近结构的振型。理论上若采用足够多的高阶试函数可以获得任意阶次的振动模态，但在实际的结构动力学计算中，高阶次试函数往往在数值积分过程中容易产生病态方程组导致求解失效或不收敛，而且高维的满秩刚度矩阵也会带来计算效率较低的问题。为此，一些学者借鉴了有限元法的思想，将整体的板壳结构分解为若干子结构，再对每个子结构采用里兹法进行动力学建模并考虑各子结构间的位移和力连续条件，从而获得整体结构的动力学特性。以圆柱壳面板结构为例，基于里兹法的结构分解示意图如图 2-5 所示。目前基于子结构分解技术的里兹法也已经被广泛应用于板壳结构动力学特性分析，并且发展了众多的试函数，如切比雪夫多项式、勒让德多项式、特征正交多项式、改进傅里叶级数等，典型的试函数曲线如图 2-6 所示。

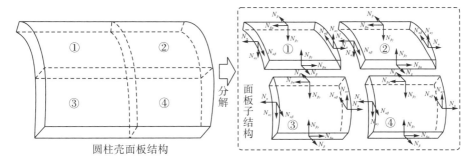

图 2-5　基于里兹法的结构分解示意图

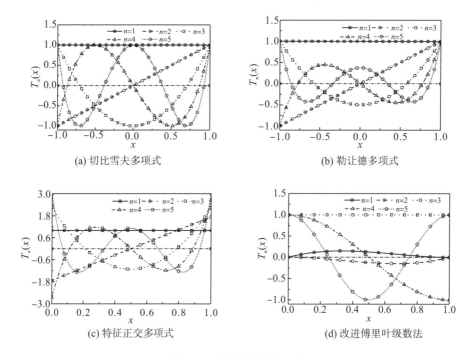

图 2-6　典型的试函数曲线

2.2　改进傅里叶-里兹法的原理

目前板壳及其组合结构的动力学特性求解多采用数值法，其中里兹法因其求解稳定性好和数值建模便捷而被广泛应用。在里兹法和高效试函数发展的基础上，美国韦恩州立大学教授 Li 于 2000 年提出了适用于任意边界条件下结构振动问题的改进傅里叶级数方法，随后将其成功应用于任意边界条件下梁[36]和矩形板[37]的弯曲振动问题。本书后续章节采用的谱几何法是在改进傅里叶-里兹法基础上演变而来的。因此，本节主要介绍改进傅里叶-里兹法的基本原理。

2.2.1　里兹法的基本原理

对于一般弹性结构而言，其三维结构力学方程可以采用正交坐标系中的笛卡儿应力张量表征。如图 2-7 所示，弹性体 Ω^s 内部的任意一点 M 的位置坐标为(x_1, x_2, x_3)，与之对应的线弹性位移、应变、应力分别用 u_i、ε_{ij}、$\sigma_{ij}(i, j=1, 2, 3)$ 表示，S_f 为结构所受外力，S_{uf} 为结构位移或力边界。

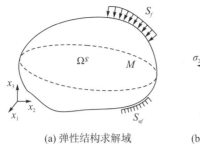
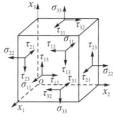

(a) 弹性结构求解域　　　　　　　　(b) 点 M 笛卡儿应力张量

图 2-7　弹性结构求解域与笛卡儿应力张量

根据弹性力学理论，弹性体的应变能密度、几何方程和物理方程可以表示为

$$U\left(\varepsilon_{ij}\right)=\frac{1}{2}\sigma_{ijmk}\varepsilon_{ij} \tag{2-1a}$$

$$\varepsilon_{ij}=\frac{1}{2}\left(u_{i,j}+u_{j,i}\right) \tag{2-1b}$$

$$\sigma_{ij}=E_{ijmk}\varepsilon_{mk} \tag{2-1c}$$

式中，$U(\varepsilon_{ij})$ 表示弹性结构的应变能密度；E_{ijmk} 表示材料系数；$u_{i,j}$ 表示 u_i 对 x_j 的偏导数，$u_{j,i}$ 表示 u_j 对 x_i 的偏导数，即 $u_{j,i}=u_j/x_i$，即 $u_{i,j}=u_i/x_j, i,j,m,k=1,\ 2,\ 3$。

在经典变分原理中，由于推导获得的能量泛函需要同时满足弹性结构的几何方程以及位移边界的定解条件，这极大地限制了该方法高效处理任意边界条件问题的能力。因此，本书采用变刚度人工弹簧技术来模拟边界处位移定解条件，此时弹性结构的能量泛函可以表示为

$$\Xi=\int_{t_0}^{t_1}\iiint_{\Omega^s}\left[\frac{1}{2}\rho_i\sum_{i=1}^{3}\left(\frac{\partial u_i}{\partial t}\right)^2-U\left(\varepsilon_{ij}\right)+\sum_{i=1}^{3}S_fu_i\right]\mathrm{d}\Omega^s\mathrm{d}t-\Pi_S \tag{2-2}$$

式中，t_0 与 t_1 表示任意时间；ρ_i 表示结构的质量密度；S 表示由人工弹簧技术引入所产生的边界势能，其表达式为

$$\Pi_S=\int_{t_0}^{t_1}\iint_{S_{uf}}\sum_{i=1}^{3}\kappa_iu_i^2\mathrm{d}S_{uf}\mathrm{d}t \tag{2-3}$$

式中，κ_i 为相关位移方向上的边界弹簧刚度参数。

在里兹法中，弹性结构的位移变量可采用任意完备且线性无关的函数列式展开，事实上，这是基于维尔斯特拉斯 (Weierstrass) 逼近理论[38]，即对于在任意闭区间上的连续函数，理论上都可以使用足够高阶次的函数列式逼近到任意精度。基于该思想，弹性结构的位移变量可以近似展开为

$$u_i\left(\boldsymbol{x},t\right)=\sum_{n=1}^{N}\varphi_n\left(\boldsymbol{x}\right)q_i^n\left(t\right)=\boldsymbol{\varphi}\left(\boldsymbol{x}\right)\boldsymbol{q}_i\left(t\right) \tag{2-4}$$

式中，$\varphi_n(x)$ 表示位移函数展开多项式；N 表示位移展开式的项数；$q_i^n(t)$ 表示与时间变量 t 相关的广义位移系数；$\boldsymbol{\varphi}(x)$ 表示由函数展开式组成的行向量；$\boldsymbol{q}_i(t)$ 表示广义位移系数列向量。

将式(2-4)代入式(2-2)中，并基于能量变分原理进行极值处理，可得

$$M\ddot{q} + (K + K_s)q = F \tag{2-5}$$

式中，$\boldsymbol{M}$ 和 $\boldsymbol{K}$ 分别为弹性结构质量矩阵和刚度矩阵；$\boldsymbol{K}_s$ 为弹性结构边界刚度矩阵，$\boldsymbol{F}$ 为外力向量。这里几何方程定义为 $\boldsymbol{\varepsilon}=\boldsymbol{D}\boldsymbol{u}$，此时上述矩阵可以表示为

$$M = \iiint_{\Omega^s} \boldsymbol{\Psi}^{\mathrm{T}} \rho \boldsymbol{\Psi} \mathrm{d}\Omega^s \tag{2-6}$$

$$K = \iiint_{\Omega^s} \boldsymbol{\Psi}^{\mathrm{T}} \boldsymbol{D}^{\mathrm{T}} \boldsymbol{E} \boldsymbol{D} \boldsymbol{\Psi} \mathrm{d}\Omega^s \tag{2-7}$$

$$K_s = \iint_{S_{uf}} \boldsymbol{\Psi}^{\mathrm{T}} \kappa \boldsymbol{\Psi} \mathrm{d}S_{uf} \tag{2-8}$$

$$F = \iiint_{\Omega^s} \boldsymbol{\Psi}^{\mathrm{T}} S_f \boldsymbol{\Psi} \mathrm{d}\Omega^s \tag{2-9}$$

$$\rho = \begin{bmatrix} \rho_1 & 0 & 0 \\ 0 & \rho_2 & 0 \\ 0 & 0 & \rho_3 \end{bmatrix}, \quad \boldsymbol{\Psi} = \begin{bmatrix} \varphi & 0 & 0 \\ 0 & \varphi & 0 \\ 0 & 0 & \varphi \end{bmatrix}, \quad \kappa = \begin{bmatrix} \kappa_1 & 0 & 0 \\ 0 & \kappa_2 & 0 \\ 0 & 0 & \kappa_3 \end{bmatrix} \tag{2-10}$$

$$q = [q_1; q_2; q_3] \tag{2-11}$$

式中，$\boldsymbol{D}$ 为常系数刚度矩阵；$\boldsymbol{E}$ 为材料参数矩阵，其矩阵元素由前述 E_{ijmk} 组成。

板壳结构的动力学分析主要包括两部分内容：其一是结构的模态特性；其二是结构的简谐响应和瞬态动力学。对于结构的模态特性(包括固有频率和模态振型)分析，需忽略外在载荷 S_f 的作用，此时有 $\boldsymbol{F}=\boldsymbol{0}$；这里假设 $\boldsymbol{q}=\boldsymbol{q}_f \mathrm{e}^{i\omega t}$，则式(2-5)中模态求解问题将转换为特征值问题：

$$\left[-\omega^2 M + (K + K_s)\right]q_f = 0 \tag{2-12}$$

式中，$\boldsymbol{q}_f$ 为广义坐标系数。通过求解式(2-12)的特征值问题即可得弹性结构的固有频率和所对应模态振型。

对于简谐响应问题，假设结构所承受外部激励力呈简谐变化($\boldsymbol{F}=\boldsymbol{F}_f \mathrm{e}^{i\omega t}$)，与之对应的振动响应也呈现简谐变化，即 $\boldsymbol{q}=\boldsymbol{q}_f \mathrm{e}^{i\omega t}$，于是式(2-5)可以转化为

$$\left[-\omega^2 M + (K + K_s)\right]q_f = F_f \tag{2-13}$$

式中，$\boldsymbol{F}_f$ 为广义力的幅值向量。需要指出的是，当系统动力学方程维数较高时，直接求解计算耗时较长，此时可采用模态叠加法进行模型降维，再结合式(2-4)计算得到结构内部任意一点的位移响应。对于模态叠加法，其基本思想为先通过结构的自由振动分析求解得到前 N_p 阶(N_p 的值由分析频率范围决定)模态振型向量 $\boldsymbol{\phi}$，再利用这些振型向量进行系统动力学方程的降维处理以提高求解效率。具体而言，假设 $\boldsymbol{q}_f=\boldsymbol{\phi}\boldsymbol{q}_s$，将其代入式(2-13)中，并在方程两边左乘 $\boldsymbol{\phi}^{\mathrm{T}}$，可得

$$\left[-\omega^2 M_t + (K_t + K_{s,t})\right]q_t = F_t \tag{2-14}$$

$$\boldsymbol{M}_t = \boldsymbol{\phi}^{\mathrm{T}} \boldsymbol{M} \boldsymbol{\phi}, \boldsymbol{K}_t = \boldsymbol{\phi}^{\mathrm{T}} \boldsymbol{K} \boldsymbol{\phi}, \boldsymbol{K}_{s,t} = \boldsymbol{\phi}^{\mathrm{T}} \boldsymbol{K}_s \boldsymbol{\phi}, \boldsymbol{F}_t = \boldsymbol{\phi}^{\mathrm{T}} \boldsymbol{F}_f \tag{2-15}$$

式中，$\boldsymbol{q}_s$ 为广义的缩聚位移系数向量，其值可通过求解式(2-15)获得，再利用 $\boldsymbol{q}_f = \boldsymbol{\phi} \boldsymbol{q}_s$ 和式(2-4)即可得到结构的简谐位移响应。

对于瞬态动力学问题，根据式(2-5)同时考虑弹性结构的阻尼，可得系统动力学方程为

$$\boldsymbol{M}\ddot{\boldsymbol{q}} + \boldsymbol{C}\dot{\boldsymbol{q}} + \left(\boldsymbol{K} + \boldsymbol{K}_s \right) \boldsymbol{q} = \boldsymbol{F} \tag{2-16}$$

式中，$\boldsymbol{C}$ 为阻尼矩阵。一般情况下，阻尼常数往往具有一定的频变特性，因而在数值仿真中，要准确定义阻尼矩阵是较为困难的。在现有研究中，一般假设结构的阻尼为瑞利阻尼，其可以描述为质量矩阵 $\boldsymbol{M}$ 和刚度矩阵 $\boldsymbol{K}$ 的线性组合，即

$$\boldsymbol{C} = \alpha_c \boldsymbol{M} + \beta_c \boldsymbol{K} \tag{2-17}$$

式中，α_c 和 β_c 为不依赖于频率的瑞利阻尼系数。

式(2-16)是关于时间的二阶常微分方程组，其中，$\boldsymbol{F}$ 为一般的非周期函数，求解此问题通常采用直接积分法，如中心差分法、Wilson-θ 法和 Newmark 法，本书将采用 Newmark 法来求解系统的瞬态动力学响应。

在 $t \sim (t+\Delta t)$ 的时间区域内，Newmark 法的变量更新方式为

$$\dot{\boldsymbol{q}}_{t+\Delta t} = \dot{\boldsymbol{q}}_t + \left[\left(1 - \beta_0 \right) \ddot{\boldsymbol{q}}_t + \beta_0 \ddot{\boldsymbol{q}}_{t+\Delta t} \right] \Delta t \tag{2-18}$$

$$\boldsymbol{q}_{t+\Delta t} = \boldsymbol{q}_t + \dot{\boldsymbol{q}}_t \Delta t + \left[\left(\frac{1}{2} - \alpha_0 \right) \ddot{\boldsymbol{q}}_t + \alpha_0 \ddot{\boldsymbol{q}}_{t+\Delta t} \right] \Delta t^2 \tag{2-19}$$

式中，α_0 和 β_0 为 Newmark 法中的计算系数，其取值的不同将代表不同的数值积分方案。当 $\alpha_0 = 0.25$ 和 $\beta_0 = 0.5$ 时，Newmark 法将转变为一种无条件稳定的数值积分方案，此时可根据精度的要求选择时间步长 Δt[39]。

在实际计算中先通过式(2-19)得到用 $\boldsymbol{q}_{t+\Delta t}$ 表示的 $\ddot{\boldsymbol{q}}_{t+\Delta t}$，再通过式(2-18)得到用 $\boldsymbol{q}_{t+\Delta t}$ 表示的 $\dot{\boldsymbol{q}}_{t+\Delta t}$，将上述物理量代入式(2-16)中，可得仅含未知量 $\boldsymbol{q}_{t+\Delta t}$ 的代数方程组，求解该方程组便能获得 $t+\Delta t$ 时刻的位移系数向量 $\boldsymbol{q}_{t+\Delta t}$，将其代入式(2-18)和式(2-19)，可得 $t+\Delta t$ 时刻的速度系数向量 $\dot{\boldsymbol{q}}_{t+\Delta t}$ 和加速度系数向量 $\ddot{\boldsymbol{q}}_{t+\Delta t}$。在此基础上，将各系数向量分别代入式(2-4)中，可求得结构在外界激励作用下的位移、速度和加速度响应特性。此外，若计算分析中时域历程较长且仅少数低阶模态被激发，可先采用模态叠加法进行模态缩聚以减小计算维度，再采用 Newmark 法求解。

2.2.2　传统傅里叶级数

在基于里兹法开展振动建模过程中，结构位移变量可采用多项式或级数序列展开的形式进行表达，采用简单低阶多项式进行位移函数近似表示时其逼近精度较低，而高阶多项式的引入通常又会产生数值病态或奇异解问题。为避免多项式

所存在的问题，有些学者采用不同形式的级数表达式来获得理想的数值近似解。其中，基于正弦或余弦函数的傅里叶级数由于具有较好的数值收敛性以及完备的正交性而受到计算结构力学领域学者的广泛关注。事实上，这种级数也与振动波在结构中的周期性传播特性相契合。本书所提及的改进傅里叶级数是由传统傅里叶级数的近似逼近理论发展而来的，因此本节首先对传统傅里叶级数进行介绍。

对于定义在区间[-π，π]的连续函数 $f(x)$，总是可以展开为如下傅里叶级数形式[39]：

$$f(x) = a_0 / 2 + \sum_{m=1}^{+\infty}(a_m \cos mx + b_m \sin mx), \quad -\pi < x < \pi \tag{2-20}$$

式中，傅里叶级数展开系数为[40]

$$a_m = \int_{-\pi}^{\pi} f(x)\cos mx \mathrm{d}x / \pi \tag{2-21}$$

$$b_m = \int_{-\pi}^{\pi} f(x)\sin mx \mathrm{d}x / \pi \tag{2-22}$$

当 $f(x)$ 为奇函数时，式(2-20)可以简化为

$$f(x) = \sum_{m=1}^{+\infty} b_m \sin mx \tag{2-23}$$

当 $f(x)$ 为偶函数时，式(2-20)可以简化为

$$f(x) = a_0 / 2 + \sum_{m=1}^{+\infty} a_m \cos mx \tag{2-24}$$

式(2-20)中傅里叶级数的收敛性可以由以下相关定理[41,42]得知。

定理 2-1： 如果 $f(x)$ 是一个周期为 2π 的绝对可积分段光滑函数，其傅里叶级数在连续点处收敛于它本身，而在不连续点处收敛于 $[f(x+0)+f(x-0)]/2$。如果 $f(x)$ 在各点处均连续，则其级数绝对收敛，且一致收敛于它本身。

定理 2-2： 对于任何一个绝对可积函数 $f(x)$，其傅里叶级数展开系数满足：

$$\lim_{m\to\infty} a_m = \lim_{m\to\infty} b_m = 0 \tag{2-25}$$

定理 2-3： 设 $f(x)$ 是一个周期为 2π 的连续函数，具有 1 到 n 阶导数，且前 $n-1$ 阶导数都是连续的，第 n 阶导数是绝对可积的(n 阶导数可能在一些个别点上不存在)，则有：①这 n 阶导数的傅里叶级数都可以由 $f(x)$ 的傅里叶级数逐项求导得到，且除最后一阶(第 n 阶)，都收敛(且一致收敛)到相应的导数；②对 $f(x)$ 的傅里叶级数展开系数存在如下的关系：

$$\lim_{m\to\infty} a_m m^n = \lim_{m\to\infty} b_m m^n = 0 \tag{2-26}$$

事实上，式(2-26)可以表示为[40]

$$a_m = b_m = \vartheta\left(m^{-n-1}\right) \tag{2-27}$$

于是可得

$$\max_{-\pi \leqslant x \leqslant \pi} \left| f(x) - S_M(x) \right| = \vartheta \left(M^{-n} \right) \tag{2-28}$$

式中，$S_M(x)$ 为 $2M-1$ 项傅里叶级数的和，其表达式为[40]

$$S_M(x) = a_0 / 2 + \sum_{m=1}^{M-1} \left(a_m \cos mx + b_m \sin mx \right) \tag{2-29}$$

上述收敛定理建立在 $f(x)$ 是一个周期为 2π 函数的基础上，且这种收敛性实质上可达到指数级收敛速度。然而，当 $f(x)$ 不具备周期性条件时，该级数的收敛性将严重退化，甚至不收敛。当 $f(x)$ 为一个定义在闭区间 $[-\pi, \pi]$ 的函数，它可以看作是一个周期为 2π 函数的一部分，且能够周期扩展至整个 x 轴，即使 $f(x)$ 在区间 $[-\pi, \pi]$ 上足够光滑，扩展的周期性函数也可能为分段光滑函数，在 $x = \pi \pm 2m\pi$（$m = 0$, $1, 2\cdots$）处存在不连续点，如图 2-8 所示。因此，$f(x)$ 的级数展开对于 $x(-\pi, \pi)$ 收敛于 $f(x)$，而在 $x = \pi$ 处收敛于 $[f(-\pi) + f(\pi)]/2$。由此可知，传统的傅里叶级数展开式的收敛性较差。

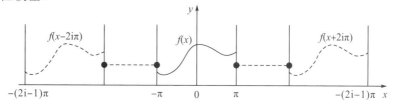

图 2-8　函数 $f(x)$ 的延拓及其不连续点

2.2.3　改进傅里叶级数

针对非周期函数采用传统傅里叶级数展开可能存在的计算收敛性问题，Li 在传统傅里叶级数的基础上引入若干辅助函数来克服这一问题，并命名为改进傅里叶级数法，下面对改进傅里叶级数法的基本原理进行介绍。

对于在闭区间 $[0, \pi]$ 上的足够光滑的函数 $f(x)$，它总能表示为[40]

$$f(x) = a_0 / 2 + \sum_{m=1}^{+\infty} a_m \cos mx, \quad 0 \leqslant x \leqslant \pi \tag{2-30}$$

式中，

$$a_m = \frac{2}{\pi} \int_0^\pi f(x) \cos mx \, \mathrm{d}x \tag{2-31}$$

根据级数收敛性定理可知，傅里叶系数以 $\odot \left(m^{-2} \right)$ 的速度衰减。为了改善级数的收敛性，采用改进傅里叶级数法将函数 $f(x)$ 描述为

$$f(x) = F_{M,2P}[f](x) = a_0 / 2 + \sum_{m=1}^{M} a_m \cos mx + \sum_{p=1}^{2P} b_p \vartheta_p(x), \quad 0 \leqslant x \leqslant \pi \tag{2-32}$$

式中，$\vartheta_p(x)$ 为所引入的辅助函数；b_p 为辅助函数系数。为了在形式上与传统傅里叶级数保持类似，假设 $\vartheta_p(x) = \sin(px)$，此时，傅里叶系数可以表示为[40]

$$a_m = \frac{2}{\pi} \int_0^\pi \left[f(x) - \sum_{p=1}^{2P} b_p \sin(px) \right] \cos mx \mathrm{d}x \tag{2-33}$$

定理 2-4：设函数 $f(x)$ 在闭区间 $[0, \pi]$ 上具有 C^{n-1} 的连续性，第 n 阶导数是绝对可积的(n 阶导数可能在一些个别点上不存在)。如果 $n \geqslant 2$，那么式(2-32)定义的级数展开系数将以多项式速度进行衰减，且

$$\lim_{m \to \infty} a_m m^{2P} = 0, \quad 2P \leqslant n \tag{2-34}$$

式中，

$$\sum_{p=1}^{P} b_{2p}(2p)^{2q-1} = (-1)^{q-1} [f^{(2q-1)}(\pi) + f^{(2q-1)}(0)] / 2 \tag{2-35}$$

$$\sum_{p=1}^{P} b_{2p-1}(2p-1)^{2q-1} = (-1)^{q} [f^{(2q-1)}(\pi) - f^{(2q-1)}(0)] / 2, \quad q = 1, 2, \cdots, P \tag{2-36}$$

若 $2P<n$，则式(2-34)可以表示为

$$\lim_{m \to \infty} a_m m^{2P+1} = 0 \tag{2-37}$$

或其衰减速度可以描述为

$$a_m \sim \mathcal{O}\left(m^{-2P-2} \right) \tag{2-38}$$

此时，函数本身与其级数展开间的绝对误差为

$$\max_{0 \leqslant x \leqslant \pi} \left| f(x) - F_{M,2P}[f](x) \right| = \mathcal{O}\left(M^{-2P} \right) \tag{2-39}$$

为了更为直观地阐述通过改进傅里叶级数法展开得到扩展式的收敛性和连续性，下面以函数 $f(x) = Ax^2 + Bx + C (0 \leqslant x \leqslant \pi)$ 为例进行说明。函数 $f(x)$ 采用传统傅里叶级数展开可得

$$f(x) = \frac{A\pi^2}{3} + \frac{B\pi}{2} + C + \sum_{m=1}^{+\infty} \frac{A}{m^2} \cos 2mx - \sum_{m=1}^{+\infty} \frac{(B + \pi A)}{m} \sin 2mx, \quad 0 < x < \pi \tag{2-40}$$

或

$$f(x) = \frac{A\pi^2}{3} + \frac{B\pi}{2} + C + \sum_{m=1}^{\infty} a_m \cos mx, \quad 0 \leqslant x \leqslant \pi \tag{2-41}$$

式中，

$$a_m = \frac{-2B + (-1)^m (2B + 4A\pi)}{m^2 \pi}, \quad 0 \leqslant x \leqslant \pi \tag{2-42}$$

函数 $f(x)$ 采用改进傅里叶级数法可以描述为改进三角级数形式，这里仍然假设 $\vartheta_p(x) = \sin(px)$，若 $P=1$，可得

$$\begin{aligned} f(x) = {} & \frac{A}{3}(6 + \pi^2) + \frac{\pi B}{2} + C + \sum_{m=1}^{+\infty} a_m \cos mx - A\pi \sin x \\ & + \frac{1}{2}(\pi A + B) \sin 2x \end{aligned}, \quad 0 \leqslant x \leqslant \pi \tag{2-43}$$

式中,

$$a_m = \begin{cases} \dfrac{-4A}{m^2(m^2-1)}, & m\text{为偶数} \\ \dfrac{16(\pi A+B)}{\pi m^2(m^2-4)}, & m\text{为奇数} \end{cases} \tag{2-44}$$

若 $P=2$,可得

$$\begin{aligned} f(x) = &\frac{1}{9}(20+3\pi^2)A + \frac{\pi B}{2} + C + \sum_{m=1}^{\infty} a_m \cos mx - \frac{9\pi A}{8}\sin x \\ &+ \frac{2}{3}(\pi A+B)\sin 2x + \frac{\pi A}{24}\sin 3x - \frac{1}{12}(\pi A+B)\sin 4x \end{aligned}, \quad 0 \leqslant x \leqslant \pi \tag{2-45}$$

式中,

$$a_m = \begin{cases} \dfrac{36A}{m^2(m^2-1)(m^2-9)}, & m\text{为偶数} \\ \dfrac{-256(\pi A+B)}{\pi m^2(m^2-4)(m^2-16)}, & m\text{为奇数} \end{cases} \tag{2-46}$$

若 $P=3$,可得

$$\begin{aligned} f(x) = &\frac{A(518+75\pi^2)}{225} + \frac{\pi B}{2} + C + \sum_{m=1}^{\infty} a_m \cos mx - \frac{75\pi A}{64}\sin x \\ &+ \frac{3}{4}(\pi A+B)\sin 2x + \frac{25\pi A}{384}\sin 3x - \frac{3}{20}(\pi A+B)\sin 4x, \quad 0 \leqslant x \leqslant \pi \\ &- \frac{3\pi A}{640}\sin 5x + \frac{1}{60}(\pi A+B)\sin 6x \end{aligned} \tag{2-47}$$

式中,

$$a_m = \begin{cases} \dfrac{-900A}{m^2(m^2-1)(m^2-9)(m^2-25)}, & m\text{为偶数} \\ \dfrac{9216(\pi A+B)}{\pi m^2(m^2-4)(m^2-16)(m^2-36)}, & m\text{为奇数} \end{cases} \tag{2-48}$$

　　图 2-9 给出两组参数下,P 为不同值时傅里叶级数展开系数 a_m 的衰减情况,在这里需要特别指出,当 $P=0$ 时,表示函数 $f(x)$ 为传统傅里叶级数。根据傅里叶级数的收敛性质和定理可知,当 $m \to \infty$ 时,绝对可积函数的傅里叶系数均趋于零。当一个函数进行傅里叶级数展开时,这个函数的光滑性和其傅里叶系数的衰减性有着直接的关系。由图 2-9 可以看出,基于改进傅里叶级数法的级数扩展式展开系数的衰减速度比传统的傅里叶级数快,且其衰减速度随着 P 值的增大而增大,这说明基于改进傅里叶级数法的级数扩展式光滑性较好。

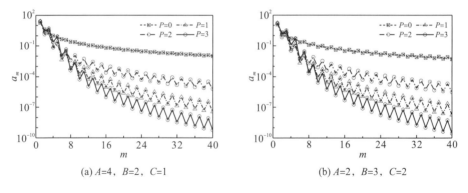

(a) $A=4$，$B=2$，$C=1$　　　　　　　(b) $A=2$，$B=3$，$C=2$

图 2-9　不同 P 值下傅里叶级数展开系数 a_m 的衰减情况

理论上，传统傅里叶级数与改进傅里叶级数均具有无穷项，而在数值计算过程中需要将其截断为有限项数。为了确保计算结果的正确性，原则上需要将级数的截断数一直增加到结果没有明显变化为止，也就是计算结果达到有效收敛。为此，需要考察级数截断误差与截断参数 M 和 P 间的变化规律，下面定义绝对误差为

$$E_r = \max_{0 \leqslant x \leqslant \pi} \left| f(x) - F_{M,2P}[f](x) \right| \tag{2-49}$$

图 2-10、图 2-11 分别给出了不同截断参数 P 和 M 下傅里叶级数展开式的截断误差情况。从图 2-10 可以看出，当 $M=25$ 时，由式(2-42)~式(2-48)所计算的结果与函数本身间的绝对误差均在0.1%以内，其收敛速度随着 P 值的增大而增大，相应的绝对误差不断减小，特别是当 $P \geqslant 2$ 时就可以将其绝对误差控制在 10^{-5} 之内，从而说明基于改进傅里叶级数法的级数展开式可以在较小绝对误差范围内更准确描述函数本身。此外，对比图 2-11 可以看出，当 $P=2$ 时，随着截断数 M 的不断增大，级数截断误差不断减小，特别是当 $M=10$ 时就可以保证级数展开与函数本身(绝对误差在 10^{-3} 内)吻合较好。

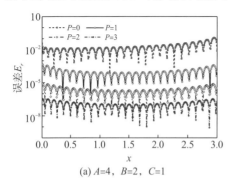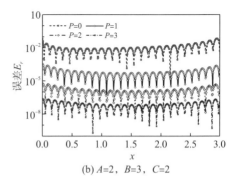

(a) $A=4$，$B=2$，$C=1$　　　　　　　(b) $A=2$，$B=3$，$C=2$

图 2-10　不同 P 值下傅里叶级数展开式的截断误差($M=25$)

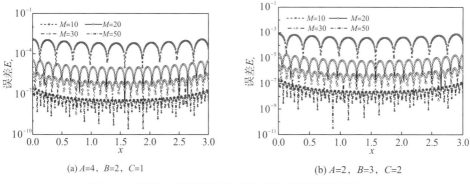

(a) $A=4$, $B=2$, $C=1$ (b) $A=2$, $B=3$, $C=2$

图 2-11 不同 M 值下傅里叶级数展开式的截断误差($P=2$)

综上可知,采用改进傅里叶级数法获得的级数展开式具有一致收敛性,且收敛速度较传统的傅里叶级数有较大程度的改善,级数展开系数衰减特性明显。事实上,式(2-32)中辅助函数 $\vartheta_p(x)$ 并不局限于所选取的正弦三角函数、勒让德多项式、代数多项式等其他函数也可作为改进傅里叶级数法的辅助函数,相关理论推导可采用类似的方式得出,这里不再赘述。为了获得简明的改进傅里叶级数展开式,将式(2-32)改写为

$$f(x) = F_{M,2P}[f](x) = \sum_{m=0}^{M} A_m \varphi_m(x) + \sum_{p=-2P}^{-1} B_p \vartheta_p(x) \tag{2-50}$$

式中,

$$\varphi_m(x) = \cos \lambda_m x , \ \lambda_m = m\pi / \pi \tag{2-51}$$

式(2-50)的级数展开式与式(2-32)实质上一致,但在理论描述及求解过程中,前者应用起来能简化整个理论推导过程。采用式(2-50)对函数进行级数展开,并周期性扩展至整个 x 轴时,不会出现如图 2-2 所示的间断点,还能消除吉布斯效应。其可能存在的间断点或不连续现象将被转移到添加的 $2P$ 项辅助函数中,从而函数的各阶次导数可以通过逐项求导来确定。理论上 P 的取值可以为无穷项,但实际计算中通常由控制微分方程和边界约束方程中最高阶次的偏导数阶次来确定,通过修改 P 值可以对不同光滑程度的函数进行描述。因而改进傅里叶级数法可以用于求解边值问题,并对函数进行级数展开,且将一致收敛于本身。

2.3 谱几何法的基本原理

前面系统地介绍了里兹法和改进傅里叶级数法基本原理,本节以二维弹性板为例,利用改进傅里叶-里兹法对不同辅助函数的计算性能进行比较研究,在此基础上,在改进傅里叶-里兹法理论框架下进一步提出适用于板壳及其组合结构动力学分析的谱几何法,并介绍该方法求解结构动力学问题的一般流程。

2.3.1 不同辅助函数的对比分析

为了更清楚地展示改进傅里叶级数法，这里以二维矩形板为例对级数展开式中不同辅助函数的计算性能进行系统比较研究。图 2-12 为笛卡儿直角坐标系 (o-xyz)下任意边界约束的弹性矩形板：a、b 和 h 分别表示板的长、宽和高；u、v 和 w 分别表示板内任意一点 p 在 x、y 和 z 方向上的位移；f 表示作用于板的分布载荷；$([x_0, x_1], [y_0, y_1])$ 表示载荷作用区域。板的边界采用变刚度人工弹簧进行约束，通过设置弹簧刚度值大小，实现任意边界条件的模拟。

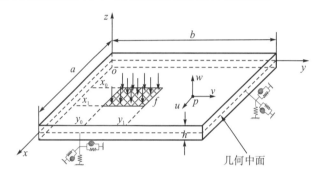

图 2-12 矩形板的几何模型和坐标系

在板壳结构动力学分析中，常用的分析理论包括等效单层理论(如经典薄板理论、一阶剪切变形理论、高阶剪切变形理论)、分层理论以及三维弹性理论。本书所研究的对象，其结构总厚度远小于其他维度，隶属于中厚结构范畴，故采用一阶剪切变形理论。矩形板内部 p 点的位移可以表示为

$$\begin{Bmatrix} u \\ v \\ w \end{Bmatrix} = \begin{Bmatrix} u_0(x,y,t) \\ v_0(x,y,t) \\ w_0(x,y,t) \end{Bmatrix} + \begin{Bmatrix} z\varphi_x(x,y,t) \\ z\varphi_y(x,y,t) \\ 0 \end{Bmatrix} \tag{2-52}$$

式中，u_0、v_0 和 w_0 为结构中面上的参考点的平移位移分量；φ_x 和 φ_y 分别为转角位移分量；t 为时间变量。

式(2-52)中位移变量均为时间 t 和空间坐标(x,y)的函数，由于所研究结构为线性系统，因此可采用分离变量法对上述各变量进行时间和空间上的解耦。根据 2.2.3 节中改进傅里叶级数法的基本原理，与空间坐标相关的连续位移变量函数可采用三角函数结合辅助函数进行展开。此外，考虑到矩形板为二维结构，此时需将式(2-50)中一维改进傅里叶级数扩展至二维。最终，矩形板结构的位移变量可表示为

$$u_0(x,y,t) = \left[\boldsymbol{\Phi}(x,y), \boldsymbol{\Phi}_c(x,y), \boldsymbol{\Phi}_s(x,y) \right][A_u]e^{j\omega t} \tag{2-53a}$$

$$v_0(x,y,t) = \left[\boldsymbol{\Phi}(x,y), \boldsymbol{\Phi}_c(x,y), \boldsymbol{\Phi}_s(x,y) \right][A_v]e^{j\omega t} \tag{2-53b}$$

$$w_0(x,y,t) = \left[\boldsymbol{\Phi}(x,y), \boldsymbol{\Phi}_c(x,y), \boldsymbol{\Phi}_s(x,y)\right]\left[\boldsymbol{A}_w\right]\mathrm{e}^{\mathrm{j}\omega t} \tag{2-53c}$$

$$\varphi_x(x,y,t) = \left[\boldsymbol{\Phi}(x,y), \boldsymbol{\Phi}_c(x,y), \boldsymbol{\Phi}_s(x,y)\right]\left[\boldsymbol{A}_x\right]\mathrm{e}^{\mathrm{j}\omega t} \tag{2-53d}$$

$$\varphi_y(x,y,t) = \left[\boldsymbol{\Phi}(x,y), \boldsymbol{\Phi}_c(x,y), \boldsymbol{\Phi}_s(x,y)\right]\left[\boldsymbol{A}_y\right]\mathrm{e}^{\mathrm{j}\omega t} \tag{2-53e}$$

式中，ω 为系统的圆频率，$\mathrm{j}\,(\mathrm{j}^2=-1)$ 为虚数单位；$\boldsymbol{\Phi}(x,y)$ 为由傅里叶余弦级数组成的函数向量；$\boldsymbol{\Phi}_c(x,y)$ 和 $\boldsymbol{\Phi}_s(x,y)$ 为由辅助函数组成的函数向量；$\boldsymbol{A}_l\,(l=u、v、w、x、y)$ 为由位移系数 A_{mn}^l、$A_{pn}^{l,c}$、$A_{mp}^{l,s}$ 组成的广义系数向量。上述函数向量的表达式为

$$\boldsymbol{\Phi}(x,y) = \begin{bmatrix} \cos(\lambda_0 x), \cos(\lambda_1 x), \cdots, \\ \cos(\lambda_m x), \cdots, \cos(\lambda_M x) \end{bmatrix} \otimes \begin{bmatrix} \cos(\lambda_0 y), \cos(\lambda_1 y), \cdots, \\ \cos(\lambda_n y), \cdots, \cos(\lambda_N y) \end{bmatrix} \tag{2-54a}$$

$$\boldsymbol{\Phi}_c(x,y) = \begin{bmatrix} \vartheta_1(x), \vartheta_2(x), \cdots, \\ \vartheta_p(x), \cdots, \vartheta_P(x) \end{bmatrix} \otimes \begin{bmatrix} \cos(\lambda_0 y), \cos(\lambda_1 y), \cdots, \\ \cos(\lambda_n y), \cdots, \cos(\lambda_N y) \end{bmatrix} \tag{2-54b}$$

$$\boldsymbol{\Phi}_s(x,y) = \begin{bmatrix} \cos(\lambda_0 x), \cos(\lambda_1 x), \cdots, \\ \cos(\lambda_m x), \cdots, \cos(\lambda_M x) \end{bmatrix} \otimes \begin{bmatrix} \vartheta_1(y), \vartheta_2(y), \cdots, \\ \vartheta_p(y), \cdots, \vartheta_P(y) \end{bmatrix} \tag{2-54c}$$

$$\boldsymbol{A}_l = \left[\boldsymbol{A}_l^f; \boldsymbol{A}_l^c; \boldsymbol{A}_l^s\right] \tag{2-55a}$$

$$\boldsymbol{A}_l^f = \begin{bmatrix} A_{00}^l, \cdots, A_{0n}^l, \cdots, A_{0N}^l, \cdots, A_{m0}^l, \cdots, A_{mn}^l, \cdots, \\ A_{mN}^l, \cdots, A_{M0}^l, \cdots, A_{Mn}^l, \cdots, A_{MN}^l \end{bmatrix}^{\mathrm{T}} \tag{2-55b}$$

$$\boldsymbol{A}_l^c = \begin{bmatrix} A_{10}^{l,c}, \cdots, A_{1n}^{l,c}, \cdots, A_{1N}^{l,c}, \cdots, A_{p0}^{l,c}, \cdots, A_{pn}^{l,c}, \cdots, \\ A_{pN}^{l,c}, \cdots, A_{P0}^{l,c}, \cdots, A_{Pn}^{l,c}, \cdots, A_{PN}^{l,c} \end{bmatrix}^{\mathrm{T}} \tag{2-55c}$$

$$\boldsymbol{A}_l^s = \begin{bmatrix} A_{01}^{l,s}, \cdots, A_{m1}^{l,s}, \cdots, A_{M1}^{l,s}, \cdots, A_{0p}^{l,s}, \cdots, A_{mp}^{l,s}, \cdots, \\ A_{Mp}^{l,s}, \cdots, A_{0P}^{l,s}, \cdots, A_{mP}^{l,s}, \cdots, A_{MP}^{l,s} \end{bmatrix}^{\mathrm{T}} \tag{2-55d}$$

式中，$\otimes$ 表示克罗内克张量积；$\lambda_m=m\pi/a$ 和 $\lambda_n=n\pi/b$ 表示二维傅里叶级数的展开系数；M 和 N 分别为 x 方向和 y 方向上的截断数。

理论上任何足够光滑且满足边界连续性要求的多项式函数集均能用于构造级数展开式的辅助函数，因此辅助函数 $\vartheta_p(s)$ 的形式存在无穷多种。在基于一阶剪切变形理论假设中，矩形板的位移变量采用改进傅里叶级数展开时需满足其主函数（傅里叶级数）和辅助函数的一阶导数在结构边界处连续且不全为零、二阶导数存在，目前满足上述条件的常用辅助函数主要有以下几种。

(1) 三次多项式[43]（类型 I）：

$$\vartheta_1(s) = s\left(\frac{s}{\gamma}-1\right)^2, \quad \vartheta_2(s) = \frac{s^2}{\gamma}\left(\frac{s}{\gamma}-1\right) \tag{2-56}$$

(2) 简单代数多项式[44]（类型 II）：

$$\vartheta_1(s) = \frac{s}{\gamma}, \quad \vartheta_2(s) = \left(\frac{s}{\gamma}\right)^2 \tag{2-57}$$

(3) 正/余弦辅助函数[45](类型 III)：

$$\begin{cases} \vartheta_1(s) = \sin\lambda_1 s, & \lambda_1 = -\pi/r \\ \vartheta_2(s) = \sin\lambda_2 s, & \lambda_2 = -2\pi/r \end{cases} \tag{2-58}$$

(4) 正弦级数[46](类型 IV)：

$$\begin{cases} \vartheta_p(s) = \sin\lambda_p s \\ \lambda_p = -p\pi/\varUpsilon \end{cases} \tag{2-59}$$

式 (2-56)~式 (2-59) 中，$s=x$、y；$\varUpsilon=a$、b。

根据小变形假设和线弹性理论，矩形板内部任意点处应变 (ε_{xx}, ε_{yy}, γ_{xy}, γ_{xz}, γ_{yz}) 与位移之间的关系式可以表示为

$$\varepsilon_{xx} = \varepsilon_{xx}^0 + z\kappa_{xx} \tag{2-60a}$$

$$\varepsilon_{yy} = \varepsilon_{yy}^0 + z\kappa_{yy} \tag{2-60b}$$

$$\gamma_{xy} = \gamma_{xy}^0 + z\kappa_{xy} \tag{2-60c}$$

$$\gamma_{xz} = \gamma_{xz}^0 \tag{2-60d}$$

$$\gamma_{yz} = \gamma_{yz}^0 \tag{2-60e}$$

式中，$\varepsilon_{xx}^0 = \dfrac{\partial u_0}{\partial x}$；$\varepsilon_{yy}^0 = \dfrac{\partial v_0}{\partial y}$；$\gamma_{xy}^0 = \dfrac{\partial v_0}{\partial x} + \dfrac{\partial u_0}{\partial y}$；$\kappa_{xx} = \dfrac{\partial\varphi_x}{\partial x}$；$\kappa_{yy} = \dfrac{\partial\varphi_y}{\partial y}$；$\kappa_{xy} = \dfrac{\partial\varphi_x}{\partial y} + \dfrac{\partial\varphi_y}{\partial x}$；$\gamma_{xz}^0 = \varphi_x + \dfrac{\partial w_0}{\partial x}$；$\gamma_{yz}^0 = \varphi_y + \dfrac{\partial w_0}{\partial y}$。

基于广义虎克定律，矩形板的应力-应变本构方程表示为

$$\begin{bmatrix} \sigma_{xx} \\ \sigma_{yy} \\ \tau_{xy} \\ \tau_{yz} \\ \tau_{xz} \end{bmatrix} = \begin{bmatrix} Q_{11} & Q_{12} & 0 & 0 & 0 \\ Q_{12} & Q_{22} & 0 & 0 & 0 \\ 0 & 0 & Q_{66} & 0 & 0 \\ 0 & 0 & 0 & Q_{44} & 0 \\ 0 & 0 & 0 & 0 & Q_{55} \end{bmatrix} \begin{bmatrix} \varepsilon_{xx} \\ \varepsilon_{yy} \\ \gamma_{xy} \\ \gamma_{yz} \\ \gamma_{xz} \end{bmatrix} \tag{2-61}$$

式中，σ_{xx} 和 σ_{yy} 分别表示板在 x 方向和 y 方向上的法向应力；τ_{xy}、τ_{xz} 和 τ_{yz} 表示板的剪切应力；Q_{gt}(g, t=1，2，4，5，6)表示材料刚度系数，可通过矩形板的杨氏模量、泊松比计算获得，即

$$\begin{cases} Q_{11} = Q_{22} = \dfrac{E}{1-\mu^2} \\ Q_{12} = \dfrac{\mu E}{1-\mu^2} \\ Q_{44} = Q_{55} = Q_{66} = \dfrac{E}{2(1+\mu)} \end{cases} \tag{2-62}$$

通过对式(2-61)中应力沿板厚度方向进行积分运算可得结构的力和力矩分量，即

$$
\begin{bmatrix} N_{xx} \\ N_{yy} \\ N_{xy} \\ M_{xx} \\ M_{yy} \\ M_{xy} \end{bmatrix} = \begin{bmatrix} A_{11} & A_{12} & 0 & 0 & 0 & 0 \\ A_{12} & A_{22} & 0 & 0 & 0 & 0 \\ 0 & 0 & A_{66} & 0 & 0 & 0 \\ 0 & 0 & 0 & D_{11} & D_{12} & 0 \\ 0 & 0 & 0 & D_{12} & D_{22} & 0 \\ 0 & 0 & 0 & 0 & 0 & D_{66} \end{bmatrix} \begin{bmatrix} \varepsilon_{xx}^0 \\ \varepsilon_{yy}^0 \\ \gamma_{xy}^0 \\ \kappa_{xx} \\ \kappa_{yy} \\ \kappa_{xy} \end{bmatrix} \tag{2-63}
$$

$$
\begin{bmatrix} Q_{xx} \\ Q_{yy} \end{bmatrix} = \begin{bmatrix} \kappa_s A_{55} & 0 \\ 0 & \kappa_s A_{44} \end{bmatrix} \begin{bmatrix} \gamma_{xz}^0 \\ \gamma_{yz}^0 \end{bmatrix} \tag{2-64}
$$

式中，κ_s 为剪切变形修正因子，其值为 5/6；A_{gt} 为板的拉伸刚度系数(g,t=1,2,6)；D_{gt} 为弯曲刚度系数，即

$$
A_{gt} = \int_{-h/2}^{h/2} Q_{gt}\mathrm{d}z, \quad D_{gt} = \int_{-h/2}^{h/2} Q_{gt}\mathrm{d}z \tag{2-65}
$$

根据一阶剪切变形理论，矩形板的应变势能 U_p 可以表示为

$$
U_p = \frac{1}{2}\int_0^a \int_0^b \left\{ \begin{array}{l} N_{xs}\varepsilon_{xs}^0 + N_{yy}\varepsilon_{yy}^0 + N_{xy}\gamma_{xy}^0 + M_{xx}\kappa_{xx} \\ + M_{yy}\kappa_{yy} + M_{xy}\kappa_{xy} + Q_{xx}\gamma_{xz}^0 + Q_{yy}\gamma_{yz}^0 \end{array} \right\} \mathrm{d}x\mathrm{d}y \tag{2-66}
$$

假设 $\boldsymbol{\Theta}(x,y) = \left[\boldsymbol{\Phi}(x,y), \boldsymbol{\Phi}_c(x,y), \boldsymbol{\Phi}_s(x,y) \right]$，将式(2-53)和式(2-60)～式(2-65)代入式(2-66)中，可得

$$
U_p = \frac{\mathrm{e}^{\mathrm{j}2\omega t}}{2}\int_0^a \int_0^b \left\{ \begin{array}{l} \dfrac{\partial \boldsymbol{\Theta}}{\partial x}\left[A_{66}\boldsymbol{A}_v\boldsymbol{A}_v^{\mathrm{T}} + A_{55}\boldsymbol{A}_w\boldsymbol{A}_w^{\mathrm{T}} + A_{11}\boldsymbol{A}_u\boldsymbol{A}_u^{\mathrm{T}} \right]\dfrac{\partial \boldsymbol{\Theta}^{\mathrm{T}}}{\partial x} \\[2mm] + \dfrac{\partial \boldsymbol{\Theta}}{\partial y}\left[A_{22}\boldsymbol{A}_v\boldsymbol{A}_v^{\mathrm{T}} + A_{44}\boldsymbol{A}_w\boldsymbol{A}_w^{\mathrm{T}} + A_{66}\boldsymbol{A}_u\boldsymbol{A}_u^{\mathrm{T}} \right]\dfrac{\partial \boldsymbol{\Theta}^{\mathrm{T}}}{\partial x} \\[2mm] + 2\dfrac{\partial \boldsymbol{\Theta}}{\partial x}\left[(A_{12}+A_{66})\boldsymbol{A}_u\boldsymbol{A}_v^{\mathrm{T}} \right]\dfrac{\partial \boldsymbol{\Theta}^{\mathrm{T}}}{\partial y} + 2\dfrac{\partial \boldsymbol{\Theta}}{\partial x}\left[A_{55}\boldsymbol{A}_w\boldsymbol{A}_x^{\mathrm{T}} \right]\boldsymbol{\Theta}^{\mathrm{T}} \\[2mm] + \dfrac{\partial \boldsymbol{\Theta}}{\partial y}\left[(D_{22}+D_{66})\boldsymbol{A}_y\boldsymbol{A}_y^{\mathrm{T}} \right]\dfrac{\partial \boldsymbol{\Theta}^{\mathrm{T}}}{\partial y} + 2\dfrac{\partial \boldsymbol{\Theta}}{\partial y}\left[A_{44}\boldsymbol{A}_w\boldsymbol{A}_y^{\mathrm{T}} \right]\boldsymbol{\Theta}^{\mathrm{T}} \\[2mm] + \dfrac{\partial \boldsymbol{\Theta}}{\partial x}\left[D_{11}\boldsymbol{A}_x\boldsymbol{A}_x^{\mathrm{T}} + D_{66}\boldsymbol{A}_y\boldsymbol{A}_y^{\mathrm{T}} \right]\dfrac{\partial \boldsymbol{\Theta}^{\mathrm{T}}}{\partial x} \\[2mm] + \dfrac{\partial \boldsymbol{\Theta}}{\partial x}\left[D_{11}\boldsymbol{A}_x\boldsymbol{A}_x^{\mathrm{T}} + D_{66}\boldsymbol{A}_y\boldsymbol{A}_y^{\mathrm{T}} \right]\dfrac{\partial \boldsymbol{\Theta}^{\mathrm{T}}}{\partial x} \\[2mm] + 2\dfrac{\partial \boldsymbol{\Theta}}{\partial x}\left[D_{12}\boldsymbol{A}_x\boldsymbol{A}_y^{\mathrm{T}} + D_{66}\boldsymbol{A}_y\boldsymbol{A}_y^{\mathrm{T}} \right]\dfrac{\partial \boldsymbol{\Theta}^{\mathrm{T}}}{\partial y} \end{array} \right\} \mathrm{d}x\mathrm{d}y \tag{2-67}
$$

板的动能 T_p 为

$$
\begin{aligned}
T_p &= \frac{1}{2}\int_0^a\int_0^b \rho\left[\left(\frac{\partial u}{\partial t}\right)^2 + \left(\frac{\partial v}{\partial t}\right)^2 + \left(\frac{\partial w}{\partial t}\right)^2\right]\mathrm{d}x\mathrm{d}y \\
&= \frac{\omega^2\mathrm{e}^{\mathrm{j}2\omega t}}{2}\int_0^a\int_0^b \boldsymbol{\Theta}\begin{bmatrix} I_0\left(\boldsymbol{A}_u\boldsymbol{A}_u^{\mathrm{T}} + \boldsymbol{A}_v\boldsymbol{A}_v^{\mathrm{T}} + \boldsymbol{A}_w\boldsymbol{A}_w^{\mathrm{T}}\right)+ \\ + I_1\left(\boldsymbol{A}_x\boldsymbol{A}_x^{\mathrm{T}} + \boldsymbol{A}_y\boldsymbol{A}_y^{\mathrm{T}}\right)\end{bmatrix}\boldsymbol{\Theta}^{\mathrm{T}}\mathrm{d}x\mathrm{d}y
\end{aligned}
\tag{2-68}
$$

式中，ρ 为质量密度；I_0 和 I_1 为板的质量惯性矩，其表达式为

$$
I_0 = \int_{-h/2}^{h/2}\rho\mathrm{d}z
\tag{2-69a}
$$

$$
I_1 = \int_{-h/2}^{h/2}\rho\mathrm{d}z
\tag{2-69b}
$$

如前所述，在里兹法中，为建立包含经典、弹性边界条件在内的任意边界下矩形板的动力学分析模型，在边界处引入了无质量的变刚度人工弹簧来等效模拟任意边界条件。此时，在矩形板边界处由人工弹簧所产生的弹性势能 V_P 表示为

$$
\begin{aligned}
V_p &= \frac{h}{2}\int_0^b\left\{\begin{matrix} \boldsymbol{\Theta}(0,y)\begin{bmatrix} k_{x0}^u\boldsymbol{A}_u\boldsymbol{A}_u^{\mathrm{T}} + k_{x0}^v\boldsymbol{A}_v\boldsymbol{A}_v^{\mathrm{T}} + k_{x0}^w\boldsymbol{A}_w\boldsymbol{A}_w^{\mathrm{T}} \\ + k_{x0}^x\boldsymbol{A}_x\boldsymbol{A}_x^{\mathrm{T}} + k_{x0}^y\boldsymbol{A}_y\boldsymbol{A}_y^{\mathrm{T}}\end{bmatrix}\boldsymbol{\Theta}^{\mathrm{T}}(0,y) \\ + \boldsymbol{\Theta}(a,y)\begin{bmatrix} k_{xa}^u\boldsymbol{A}_u\boldsymbol{A}_u^{\mathrm{T}} + k_{xa}^v\boldsymbol{A}_v\boldsymbol{A}_v^{\mathrm{T}} + k_{xa}^w\boldsymbol{A}_w\boldsymbol{A}_w^{\mathrm{T}} \\ + k_{xa}^x\boldsymbol{A}_x\boldsymbol{A}_x^{\mathrm{T}} + k_{xa}^y\boldsymbol{A}_y\boldsymbol{A}_y^{\mathrm{T}}\end{bmatrix}\boldsymbol{\Theta}^{\mathrm{T}}(a,y)\end{matrix}\right\}\mathrm{d}y \\
&+ \frac{h}{2}\int_0^a\left\{\begin{matrix} \boldsymbol{\Theta}(x,0)\begin{bmatrix} k_{y0}^u\boldsymbol{A}_u\boldsymbol{A}_u^{\mathrm{T}} + k_{y0}^v\boldsymbol{A}_v\boldsymbol{A}_v^{\mathrm{T}} + k_{y0}^w\boldsymbol{A}_w\boldsymbol{A}_w^{\mathrm{T}} \\ + k_{y0}^x\boldsymbol{A}_x\boldsymbol{A}_x^{\mathrm{T}} + k_{y0}^y\boldsymbol{A}_y\boldsymbol{A}_y^{\mathrm{T}}\end{bmatrix}\boldsymbol{\Theta}^{\mathrm{T}}(x,0) \\ + \boldsymbol{\Theta}(x,b)\begin{bmatrix} k_{yb}^u\boldsymbol{A}_u\boldsymbol{A}_u^{\mathrm{T}} + k_{yb}^v\boldsymbol{A}_v\boldsymbol{A}_v^{\mathrm{T}} + k_{yb}^w\boldsymbol{A}_w\boldsymbol{A}_w^{\mathrm{T}} \\ + k_{yb}^x\boldsymbol{A}_x\boldsymbol{A}_x^{\mathrm{T}} + k_{yb}^y\boldsymbol{A}_y\boldsymbol{A}_y^{\mathrm{T}}\end{bmatrix}\boldsymbol{\Theta}^{\mathrm{T}}(x,b)\end{matrix}\right\}\mathrm{d}x
\end{aligned}
\tag{2-70}
$$

式中，k_e^u、k_e^v、k_e^w、k_e^x 和 k_e^y（$e=x_0$、x_a、y_0 和 y_b）为边界弹簧刚度参数。

对于外部分布激励 f，主要考虑横向载荷（z 方向）所做功 W_f，即

$$
W_f = \frac{1}{2}\iint_{S_f} fw\mathrm{d}S_f = \frac{1}{2}\iint_{S_f} f\boldsymbol{\Theta}\boldsymbol{A}_w\mathrm{d}S_f
\tag{2-71}
$$

于是，矩形板在外部激励载荷作用下的拉格朗日能量泛函可表示为

$$
\Xi = T_p - U_p - V_p + W_f
\tag{2-72}
$$

将式 (2-67)～式 (2-71) 代入式 (2-72)，基于里兹法对能量泛函中未知系数进行能量变分极值运算

$$
\frac{\partial \Xi}{\partial \varsigma} = 0, \qquad \varsigma = A_{mn}^l, A_{pn}^{l,c}, A_{pn}^{l,s}
\tag{2-73}
$$

即可获得矩形板的动力学求解方程，具体表达式为

$$\left\{\begin{bmatrix} K_{uu} & K_{uv} & K_{uw} & K_{ux} & K_{uy} \\ K_{uv}^T & K_{vv} & K_{vw} & K_{vx} & K_{vy} \\ K_{uw}^T & K_{vw}^T & K_{ww} & K_{wx} & K_{wy} \\ K_{ux}^T & K_{vx}^T & K_{wx}^T & K_{xx} & K_{xy} \\ K_{uy}^T & K_{vy}^T & K_{wy}^T & K_{xy}^T & K_{yy} \end{bmatrix} - \omega^2 \begin{bmatrix} M_{uu} & 0 & 0 & 0 & 0 \\ 0 & M_{vv} & 0 & 0 & 0 \\ 0 & 0 & M_{ww} & 0 & 0 \\ 0 & 0 & 0 & M_{xx} & 0 \\ 0 & 0 & 0 & 0 & M_{yy} \end{bmatrix}\right\} \begin{bmatrix} A_u \\ A_v \\ A_w \\ A_x \\ A_y \end{bmatrix} = \begin{bmatrix} 0 \\ 0 \\ F \\ 0 \\ 0 \end{bmatrix}$$

$$(2\text{-}74)$$

式中，K_{ij} 和 M_{ij}（i、$j=u$、v、w、x、y）分别为矩形板的子刚度矩阵和子质量矩阵；A_l（$l=u$、v、w、x、y）为位移系数 A_{mn}^l、$A_{pn}^{l,c}$、$A_{mp}^{l,s}$ 组成的广义数向量；F 为横向载荷向量。根据 2.2.1 节中里兹法的基本原理，通过求解式(2-74)可获得矩形板的动力学特性。

在进行不同辅助函数计算性能的比较研究之前，首先需要对所建立分析模型的有效性进行验证。为此，表 2-1 给出了 4 种不同辅助函数下矩形板前 8 阶固有频率参数 Ω，其中边界条件设定为完全固支和四边简支边；几何参数定义为长度 $a=1$m，宽度 $b=1$m，厚度 $h=0.1$m；材料参数定义为杨氏模量 $E=206$GPa，密度 $\rho=7850$kg/m^3，泊松比 $\mu=0.3$。作为参考，相应的文献[47]精确解和 FEM 结果也在表 2-1 中给出。无量纲固有频率参数为 $\Omega=\omega a^2(h/D)^{0.5}$，其中 $D=Eh^3/12/(1-\mu^2)$。所采用的截断数组合为 $M \times N = 16 \times 16$。从表 2-1 可以看出，无论哪种辅助函数，采用改进傅里叶级数法计算所得数值结果与文献解或 FEM 结果均能较好吻合，且各辅助函数的计算结果具有良好的一致性，其对应的最大偏差不超过 0.005%，这表明当基于改进傅里叶级数法的位移展开式满足板的边值条件时，因辅助函数类型的不同而导致的求解精度差异可忽略不计。

表 2-1　矩形板的前 8 阶固有频率参数 Ω

边界	辅助函数类型	模态阶次							
		1	2	3	4	5	6	7	8
CCCC	类型 I	32.525	62.040	62.040	86.953	102.437	103.414	123.155	123.155
	类型 II	32.525	62.040	62.041	86.949	102.439	103.416	123.155	123.155
	类型 III	32.525	62.040	62.041	86.949	102.439	103.416	123.155	123.155
	类型 IV	32.525	62.040	62.040	86.952	102.437	103.414	123.155	123.155
	FEM	32.530	62.070	62.070	86.985	102.532	103.513	123.179	123.179
SSSS	类型 I	19.0650	45.483	45.483	69.795	85.039	85.039	106.684	106.684
	类型 II	19.0649	45.483	45.483	69.795	85.039	85.039	106.684	106.684
	类型 III	19.0650	45.483	45.483	69.794	85.039	85.039	106.684	106.684
	类型 IV	19.0650	45.483	45.483	69.794	85.039	85.039	106.684	106.684
	文献[47]	19.0653	45.487	45.487	69.809	85.065	85.065	106.735	106.735

注：CCCC 表示完全固支边界条件；SSSS 表示简支边界条件。

图 2-13 为不同辅助函数对应的矩形板前 8 阶频率参数与参考解之间的误差范数随位移展开式截断数变化的收敛曲线，这里采用表 2-1 所示列出的文献解和 FEM 结果作为参考，其中误差范数为

$$\Lambda_r = \sqrt{\frac{\sum \left(\Omega_{MN} - \Omega_{\text{ref}} \right)^2}{\sum \Omega_{\text{ref}}^2}} \times 100 \tag{2-75}$$

式中，Ω_{MN} 为采用截断数 M、N 计算所得的频率参数；Ω_{ref} 为与之对应的参考解。为了便于阐述，假设式(2-53)中的截断数 M、N 保持同步变化($M=N$)，其数值增量为 1。

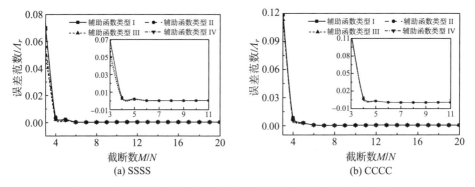

图 2-13　不同辅助函数对矩形板前 8 阶频率误差范数收敛性的影响

从图 2-13 可以看出，无论哪种辅助函数，当截断数 $M/N \geqslant 7$ 时，频率误差范数 Λ_r 已趋于收敛且基本接近于 0，与表 2-1 所呈现的对比结果相符合，且当 $M/N \geqslant 5$ 时，基于不同辅助函数的改进傅里叶级数具有十分接近的频率误差范数，这表明辅助函数的不同并不会引起改进傅里叶级数收敛性的差异，即基于不同辅助函数的改进傅里叶级数法具有一致的收敛性。

图 2-14 和图 2-15 分别给出了完全固支边界条件下矩形板上点(0.7, 0.7)在 4 种辅助函数下的简谐位移响应和瞬态位移响应。该算例中矩形板的厚度设置为 $h=0.05$m，其余几何尺寸、材料参数与表 2-1 算例参数保持一致。所施加的激励力为横向的简谐面载荷，其加载区域为($[x_0, x_1]$, $[y_0, y_1]$) = ([0.3, 0.5], [0.3, 0.5])，相应的激励幅值为 $f_w=1$N。其中，在简谐位移响应计算中，扫频范围为 0～2500Hz；在瞬态位移响应中，激励选择为矩阵脉冲类型，外部载荷作用时间为 0.01s，分析时间步长为 $\Delta t=0.025$ms，总分析时长为 0.02s。从图 2-14 和图 2-15 可以看出，无论简谐响应还是瞬态位移响应，不同辅助函数对应的改进傅里叶级数振动响应解均随着截断数的增加而快速趋于稳定解，且当 $M \times N = 9 \times 9$ 时，所得计算结果与参考曲线吻合良好。从图 2-14 和图 2-15 还可以看出，不同截断数下基于不同辅助函数形式所获得振动响应解吻合度较高，这说明对于振动响应求解，基于不同

辅助函数的改进傅里叶级数法也具有一致的收敛性。

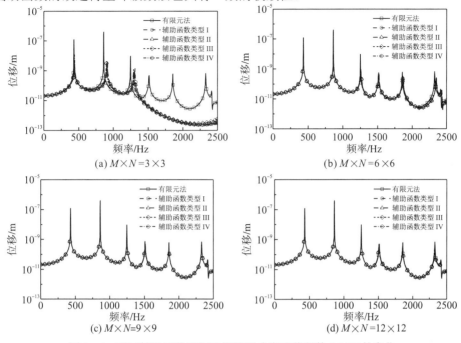

(a) $M \times N = 3 \times 3$

(b) $M \times N = 6 \times 6$

(c) $M \times N = 9 \times 9$

(d) $M \times N = 12 \times 12$

图 2-14　不同辅助函数下矩形板简谐响应随截断数 $M \times N$ 的变化

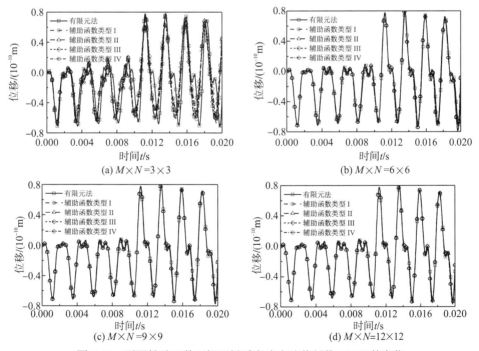

(a) $M \times N = 3 \times 3$

(b) $M \times N = 6 \times 6$

(c) $M \times N = 9 \times 9$

(d) $M \times N = 12 \times 12$

图 2-15　不同辅助函数下矩形板瞬态响应随截断数 $M \times N$ 的变化

综上所述，基于不同辅助函数的改进傅里叶级数法在结构动力学特性求解方面具有一致的计算精度和收敛特性。而从式(2-49)～式(2-51)可以看出，对于前三种辅助函数，其表达式与传统傅里叶级数形式上并不统一，且在结构动力学特性的求解过程中，尤其是对于含有高阶变量的偏微分方程，通常需要进行多次微分或积分运算，这种表达形式的不统一将导致与辅助函数相关的数值运算较为烦琐，不利于结构的统一动力学建模。由于第 4 种基于正弦函数的辅助函数十分简明，其与传统傅里叶级数在表达形式具有良好的统一"协议"，使得其辅助函数展开系数可以与传统傅里叶级数展开系数进行融合，进而实现位移展开式简洁与高效的统一表达。在此基础上，可以将与位移展开式相关的积分、微分计算视为"不变"的数学运算，这将极大地简化整个数值求解过程，更加有利于本书中板壳及其组合结构的快速化动力学建模与参数化研究。这种基于统一的傅里叶正/余弦级数的未知变量展开方法，被界定为"谱几何法"的内涵，在本书后续章节中均采用谱几何法进行板壳及组合结构动力学建模与特性研究。

2.3.2　谱几何法的分析流程

"谱几何"是快速参数化的高效建模方法，主要包含如下两层含义：①结构部件的几何形状采用数学描述或设计参数来准确表达；②待求解问题的未知变量被描述为一种统一谱形式的谱几何函数。此外，不同于有限元法，谱几何法采用物理坐标对结构进行描述，由于不涉及网格划分或单元离散，所以不会引入数值离散误差，且参数化分析也不需要通过网格重构进行模型迭代或更新，对于板壳结构的灵敏度分析、优化设计、移动载荷处理等工作具有良好的自适应分析能力。目前谱几何法已被广泛应用于板壳及其组合结构动力学特性研究中，其一般求解步骤如图 2-16 所示，概括而言，主要包括以下步骤。

步骤一：从实际问题中抽象出结构系统的简化物理模型，并根据系统的几何特征将其划分为若干基本结构单元，如一维直/曲梁、二维板/壳、三维实体等，并选取合理的坐标系进行表达。

步骤二：依据结构单元的几何/材料特征，选取合适的弹性理论构建结构的力学方程。如对于薄板(厚跨比小于0.1)可采用经典薄板理论构建结构的力学本构方程，而对于中厚板(厚跨比为 0.1～0.2)则可采用一阶剪切变形理论，当厚跨比超出上述范围可采用三维弹性理论或分层理论。

步骤三：针对结构单元类型及物理坐标系的特点，应用谱几何法建立线弹性结构单元的位移函数，如对于直/曲梁结构，可采用一维谱几何函数，而对于板/壳及实体结构，可根据结构的厚跨比选取二维或三维谱几何函数进行位移场变量的近似表征。

步骤四：根据前述推导的力学本构方程及任意边界条件，结合所建立的谱几何位移函数，分别建立应变能、动能、边界势能和外力功等结构单元的能量泛函，这里对于组合结构还需要考虑由子结构界面协调条件所产生的耦合势能。

步骤五：将步骤四中的能量项进行叠加求和得到弹性结构整体能量泛函，并基于里兹法对该能量泛函进行变分极值操作，可获得结构系统的动力学方程，再通过特征值提取、模态叠加法和 Newmark 法等数学运算实现结构动力学特性求解。

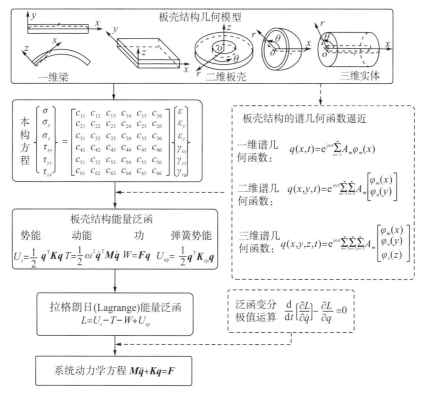

图 2-16　基于谱几何法的结构动力学求解的一般步骤示意图

参 考 文 献

[1] Reddy J N. A simple higher-order theory for laminated composite plates[J]. Journal of Applied Mechanics, 1984, 51（4）: 745-752.

[2] Bhimaraddi A, Stevens L K. A higher order theory for free vibration of orthotropic, homogeneous, and laminated rectangular plates[J]. Journal of Applied Mechanics, 1984, 51（1）: 195-198.

[3] 卿光辉, 张小欢. 对边简支对边滑支三维矩形层合板的精确解[J]. 科学技术与工程, 2016, 16（3）: 1-5, 21.

[4] Van Vinh P, Tounsi A, Belarbi M O. On the nonlocal free vibration analysis of functionally graded porous doubly curved shallow nanoshells with variable nonlocal parameters[J]. Engineering with Computers, 2022: 39(1): 835-855.

[5] Xiang Y, Wei G W. Exact solutions for buckling and vibration of stepped rectangular Mindlin plates[J]. International Journal of Solids and Structures, 2004, 41(1): 279-294.

[6] Hosseini-Hashemi S, Atashipour S R, Fadaee M, et al. An exact closed-form procedure for free vibration analysis of laminated spherical shell panels based on Sanders theory[J]. Archive of Applied Mechanics, 2012, 82(7): 985-1002.

[7] Baferani A H, Saidi A R, Ehteshami H. Accurate solution for free vibration analysis of functionally graded thick rectangular plates resting on elastic foundation[J]. Composite Structures, 2011, 93(7): 1842-1853.

[8] Fadaee M, Atashipour S R, Hosseini-Hashemi S. Free vibration analysis of Lévy-type functionally graded spherical shell panel using a new exact closed-form solution[J]. International Journal of Mechanical Sciences, 2013, 77: 227-238.

[9] Gorman D J, Ding W. Accurate free vibration analysis of the completely free rectangular mindlin plate[J]. Journal of Sound and Vibration, 1996, 189(3): 341-353.

[10] Li R, Zheng X, Yang Y, et al. Hamiltonian system-based new analytic free vibration solutions of cylindrical shell panels[J]. Applied Mathematical Modelling, 2019, 76: 900-917.

[11] Zheng X, Sun Y, Huang M, et al. Symplectic superposition method-based new analytic bending solutions of cylindrical shell panels[J]. International Journal of Mechanical Sciences, 2019, 152: 432-442.

[12] Zhong Y, Li R, Liu Y, et al. On new symplectic approach for exact bending solutions of moderately thick rectangular plates with two opposite edges simply supported[J]. International Journal of Solids and Structures, 2009, 46(11): 2506-2513.

[13] Li R, Zheng X, Wang P, et al. New analytic free vibration solutions of orthotropic rectangular plates by a novel symplectic approach[J]. Acta Mechanica, 2019, 230(9): 3087-3101.

[14] Jia J F, Lai A D, Qu J L, et al. Effects of local thinning defects and stepped thickness for free vibration of cylindrical shells using a symplectic exact solution approach[J]. Acta Astronautica, 2021, 178: 658-671.

[15] Jia J, Lai A, Li T, et al. A symplectic analytical approach for free vibration of orthotropic cylindrical shells with stepped thickness under arbitrary boundary conditions[J]. Thin-Walled Structures, 2022. 171(2): 108696.1-108696.14.

[16] 钟万勰, 姚伟岸. 板弯曲求解新体系及其应用[J]. 力学学报, 1999, 31(2): 173-184.

[17] Rajawat A S, Sharma A K, Gehlot P. Free vibration analysis of stiffened laminated plate using FEM[J]. Materials Today: Proceedings, 2018, 5(2): 5313-5321.

[18] Liu C F, Lee Y T. Finite element analysis of three-dimensional vibrations of thick circular and annular plates[J]. Journal of Sound and Vibration, 2000, 233(1): 63-80.

[19] Sharma A K, Mittal N. Free vibration analysis of laminated composite plates with elastically restrained edges using FEM[J]. Central European Journal of Engineering, 2013, 3(2): 306-315.

[20] Chen D Y, Ren B S. Finite element analysis of the lateral vibration of thin annular and circular plates with variable thickness[J]. Journal of Vibration and Acoustics, 1998, 120(3): 747-752.

[21] Malekzadeh P. Three-dimensional free vibration analysis of thick laminated annular sector plates using a hybrid method[J]. Composite Structures, 2009, 90(4): 428-437.

[22] Daneshjou K, Talebitooti M, Talebitooti R. Free vibration and critical speed of moderately thick rotating laminated composite conical shell using generalized differential quadrature method[J]. Applied Mathematics and Mechanics, 2013, 34(4): 437-456.

[23] Safarpour M, Rahimi A, Alibeigloo A. Static and free vibration analysis of graphene platelets reinforced composite truncated conical shell, cylindrical shell, and annular plate using theory of elasticity and DQM[J]. Mechanics Based Design of Structures and Machines, 2020, 48(4): 496-524.

[24] Bui T Q, Nguyen M N, Zhang C. An efficient meshfree method for vibration analysis of laminated composite plates[J]. Computational Mechanics, 2011, 48(2): 175-193.

[25] Hu S, Zhong R, Wang Q, et al. Vibration analysis of closed laminate conical, cylindrical shells and annular plates using meshfree method[J]. Engineering Analysis with Boundary Elements, 2021, 133: 341-361.

[26] Zhao X, Liew K. A mesh-free method for analysis of the thermal and mechanical buckling of functionally graded cylindrical shell panels[J]. Computational Mechanics, 2010, 45(4): 297-310.

[27] Kwak S, Kim K, Kim J, et al. A meshfree approach for free vibration analysis of laminated sectorial and rectangular plates with varying fiber angle[J]. Thin-Walled Structures, 2022, 174: 109070.

[28] Chen W, Luo W, Chen S, et al. A FSDT meshfree method for free vibration analysis of arbitrary laminated composite shells and spatial structures[J]. Composite Structures, 2022, 279: 114763.

[29] Li H, Pang F, Wang X, et al. Free vibration analysis for composite laminated doubly-curved shells of revolution by a semi analytical method[J]. Composite Structures, 2018, 201: 86-111.

[30] Wang C, Thevendran V. Vibration analysis of annular plates with concentric supports using a variant of Rayleigh-ritz method[J]. Journal of Sound and Vibration, 1993, 163(1): 137-149.

[31] Emdadi M, Mohammadimehr M, Navi B R. Free vibration of an annular sandwich plate with CNTRC facesheets and FG porous cores using Ritz method[J]. Advances in Nano Research, 2019, 7(2): 109-123.

[32] Li F M, Kishimoto K, Huang W H. The calculations of natural frequencies and forced vibration responses of conical shell using the Rayleigh-Ritz method[J]. Mechanics Research Communications, 2009, 36(5): 595-602.

[33] Wang Q, Choe K, Shi D, et al. Vibration analysis of the coupled doubly-curved revolution shell structures by using Jacobi-Ritz method[J]. International Journal of Mechanical Sciences, 2018, 135: 517-531.

[34] Bellman R, Casti J. Differential quadrature and long-term integration[J]. Journal of Mathematical Analysis and Applications, 1971, 34(2): 235-238.

[35] Patel V G, Rachchh N V. Meshless method——Review on recent developments[J]. Materials Today: Proceedings, 2020, 26: 1598-1603.

[36] Li W L. Free vibrations of beams with general boundary conditions[J]. Journal of Sound and Vibration, 2000, 237(4): 709-725.

[37] Li W L. Vibration analysis of rectangular plates with general elastic boundary supports[J]. Journal of Sound and Vibration, 2004, 273(3): 619-635.

[38] Jeffreys H, Jeffreys B, Swirles B. Methods of Mathematical Physics[M]. Cambridge: Cambridge University Press, 1999.

[39] Petyt M. Introduction to finite element vibration analysis[M]. 2nd ed. Cambridge: Cambridge University Press, 2010.

[40] Li W. Alternative Fourier series expansions with accelerated convergence[J]. Applied Mathematics, 2016, 7(15): 1824-1845.

[41] Lanczos C. Discourse on Fourier Series[M]. Edinburgh: Oliver & Boyd, 1966.

[42] Tolstov G P. Fourier Series[M]. New York: Dover Publication, 1976.

[43] Su Z, Jin G, Ye T. Electro-mechanical vibration characteristics of functionally graded piezoelectric plates with general boundary conditions[J]. International Journal of Mechanical Sciences, 2018, 138-139: 42-53.

[44] Monterrubio L, Ilanko S. Proof of convergence for a set of admissible functions for the Rayleigh-Ritz analysis of beams and plates and shells of rectangular planform[J]. Computers & Structures, 2015, 147: 236-243.

[45] Zhong R, Wang Q S, Tang J Y, et al. Vibration characteristics of functionally graded carbon nanotube reinforced composite rectangular plates on Pasternak foundation with arbitrary boundary conditions and internal line supports[J]. Curved and Layered Structures, 2018, 5(1): 10-34.

[46] Shi X, Zuo P, Zhong R, et al. Thermal vibration analysis of functionally graded conical-cylindrical coupled shell based on spectro-geometric method[J]. Thin-Walled Structures, 2022, 175: 109138.

[47] Hosseini-Hashemi S, Fadaee M, Rokni Damavandi Taher H. Exact solutions for free flexural vibration of Lévy-type rectangular thick plates via third-order shear deformation plate theory[J]. Applied Mathematical Modelling, 2011, 35(2): 708-727.

第3章 任意边界条件下回转类板结构横向振动特性分析

回转类板结构作为工程领域常见的基础构件，其振动特性研究受到广泛关注[1,2]。目前关于回转类板结构横向振动特性的研究工作主要围绕环扇形板、圆扇形板、环板和圆板四种结构形式逐个展开，根据不同的结构形式采取相应的算法和程序来求解，使得建模和分析过程较为烦琐，不利于实际工程的参数设计。在第 2 章的基础上，本章首先采用二维谱几何法描述回转类板结构统一分析模型的振动位移容许函数，并引入人工虚拟弹簧技术来等效模拟任意边界条件及确保耦合径向边界上的连续性；然后基于能量原理建立结构横向振动特性求解的拉格朗日能量泛函，并采用里兹法对其进行变分极值操作，进而获得回转类板结构横向振动特性分析模型；最后通过与现有文献解和 FEM 结果对比验证所构建分析模型的正确性和可靠性，并在此基础上开展任意边界条件下回转类板结构横向振动特性参数化研究。

3.1 横向振动分析模型描述

圆扇形板、环形板和圆形板都可以通过环扇形板结构参数设置而获得，因此本章以环扇形板作为基本结构对回转类板结构横向振动模型进行描述，其几何结构与边界约束如图 3-1 所示。环扇形板建立在整体柱坐标系 (r, θ, z) 下，其中 r、θ 和 z 分别为径向、周向和厚度方向，如图 3-1 (a) 所示。$u(r, \theta, z)$、$v(r, \theta, z)$ 和 $w(r, \theta, z)$ 分别为 r、θ 和 z 方向的位移分量；a、b、ϕ 和 h 分别表示环扇形板的内半径、外半径、圆心角和厚度，径向宽度 $R=b-a$。环扇形板的边界约束如图 3-1 (b) 所示，在结构边界位置处均匀布置三种线性弹簧 (k_u, k_v, k_w) 和两种旋转弹簧 (k_r, k_θ)，通过改变弹簧刚度值来等效模拟任意边界条件。本质上，回转类板结构均可通过旋转结构的横截面获得，图 3-2 为本章涉及的两种横截面及四种回转类板结构的统一模型示意图。从图 3-2 可知，当环扇形板或环板内半径为零时，蜕化为圆扇形板或圆板。此外，为了获得周向封闭的环板和圆板，在耦合径向边界处 $(\theta=0°$ 和 $360°)$ 需要引入人工虚拟弹簧来满足位移和力连续性条件，如图 3-3 所示。如果未满足连续性条件，会导致结构的力学特性仍呈现出环扇形板特征。回转类板结构的具体几何特征参数可以表示为[3]：①环扇形板，$0<a<b$、$0°\leq\phi\leq360°$；②环板，$0<a<b$、$\phi=360°$；③圆扇形板，$a=0$、$0°\leq\phi\leq360°$；④圆板，$a=0$，$\phi=360°$。

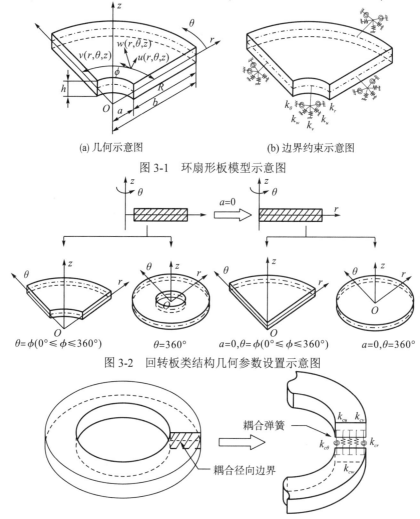

(a) 几何示意图　　　　　　　(b) 边界约束示意图

图 3-1　环扇形板模型示意图

图 3-2　回转板类结构几何参数设置示意图

图 3-3　耦合径向边界示意图

3.2　回转类板结构振动建模

3.2.1　回转类板结构基本方程

基于一阶剪切变形理论，回转类板结构任意一点沿 r、θ 和 z 方向的位移分量可以描述为[4]

$$\left\{\begin{array}{c} \boldsymbol{u}(r,\theta,z,t) \\ \boldsymbol{v}(r,\theta,z,t) \\ \boldsymbol{w}(r,\theta,z,t) \end{array}\right\} = \left\{\begin{array}{c} \boldsymbol{u}_0(r,\theta,t) \\ \boldsymbol{v}_0(r,\theta,t) \\ \boldsymbol{w}_0(r,\theta,t) \end{array}\right\} + z\left\{\begin{array}{c} \boldsymbol{\varphi}_r(r,\theta,t) \\ \boldsymbol{\varphi}_\theta(r,\theta,t) \\ 0 \end{array}\right\} \tag{3-1}$$

式中，t 为时间变量；u_0、v_0、w_0 分别为中面参考点沿 r、θ、z 三个方向的平移位移向量；φ_r 和 φ_θ 分别为中面参考点绕 $\theta\text{-}z$ 和 $r\text{-}z$ 平面的转角位移向量。

根据线弹性理论，回转板结构应变 $(\varepsilon_r, \varepsilon_\theta, \gamma_{r\theta}, \gamma_{rz}, \gamma_{\theta z})$ 与位移之间的关系式可以表示为[5]

$$\varepsilon_r = \varepsilon_r^0 + z\kappa_r \tag{3-2a}$$

$$\varepsilon_\theta = \varepsilon_\theta^0 + z\kappa_\theta \tag{3-2b}$$

$$\gamma_{r\theta} = \gamma_{r\theta}^0 + z\kappa_{r\theta} \tag{3-2c}$$

$$\gamma_{rz} = \gamma_{rz}^0 \tag{3-2d}$$

$$\gamma_{\theta z} = \gamma_{\theta z}^0 \tag{3-2e}$$

式中，$\varepsilon_r^0 = \dfrac{\partial u_0}{\partial r}$；$\kappa_r = \dfrac{\partial \varphi_r}{\partial r}$；$\varepsilon_\theta^0 = \dfrac{u_0}{r} + \dfrac{1}{r}\dfrac{\partial v_0}{\partial \theta}$；$\kappa_\theta = \dfrac{1}{r}\dfrac{\partial \varphi_\theta}{\partial \theta} + \dfrac{\varphi_r}{r}$；$\kappa_{r\theta} = \dfrac{\partial \varphi_\theta}{\partial r} + \dfrac{1}{r}\dfrac{\partial \varphi_r}{\partial \theta} - \dfrac{\varphi_\theta}{r}$；$\gamma_{rz}^0 = \dfrac{\partial w}{\partial r} + \varphi_r$；$\gamma_{\theta z}^0 = \dfrac{1}{r}\dfrac{\partial w}{\partial \theta} + \varphi_\theta$；$\gamma_{r\theta}^0 = \dfrac{\partial v_0}{\partial r} + \dfrac{1}{r}\dfrac{\partial u_0}{\partial \theta} - \dfrac{v_0}{r}$。

基于广义虎克定律，应变-应力本构方程表示为

$$\begin{bmatrix} \sigma_r \\ \sigma_\theta \\ \tau_{r\theta} \\ \tau_{rz} \\ \tau_{\theta z} \end{bmatrix} = \begin{bmatrix} Q_{11} & Q_{12} & 0 & 0 & 0 \\ Q_{12} & Q_{22} & 0 & 0 & 0 \\ 0 & 0 & Q_{66} & 0 & 0 \\ 0 & 0 & 0 & Q_{44} & 0 \\ 0 & 0 & 0 & 0 & Q_{55} \end{bmatrix} \begin{bmatrix} \varepsilon_r \\ \varepsilon_\theta \\ \gamma_{r\theta} \\ \gamma_{rz} \\ \gamma_{\theta z} \end{bmatrix} \tag{3-3}$$

式中，σ_r 和 σ_θ 表示法向应力；$\tau_{r\theta}$、τ_{rz} 和 $\tau_{\theta z}$ 表示剪切应力；Q_{gt} $(g, t=1, 2, 4, 5, 6)$ 为材料刚度系数，具体表达式为

$$Q_{11} = Q_{22} = \frac{E}{1-\mu^2} \tag{3-4a}$$

$$Q_{12} = \frac{\mu E}{1-\mu^2} \tag{3-4b}$$

$$Q_{44} = Q_{55} = Q_{66} = \frac{E}{2(1+\mu)} \tag{3-4c}$$

式中，E 为杨氏模量；μ 为泊松比。

通过对式(3-3)中应力沿板厚度方向进行积分运算，可得结构的内力、弯矩和剪切力，即

$$\begin{bmatrix} N_r \\ N_\theta \\ N_{r\theta} \end{bmatrix} = \begin{bmatrix} A_{11} & A_{12} & 0 \\ A_{12} & A_{22} & 0 \\ 0 & 0 & A_{66} \end{bmatrix} \begin{bmatrix} \varepsilon_r^0 \\ \varepsilon_\theta^0 \\ \gamma_{r\theta}^0 \end{bmatrix} \tag{3-5a}$$

$$\begin{bmatrix} M_r \\ M_\theta \\ M_{r\theta} \end{bmatrix} = \begin{bmatrix} D_{11} & D_{12} & 0 \\ D_{12} & D_{22} & 0 \\ 0 & 0 & D_{66} \end{bmatrix} \begin{bmatrix} \kappa_r \\ \kappa_\theta \\ \kappa_{r\theta} \end{bmatrix} \tag{3-5b}$$

$$\begin{bmatrix} Q_r \\ Q_\theta \end{bmatrix} = \kappa_s \begin{bmatrix} A_{55} & 0 \\ 0 & A_{44} \end{bmatrix} \begin{bmatrix} \gamma_{rz}^0 \\ \gamma_{\theta z}^0 \end{bmatrix} \tag{3-5c}$$

式中，κ_s 表示剪切变形修正因子，其取值为 5/6；A_{gt} 和 D_{gt} (g,t =1, 2, 6) 分别表示回转类板的拉伸刚度系数和弯曲刚度系数，其计算公式为

$$\left(A_{gt}, D_{gt} \right) = \int_{-h/2}^{h/2} Q_{gt} \left(1, z^2 \right) \mathrm{d}z \tag{3-6}$$

3.2.2 谱几何振动分析模型

对于本章所涉及的回转类板结构，采用二维谱几何函数表示结构的位移容许函数，具体表达式为

$$\boldsymbol{u}_0(r,\theta,t) = \left[\boldsymbol{\Theta}_u(r,\theta), \boldsymbol{\Theta}_c(r,\theta), \boldsymbol{\Theta}_s(r,\theta) \right] \left[\boldsymbol{A}_u \right] \mathrm{e}^{\mathrm{j}\omega t} \tag{3-7a}$$

$$\boldsymbol{v}_0(r,\theta,t) = \left[\boldsymbol{\Theta}_v(r,\theta), \boldsymbol{\Theta}_c(r,\theta), \boldsymbol{\Theta}_s(r,\theta) \right] \left[\boldsymbol{A}_v \right] \mathrm{e}^{\mathrm{j}\omega t} \tag{3-7b}$$

$$\boldsymbol{w}_0(r,\theta,t) = \left[\boldsymbol{\Theta}_w(r,\theta), \boldsymbol{\Theta}_c(r,\theta), \boldsymbol{\Theta}_s(r,\theta) \right] \left[\boldsymbol{A}_w \right] \mathrm{e}^{\mathrm{j}\omega t} \tag{3-7c}$$

$$\boldsymbol{\varphi}_r(r,\theta,t) = \left[\boldsymbol{\Theta}_r(r,\theta), \boldsymbol{\Theta}_c(r,\theta), \boldsymbol{\Theta}_s(r,\theta) \right] \left[\boldsymbol{A}_r \right] \mathrm{e}^{\mathrm{j}\omega t} \tag{3-7d}$$

$$\boldsymbol{\varphi}_\theta(r,\theta,t) = \left[\boldsymbol{\Theta}_\theta(r,\theta), \boldsymbol{\Theta}_c(r,\theta), \boldsymbol{\Theta}_s(r,\theta) \right] \left[\boldsymbol{A}_\theta \right] \mathrm{e}^{\mathrm{j}\omega t} \tag{3-7e}$$

式中，$\boldsymbol{\Theta}_q$ 和 $\boldsymbol{A}_q$ ($q=u$, v, w, r, θ) 分别表示由傅里叶余弦级数组成的函数向量和由位移系数 A_{mn}^q、$A_{pn}^{q,c}$、$A_{mp}^{q,s}$ 组成的广义系数向量；$\boldsymbol{\Theta}_c(r,\theta)$ 和 $\boldsymbol{\Theta}_s(r,\theta)$ 为由辅助函数组成的函数向量；ω 为系统的圆频率。采用克罗内克积的形式对上述函数向量进行表述：

$$\boldsymbol{\Theta}_q \left(r,\theta \right) = \begin{bmatrix} \cos(\lambda_0 r), \cos(\lambda_1 r), \cdots, \\ \cos(\lambda_m r), \cdots, \cos(\lambda_M r) \end{bmatrix} \otimes \begin{bmatrix} \cos(\lambda_0 \theta), \cos(\lambda_1 \theta), \cdots, \\ \cos(\lambda_n \theta), \cdots, \cos(\lambda_N \theta) \end{bmatrix} \tag{3-8a}$$

$$\boldsymbol{\Theta}_c \left(r,\theta \right) = \begin{bmatrix} \sin(\lambda_{-2} r), \sin(\lambda_{-1} r) \end{bmatrix} \otimes \begin{bmatrix} \cos(\lambda_0 \theta), \cos(\lambda_1 \theta), \cdots, \\ \cos(\lambda_n \theta), \cdots, \cos(\lambda_N \theta) \end{bmatrix} \tag{3-8b}$$

$$\boldsymbol{\Theta}_s \left(r,\theta \right) = \begin{bmatrix} \cos(\lambda_0 r), \cos(\lambda_1 r), \cdots, \\ \cos(\lambda_m r), \cdots, \cos(\lambda_M r) \end{bmatrix} \otimes \begin{bmatrix} \sin(\lambda_{-2} \theta), \sin(\lambda_{-1} \theta) \end{bmatrix} \tag{3-8c}$$

$$\boldsymbol{A}_q = \left[\boldsymbol{A}_q^f ; \boldsymbol{A}_q^c ; \boldsymbol{A}_q^s \right] \tag{3-8d}$$

$$\boldsymbol{A}_q^f = \begin{bmatrix} A_{00}^q, \cdots, A_{0n}^q, \cdots, A_{0N}^q, \cdots, A_{m0}^q, \cdots, A_{mn}^q, \cdots, \\ A_{mN}^q, \cdots, A_{M0}^q, \cdots, A_{Mn}^q, \cdots, A_{MN}^q \end{bmatrix}^{\mathrm{T}} \tag{3-8e}$$

$$\boldsymbol{A}_q^c = \left[A_{-20}^{q,c}, \cdots, A_{-2n}^{q,c}, \cdots, A_{-2N}^{q,c}, A_{-10}^{q,c}, \cdots, A_{-1n}^{q,c}, \cdots, A_{-1N}^{q,c} \right]^{\mathrm{T}} \tag{3-8f}$$

$$\boldsymbol{A}_l^s = \left[A_{0-2}^{q,s}, A_{0-1}^{q,s}, \cdots, A_{m-2}^{q,s}, A_{m-1}^{q,s}, \cdots, A_{M-2}^{q,s}, A_{M-1}^{q,s} \right]^{\mathrm{T}} \tag{3-8g}$$

式中，$\otimes$ 表示克罗内克张量积；$\lambda_m = m\pi/R$ 和 $\lambda_n = n\pi/\phi$ 表示二维傅叶级数的展开系数；M 和 N 分别表示 r 方向和 θ 方向上的位移函数截断数。

假设 $\boldsymbol{\Theta}(r,\theta) = [\boldsymbol{\Theta}_q(r,\theta),\ \boldsymbol{\Theta}_c(r,\theta),\ \boldsymbol{\Theta}_s(r,\theta)]$，回转类板结构的应变势能为

$$U_p = \frac{1}{2} \int_0^\phi \int_a^b \left\{ \begin{array}{l} N_r \varepsilon_r^0 + N_\theta \varepsilon_\theta^0 + N_{r\theta} \gamma_{r\theta}^0 + M_r \kappa_r \\ + M_\theta \kappa_\theta + M_{r\theta} \kappa_{r\theta} + Q_r \gamma_{rz}^0 + Q_\theta \gamma_{\theta z}^0 \end{array} \right\} r \mathrm{d}r \mathrm{d}\theta$$

$$= \frac{\mathrm{e}^{\mathrm{j}2\omega t}}{2} \int_0^\phi \int_a^b \left\{ \begin{array}{l} \dfrac{\partial \boldsymbol{\Theta}}{\partial r} \left[\begin{array}{l} A_{11} \boldsymbol{A}_u \boldsymbol{A}_u^{\mathrm{T}} + A_{66} \boldsymbol{A}_v \boldsymbol{A}_v^{\mathrm{T}} + \kappa_s A_{55} \boldsymbol{A}_w \boldsymbol{A}_w^{\mathrm{T}} \\ + D_{11} \boldsymbol{A}_r \boldsymbol{A}_r^{\mathrm{T}} + D_{66} \boldsymbol{A}_\theta \boldsymbol{A}_\theta^{\mathrm{T}} \end{array} \right] \dfrac{\partial \boldsymbol{\Theta}^{\mathrm{T}}}{\partial r} \\[4mm] + \dfrac{\partial \boldsymbol{\Theta}}{\partial \theta} \left[\begin{array}{l} \dfrac{A_{22}}{r^2} \boldsymbol{A}_v \boldsymbol{A}_v^{\mathrm{T}} + \dfrac{A_{66}}{r^2} \boldsymbol{A}_u \boldsymbol{A}_u^{\mathrm{T}} + \dfrac{D_{22}}{r^2} \boldsymbol{A}_\theta \boldsymbol{A}_\theta^{\mathrm{T}} \\ + \dfrac{D_{66}}{r^2} \boldsymbol{A}_r \boldsymbol{A}_r^{\mathrm{T}} + \dfrac{\kappa_s A_{44}}{r^2} \boldsymbol{A}_w \boldsymbol{A}_w^{\mathrm{T}} \end{array} \right] \dfrac{\partial \boldsymbol{\Theta}^{\mathrm{T}}}{\partial \theta} \\[4mm] + \dfrac{\partial \boldsymbol{\Theta}}{\partial r} \left[\begin{array}{l} \dfrac{2}{r} A_{12} \boldsymbol{A}_u \boldsymbol{A}_v^{\mathrm{T}} + \dfrac{2}{r} A_{66} \boldsymbol{A}_v \boldsymbol{A}_u^{\mathrm{T}} \\ + \dfrac{2}{r} D_{12} \boldsymbol{A}_r \boldsymbol{A}_\theta^{\mathrm{T}} + \dfrac{2}{r} D_{66} \boldsymbol{A}_\theta \boldsymbol{A}_r^{\mathrm{T}} \end{array} \right] \dfrac{\partial \boldsymbol{\Theta}^{\mathrm{T}}}{\partial \theta} \\[4mm] + \dfrac{\partial \boldsymbol{\Theta}}{\partial r} \left[\begin{array}{l} \dfrac{2}{r} A_{12} \boldsymbol{A}_u \boldsymbol{A}_u^{\mathrm{T}} - \dfrac{2}{r} A_{66} \boldsymbol{A}_v \boldsymbol{A}_v^{\mathrm{T}} + \dfrac{2}{r} D_{12} \boldsymbol{A}_r \boldsymbol{A}_r^{\mathrm{T}} \\ - \dfrac{2}{r} D_{66} \boldsymbol{A}_\theta \boldsymbol{A}_\theta^{\mathrm{T}} + 2\kappa_s A_{55} \boldsymbol{A}_w \boldsymbol{A}_r^{\mathrm{T}} \end{array} \right] \boldsymbol{\Theta}^{\mathrm{T}} \\[4mm] + \boldsymbol{\Theta} \left[\begin{array}{l} \dfrac{2}{r^2} A_{22} \boldsymbol{A}_u \boldsymbol{A}_v^{\mathrm{T}} - \dfrac{2}{r} A_{66} \boldsymbol{A}_v \boldsymbol{A}_u^{\mathrm{T}} + \dfrac{2}{r^2} D_{22} \boldsymbol{A}_r \boldsymbol{A}_\theta^{\mathrm{T}} \\ - \dfrac{2}{r} D_{66} \boldsymbol{A}_\theta \boldsymbol{A}_r^{\mathrm{T}} + 2\kappa_s A_{44} \boldsymbol{A}_\theta \boldsymbol{A}_w^{\mathrm{T}} \end{array} \right] \dfrac{\partial \boldsymbol{\Theta}^{\mathrm{T}}}{\partial \theta} \\[4mm] + \boldsymbol{\Theta} \left[\begin{array}{l} \dfrac{A_{22}}{r^2} \boldsymbol{A}_u \boldsymbol{A}_u^{\mathrm{T}} + \dfrac{A_{66}}{r^2} \boldsymbol{A}_v \boldsymbol{A}_v^{\mathrm{T}} + \dfrac{D_{22}}{r^2} \boldsymbol{A}_r \boldsymbol{A}_r^{\mathrm{T}} \\ + \dfrac{D_{22}}{r^2} \boldsymbol{A}_\theta \boldsymbol{A}_\theta^{\mathrm{T}} + \kappa_s A_{55} \boldsymbol{A}_r \boldsymbol{A}_r^{\mathrm{T}} + \kappa_s A_{44} \boldsymbol{A}_\theta \boldsymbol{A}_\theta^{\mathrm{T}} \end{array} \right] \boldsymbol{\Theta}^{\mathrm{T}} \end{array} \right\} r \mathrm{d}r \mathrm{d}\theta \tag{3-9}$$

回转类板结构的动能为

$$T_p = \frac{1}{2}\int_0^\phi \int_a^b \rho\left[\left(\frac{\partial u}{\partial t}\right)^2 + \left(\frac{\partial v}{\partial t}\right)^2 + \left(\frac{\partial w}{\partial t}\right)^2\right]r\mathrm{d}r\mathrm{d}\theta$$
$$= \frac{\omega^2 \mathrm{e}^{\mathrm{j}2\omega t}}{2}\rho\int_0^\phi\int_a^b \boldsymbol{\Theta}\begin{bmatrix} I_0\left(\boldsymbol{A}_u\boldsymbol{A}_u^{\mathrm{T}} + \boldsymbol{A}_v\boldsymbol{A}_v^{\mathrm{T}} + \boldsymbol{A}_w\boldsymbol{A}_w^{\mathrm{T}}\right)+ \\ +I_1\left(\boldsymbol{A}_r\boldsymbol{A}_r^{\mathrm{T}} + \boldsymbol{A}_\theta\boldsymbol{A}_\theta^{\mathrm{T}}\right)\end{bmatrix}\boldsymbol{\Theta}^{\mathrm{T}}r\mathrm{d}r\mathrm{d}\theta \tag{3-10}$$

式中，I_0 和 I_1 为回转类板的质量惯性矩，其与材料密度 ρ 之间的关系为

$$I_0 = \int_{-h/2}^{h/2}\rho\mathrm{d}z, I_1 = \int_{-h/2}^{h/2}\rho z^2\mathrm{d}z \tag{3-11}$$

本章采用人工虚拟弹簧来等效模拟任意边界条件，通过设置不同类型边界弹簧的刚度值大小获得任意边界条件。此时，在边界弹簧中存储的弹性势能为

$$V_{pc} = \frac{h}{2}\int_a^b \left\{\begin{array}{l}\boldsymbol{\Theta}(r,0)\begin{bmatrix}k_u^{\theta 0}\boldsymbol{A}_u\boldsymbol{A}_u^{\mathrm{T}} + k_v^{\theta 0}\boldsymbol{A}_v\boldsymbol{A}_v^{\mathrm{T}} + k_w^{\theta 0}\boldsymbol{A}_w\boldsymbol{A}_w^{\mathrm{T}} \\ +k_r^{\theta 0}\boldsymbol{A}_r\boldsymbol{A}_r^{\mathrm{T}} + k_\theta^{\theta 0}\boldsymbol{A}_\theta\boldsymbol{A}_\theta^{\mathrm{T}}\end{bmatrix}\boldsymbol{\Theta}^{\mathrm{T}}(r,0) \\ +\boldsymbol{\Theta}(r,\phi)\begin{bmatrix}k_u^{\theta\phi}\boldsymbol{A}_u\boldsymbol{A}_u^{\mathrm{T}} + k_v^{\theta\phi}\boldsymbol{A}_v\boldsymbol{A}_v^{\mathrm{T}} + k_w^{\theta\phi}\boldsymbol{A}_w\boldsymbol{A}_w^{\mathrm{T}} \\ +k_r^{\theta\phi}\boldsymbol{A}_r\boldsymbol{A}_r^{\mathrm{T}} + k_\theta^{\theta\phi}\boldsymbol{A}_\theta\boldsymbol{A}_\theta^{\mathrm{T}}\end{bmatrix}\boldsymbol{\Theta}^{\mathrm{T}}(r,\phi)\end{array}\right\}\mathrm{d}r$$
$$+\frac{h}{2}\int_0^\phi \left\{\begin{array}{l}\boldsymbol{\Theta}(a,\theta)\begin{bmatrix}k_u^{ra}\boldsymbol{A}_u\boldsymbol{A}_u^{\mathrm{T}} + k_v^{ra}\boldsymbol{A}_v\boldsymbol{A}_v^{\mathrm{T}} + k_w^{ra}\boldsymbol{A}_w\boldsymbol{A}_w^{\mathrm{T}} \\ +k_r^{ra}\boldsymbol{A}_r\boldsymbol{A}_r^{\mathrm{T}} + k_\theta^{ra}\boldsymbol{A}_\theta\boldsymbol{A}_\theta^{\mathrm{T}}\end{bmatrix}\boldsymbol{\Theta}^{\mathrm{T}}(a,\theta) \\ +\boldsymbol{\Theta}(b,\theta)\begin{bmatrix}k_u^{rb}\boldsymbol{A}_u\boldsymbol{A}_u^{\mathrm{T}} + k_v^{rb}\boldsymbol{A}_v\boldsymbol{A}_v^{\mathrm{T}} + k_w^{rb}\boldsymbol{A}_w\boldsymbol{A}_w^{\mathrm{T}} \\ +k_r^{rb}\boldsymbol{A}_r\boldsymbol{A}_r^{\mathrm{T}} + k_\theta^{rb}\boldsymbol{A}_\theta\boldsymbol{A}_\theta^{\mathrm{T}}\end{bmatrix}\boldsymbol{\Theta}^{\mathrm{T}}(b,\theta)\end{array}\right\}r\mathrm{d}\theta \tag{3-12}$$

式中，k_u^e、k_v^e、k_w^e、k_r^e 和 k_θ^e（$e=r_a$、r_b、θ_0 和 θ_ϕ，上标表示环扇形板的不同边）为边界弹簧参数。式(3-12)给出了人工虚拟弹簧技术处理回转类板结构均匀边界条件时的弹性势能，而在实际工程应用中，回转类板还存在点支撑边界条件等非均匀边界。点支撑等非均匀边界条件同样也可采用人工虚拟弹簧技术来进行等效模拟，此时非均匀边界弹簧中存储的弹性势能 V_{pc} 可描述为

$$V_{pc} = \frac{h}{2}\sum_{i=1}^{N_{\theta 0}}\boldsymbol{\Theta}(r_i,0)\begin{pmatrix}k_u^{\theta 0}\boldsymbol{A}_u\boldsymbol{A}_u^{\mathrm{T}} + k_v^{\theta 0}\boldsymbol{A}_v\boldsymbol{A}_v^{\mathrm{T}} + k_w^{\theta 0}\boldsymbol{A}_w\boldsymbol{A}_w^{\mathrm{T}} \\ +k_r^{\theta 0}\boldsymbol{A}_r\boldsymbol{A}_r^{\mathrm{T}} + k_\theta^{\theta 0}\boldsymbol{A}_\theta\boldsymbol{A}_\theta^{\mathrm{T}}\end{pmatrix}\boldsymbol{\Theta}^{\mathrm{T}}(r_i,0)$$
$$+\frac{h}{2}\sum_{j=1}^{N_{\theta\phi}}\boldsymbol{\Theta}(r_j,\phi)\begin{pmatrix}k_u^{\theta\phi}\boldsymbol{A}_u\boldsymbol{A}_u^{\mathrm{T}} + k_v^{\theta\phi}\boldsymbol{A}_v\boldsymbol{A}_v^{\mathrm{T}} + k_w^{\theta\phi}\boldsymbol{A}_w\boldsymbol{A}_w^{\mathrm{T}} \\ +k_r^{\theta\phi}\boldsymbol{A}_r\boldsymbol{A}_r^{\mathrm{T}} + k_\theta^{\theta\phi}\boldsymbol{A}_\theta\boldsymbol{A}_\theta^{\mathrm{T}}\end{pmatrix}\boldsymbol{\Theta}^{\mathrm{T}}(r_j,\phi)$$
$$+\frac{h}{2}\sum_{m=1}^{N_{ra}}\boldsymbol{\Theta}(a,\theta_m)\begin{pmatrix}k_u^{ra}\boldsymbol{A}_u\boldsymbol{A}_u^{\mathrm{T}} + k_v^{ra}\boldsymbol{A}_v\boldsymbol{A}_v^{\mathrm{T}} + k_w^{ra}\boldsymbol{A}_w\boldsymbol{A}_w^{\mathrm{T}} \\ +k_r^{ra}\boldsymbol{A}_r\boldsymbol{A}_r^{\mathrm{T}} + k_\theta^{ra}\boldsymbol{A}_\theta\boldsymbol{A}_\theta^{\mathrm{T}}\end{pmatrix}\boldsymbol{\Theta}^{\mathrm{T}}(a,\theta_m) \tag{3-13}$$
$$+\frac{h}{2}\sum_{n=1}^{N_{rb}}\boldsymbol{\Theta}(b,\theta_n)\begin{pmatrix}k_u^{rb}\boldsymbol{A}_u\boldsymbol{A}_u^{\mathrm{T}} + k_v^{rb}\boldsymbol{A}_v\boldsymbol{A}_v^{\mathrm{T}} + k_w^{rb}\boldsymbol{A}_w\boldsymbol{A}_w^{\mathrm{T}} \\ +k_r^{rb}\boldsymbol{A}_r\boldsymbol{A}_r^{\mathrm{T}} + k_\theta^{rb}\boldsymbol{A}_\theta\boldsymbol{A}_\theta^{\mathrm{T}}\end{pmatrix}\boldsymbol{\Theta}^{\mathrm{T}}(b,\theta_n)$$

式中，N_{ra}，N_{rb}，$N_{\theta 0}$ 和 $N_{\theta\phi}$ 表示环扇形板周向和径向边界上支撑点数量。

　　此外，对于 $\phi=360°$ 的环板或者圆板结构而言，需要在 $\theta=0°$ 和 $360°$ 耦合界面处采用人工虚拟弹簧技术，以保证结构周向的位移和力连续性条件，如图 3-3 所示。此时，存储在确保周向连续条件人工弹簧中的弹簧势能 V_{cp} 可表示为

$$V_{cp} = \frac{1}{2}\int_a^b \left\{ \begin{array}{l} \boldsymbol{\Theta}\left(r,0\right)\left[\begin{array}{l} k_{cu}\boldsymbol{A}_u\boldsymbol{A}_u^{\mathrm{T}} + k_{cv}\boldsymbol{A}_v\boldsymbol{A}_v^{\mathrm{T}} + k_{cw}\boldsymbol{A}_w\boldsymbol{A}_w^{\mathrm{T}} \\ + k_{cr}\boldsymbol{A}_r\boldsymbol{A}_r^{\mathrm{T}} + k_{c\theta}\boldsymbol{A}_\theta\boldsymbol{A}_\theta^{\mathrm{T}} \end{array}\right]\boldsymbol{\Theta}^{\mathrm{T}}\left(r,0\right) \\ +\boldsymbol{\Theta}\left(r,\phi\right)\left[\begin{array}{l} k_{cu}\boldsymbol{A}_u\boldsymbol{A}_u^{\mathrm{T}} + k_{cv}\boldsymbol{A}_v\boldsymbol{A}_v^{\mathrm{T}} + k_{cw}\boldsymbol{A}_w\boldsymbol{A}_w^{\mathrm{T}} \\ + k_{cr}\boldsymbol{A}_r\boldsymbol{A}_r^{\mathrm{T}} + k_{c\theta}\boldsymbol{A}_\theta\boldsymbol{A}_\theta^{\mathrm{T}} \end{array}\right]\boldsymbol{\Theta}^{\mathrm{T}}\left(r,\phi\right) \\ -\boldsymbol{\Theta}\left(r,0\right)\left[\begin{array}{l} k_{cu}\boldsymbol{A}_u\boldsymbol{A}_u^{\mathrm{T}} + k_{cv}\boldsymbol{A}_v\boldsymbol{A}_v^{\mathrm{T}} + k_{cw}\boldsymbol{A}_w\boldsymbol{A}_w^{\mathrm{T}} \\ + k_{cr}\boldsymbol{A}_r\boldsymbol{A}_r^{\mathrm{T}} + k_{c\theta}\boldsymbol{A}_\theta\boldsymbol{A}_\theta^{\mathrm{T}} \end{array}\right]\boldsymbol{\Theta}^{\mathrm{T}}\left(r,\phi\right) \\ -\boldsymbol{\Theta}\left(r,\phi\right)\left[\begin{array}{l} k_{cu}\boldsymbol{A}_u\boldsymbol{A}_u^{\mathrm{T}} + k_{cv}\boldsymbol{A}_v\boldsymbol{A}_v^{\mathrm{T}} + k_{cw}\boldsymbol{A}_w\boldsymbol{A}_w^{\mathrm{T}} \\ + k_{cr}\boldsymbol{A}_r\boldsymbol{A}_r^{\mathrm{T}} + k_{c\theta}\boldsymbol{A}_\theta\boldsymbol{A}_\theta^{\mathrm{T}} \end{array}\right]\boldsymbol{\Theta}^{\mathrm{T}}\left(r,0\right) \end{array} \right\} \mathrm{d}r \qquad (3\text{-}14)$$

　　对于回转类板结构的横向动力学特性，主要考虑横向分布激励载荷 $\boldsymbol{f}$ 在 z 方向所做功 W_f，即

$$W_f = \frac{1}{2}\iint_{S_f} fw\mathrm{d}S_f = \frac{1}{2}\iint_{S_f} f\boldsymbol{\Theta}\boldsymbol{A}_w\mathrm{d}S_f \qquad (3\text{-}15)$$

　　综上所述，回转类板结构的拉格朗日能量泛函可描述为

$$\Xi = T_p - U_p - V_p - V_{cp} + W_f \qquad (3\text{-}16)$$

　　采用里兹法对式 (3-16) 进行变分极值操作：

$$\frac{\partial \Xi}{\partial \varsigma} = 0, \quad \varsigma = A_{mm}^L, A_{pn}^{L,c}, A_{pn}^{L,s} \qquad (3\text{-}17)$$

即可得到回转类板结构的横向动力学特性求解方程：

$$\{\boldsymbol{K} - \omega^2 \boldsymbol{M}\}\{\boldsymbol{A}\} = \boldsymbol{F} \qquad (3\text{-}18)$$

式中，

$$\boldsymbol{K} = \begin{bmatrix} \boldsymbol{K}_{uu} & \boldsymbol{K}_{uv} & 0 & \boldsymbol{K}_{ur} & \boldsymbol{K}_{u\theta} \\ \boldsymbol{K}_{vu} & \boldsymbol{K}_{vv} & 0 & \boldsymbol{K}_{vr} & \boldsymbol{K}_{v\theta} \\ 0 & 0 & \boldsymbol{K}_{ww} & \boldsymbol{K}_{wr} & \boldsymbol{K}_{w\theta} \\ \boldsymbol{K}_{ur} & \boldsymbol{K}_{vr} & \boldsymbol{K}_{wr} & \boldsymbol{K}_{rr} & \boldsymbol{K}_{r\theta} \\ \boldsymbol{K}_{u\theta} & \boldsymbol{K}_{v\theta} & \boldsymbol{K}_{w\theta} & \boldsymbol{K}_{r\theta} & \boldsymbol{K}_{\theta\theta} \end{bmatrix} \qquad (3\text{-}19\mathrm{a})$$

$$\boldsymbol{M} = \begin{bmatrix} \boldsymbol{M}_{uu} & 0 & 0 & 0 & 0 \\ 0 & \boldsymbol{M}_{vv} & 0 & 0 & 0 \\ 0 & 0 & \boldsymbol{M}_{ww} & 0 & 0 \\ 0 & 0 & 0 & \boldsymbol{M}_{rr} & 0 \\ 0 & 0 & 0 & 0 & \boldsymbol{M}_{\theta\theta} \end{bmatrix} \qquad (3\text{-}19\mathrm{b})$$

$$\boldsymbol{A} = \begin{bmatrix} \boldsymbol{A}_u & \boldsymbol{A}_v & \boldsymbol{A}_w & \boldsymbol{A}_r & \boldsymbol{A}_\theta \end{bmatrix}^{\mathrm{T}} \qquad (3\text{-}19\mathrm{c})$$

$$F = \begin{bmatrix} 0 & 0 & f & 0 & 0 \end{bmatrix}^{\mathrm{T}} \tag{3-19d}$$

式中，K_{ij} 和 M_{ij}（$I, j = u, v, w, r, \theta$）分别为回转类板结构的刚度矩阵和质量矩阵；$F$ 为横向载荷向量。参考 2.2.1 节，通过对式(3-18)进行特征提取、横态叠加法、Newmark 法等数学运算可以求解回转类板结构的横向振动固有频率、模态振型、简谐响应及瞬态响应等结构动力学特性。

3.3 数值结果与讨论

本节基于 3.2 节所建立的回转类板结构横向振动分析模型对环扇形板、圆扇形板、环板和圆板进行横向振动特性分析，主要研究内容包括自由振动特性分析、简谐响应分析和瞬态动力学分析三部分。通过将本章模型(SGM)求解结果与公开文献解和 FEM 结果对比，验证所建立横向振动分析模型的可行性与准确性，并在此基础上开展回转类板结构横向振动特性参数化研究。本节数值算例均采用各向同性材料，如未特殊说明，其材料参数均为：密度 $\rho = 7850 \text{kg/m}^3$，杨氏模量 $E = 2.06 \times 10^{11} \text{Pa}$，泊松比 $\mu = 0.3$。无量纲固有频率参数 $\Omega = \omega a^2 (\rho h / D)^{0.5}$，其中 $D = E h^3 / 12 (1 - u^2)$。此外，分别用符号 C、S、F 和 E 表示比边界条件为固支、简支、自由和弹性，环扇形板、圆扇形板、环板和圆板的边界条件顺序可以通过组合上述符号来进行表达，如图 3-4 所示，如环扇形板的 CSFE 边界表示环扇形板径向边界 1、弧向边界 2、径向边界 3、弧向边界 4 分别为固支、简支、自由和弹性。

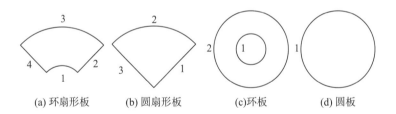

图 3-4   回转类板结构边界条件顺序示意图

3.3.1 自由振动特性分析

为构建任意边界条件下回转类板结构振动分析模型，本章采用人工虚拟弹簧技术来模拟板结构边界约束以及耦合界面处的位移和力连续条件。从理论上来讲，当弹簧刚度值无穷大时，可以完全等效为固支边界，然而在实际计算时，由于极大值的出现使得矩阵病态而导致结果失真。因此为了确定不同边界条件对应的弹簧刚度值，首先需要对边界条件与弹簧刚度值之间的大小关系进行研究。

图 3-5 展示了弹簧刚度值对环扇形板第 1 阶固有频率参数的影响变化规律，其中几何参数定义为：b=1m，a/b=0.4，h/b=0.05，ϕ=120°，FCEF 边界条件工况设置过程如下：在结构弹性边界上选取两种弹簧，且刚度值从极小值(10^2)到极大值(假定为 10^{18})递增变化，而其余边界弹簧的刚度值均设置为 0。从图 3-5 可以发现，k_w 的变化对结构固有频率的影响存在较大差异，而 k_u 和 k_v 对结构固有频率的影响明显小于其他三种约束弹簧。此外，当弹簧刚度值在区间[10^6,10^{12}]变化时，结构固有频率随着刚度的增加而快速上升，当刚度值在此范围外，固有频率几乎保持不变。由此可知，当边界弹簧刚度值小于 10^6 时，可以等效模拟自由边界条件；当边界刚度值大于 10^{12} 时，可以视为固支边界条件；而刚度值介于两者之间时，可用来模拟弹性边界条件。因此在后续的数值算例中，总计考虑了三种经典边界条件和三种弹性边界条件，各自的弹簧刚度值设置如表 3-1 所示。

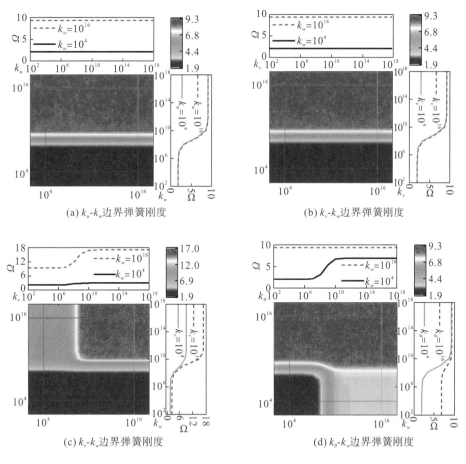

(a) k_u-k_w 边界弹簧刚度   (b) k_v-k_w 边界弹簧刚度

(c) k_r-k_w 边界弹簧刚度   (d) k_θ-k_w 边界弹簧刚度

图 3-5 　边界弹簧刚度对环扇形板第 1 阶固有频率参数的影响变化规律

表 3-1　　不同边界条件对应的边界弹簧刚度值

约束位置	边界条件	边界等效关系	相应的弹簧刚度值				
			k_u	k_v	k_w	k_r	k_θ
$r=$ 常数	C	$u_0=v_0=w_0=\varphi_r=\varphi_\theta=0$	10^{14}	10^{14}	10^{14}	10^{14}	10^{14}
	F	$N_r=N_{r\theta}=Q_r=M_r=M_{r\theta}=0$	0	0	0	0	0
	S	$u_0=v_0=w_0=M_r=\varphi_\theta=0$	10^{14}	10^{14}	10^{14}	0	10^{14}
	E^1	$w_0\neq0;\ u_0=v_0=\varphi_r=\varphi_\theta=0$	10^{14}	10^{14}	10^9	10^{14}	10^{14}
	E^2	$u_0=v_0=w_0=0;\ \varphi_r\neq0;\ \varphi_\theta\neq0$	10^{14}	10^{14}	10^{14}	10^9	10^9
	E^3	$u_0=v_0=w_0=\varphi_r=\varphi_\theta=0$	10^9	10^9	10^9	10^9	10^9
$\theta=$ 常数	C	$u_0\neq0;\ v_0\neq0;\ w_0\neq0;\ \varphi_r\neq0;\ \varphi_\theta\neq0$	10^{14}	10^{14}	10^{14}	10^{14}	10^{14}
	F	$N_\theta=N_{r\theta}=Q_\theta=M_\theta=M_{r\theta}=0$	0	0	0	0	0
	S	$u_0=v_0=w_0=\varphi_r=M_\theta=0$	10^{14}	10^{14}	10^{14}	10^{14}	0
	E^1	$w_0\neq0;\ u_0=v_0=\varphi_r=\varphi_\theta=0$	10^{14}	10^{14}	10^9	10^{14}	10^{14}
	E^2	$u_0=v_0=w_0=0;\ \varphi_r\neq0;\ \varphi_\theta\neq0$	10^{14}	10^{14}	10^{14}	10^9	10^9
	E^3	$u_0=v_0=w_0=\varphi_r=\varphi_\theta=0$	10^9	10^9	10^9	10^9	10^9

　　根据谱几何法(SGM)理论可知，动力学特性的求解精度取决于位移函数截断数的取值大小。理论上，当截断数取值为无穷大时，可以获得精确解，但是会带来计算资源和计算效率的挑战，不利于结构参数化研究。因此有必要对位移函数截断数的收敛性进行研究，以此得到能够同时满足计算精度和计算效率的截断数合理取值。表 3-2 列出了环扇形板、圆扇形板、环板和圆板结构在不同截断数下前 8 阶无量纲频率参数，并将 FEM 结果作为对比一并列出。环扇形板的几何参数与图 3-5 算例参数保持一致；圆扇形板的圆心角 $\phi=240°$，其余几何参数与环扇形板一致。四种板结构的边界条件依次为 CFCF、FCF、CC 和 C。从表 3-2 可以看出，随着截断数从 6×6 增加到 18×18，回转类板结构的前 8 阶无量纲频率都快速收敛，且与 FEM 结果吻合良好，说明该模型对四种回转类板结构都具有较好的收敛速度和计算精度。计算结果表明，$M\times N=12\times12$ 和 $M\times N=16\times16$ 情况下，频率参数之间的偏差不超过 0.03%。因此，在保证计算精度和效率的前提下，后续研究中截断数 M 和 N 的取值为 $M\times N=12\times12$。

表 3-2　回转类板结构无量纲频率参数 Ω 的收敛性

结构	$M \times N$	模态阶次							
		1	2	3	4	5	6	7	8
环扇形板	6×6	58.51	60.31	67.20	80.80	102.11	131.12	152.86	155.35
	9×9	58.46	60.19	67.10	80.55	101.88	130.62	152.57	154.90
	12×12	58.43	60.15	67.03	80.47	101.73	130.49	152.49	154.81
	15×15	58.42	60.13	67.00	80.40	101.68	130.39	152.47	154.73
	18×18	58.41	60.11	66.97	80.37	101.62	130.35	152.44	154.70
	FEM	58.46	60.14	66.99	80.36	101.60	130.34	152.78	154.99
圆扇形板	6×6	9.08	18.63	23.93	34.40	36.03	45.51	53.66	58.17
	9×9	9.07	18.56	23.89	34.30	35.97	45.40	53.51	57.87
	12×12	9.06	18.54	23.87	34.27	35.94	45.35	53.47	57.81
	15×15	9.06	18.53	23.86	34.25	35.93	45.34	53.44	57.77
	18×18	9.05	18.53	23.85	34.23	35.92	45.32	53.42	57.75
	FEM	9.05	18.51	23.83	34.20	35.91	45.28	53.42	57.69
环板	6×6	58.81	59.81	59.81	63.14	63.15	71.91	76.18	153.46
	9×9	58.79	59.79	59.79	63.10	63.11	69.51	69.60	80.33
	12×12	58.78	59.78	59.78	63.09	63.09	69.47	69.49	79.64
	15×15	58.78	59.78	59.78	63.09	63.09	69.47	69.48	79.60
	18×18	58.78	59.78	59.78	63.09	63.09	69.47	69.47	78.94
	FEM	58.84	59.83	59.83	63.15	63.15	69.52	69.52	79.65
圆板	6×6	10.15	20.99	20.99	34.20	34.27	38.88	55.26	58.83
	9×9	10.15	20.98	20.98	34.15	34.17	38.87	49.60	49.82
	12×12	10.15	20.98	20.98	34.15	34.15	38.86	49.54	49.58
	15×15	10.15	20.97	20.97	34.15	34.15	38.86	49.54	49.56
	18×18	10.15	20.97	20.97	34.14	34.15	38.86	49.53	49.54
	FEM	10.15	20.98	20.98	34.15	34.15	38.88	49.54	49.54

　　为了验证本章模型（SGM）的准确性和可靠性，进一步开展回转类板结构自由振动特性分析，并将文献解和 FEM 结果作为参考进行对比分析。表 3-3 列出了不同边界条件下环扇形板前 8 阶无量纲频率参数 Ω，其中几何参数定义为：$a/b=0.5$，$h/b=0.005$，$\phi=45°$，边界条件定义为 FSFS、SSSS 和 CSCS。从表 3-3 可知，本章模型（SGM）结果与文献[6]和 FEM 结果吻合良好。表 3-4 列出了不同泊松比（$\mu=0.30$ 和 $\mu=0.33$）和圆心角（$\phi=90°$ 和 $\phi=60°$）下圆扇形板前 8 阶固有频率参数，其中圆扇形板是通过设置环扇形板的内外径比为一极小值来实现的[6]。从表 3-4 可以看出，本章模型（SGM）结果同样与文献[6]和 FEM 结果具有较好的一致性。

表 3-3　不同边界条件下环扇形板前 8 阶无量纲频率参数 Ω

边界条件	方法	模态阶次							
		1	2	3	4	5	6	7	8
FSFS	文献[6]	21.07	66.72	81.60	146.41	176.12	176.90	—	—
	FEM	21.04	66.55	81.54	145.81	176.18	176.69	273.85	297.73
	SGM	21.07	66.66	81.55	146.11	176.11	176.69	274.03	297.80
SSSS	文献[6]	68.38	150.98	189.60	278.39	283.59	387.62	—	—
	FEM	68.17	150.70	189.36	278.27	282.78	388.02	438.12	444.31
	SGM	68.27	150.75	189.29	278.05	282.92	387.05	437.92	443.13
CSCS	文献[6]	107.57	178.82	269.49	305.84	346.46	476.30	—	—
	FEM	107.48	178.61	269.62	305.83	346.03	476.93	486.67	509.75
	SGM	107.51	178.66	269.29	305.63	346.01	475.78	486.56	508.42

表 3-4　不同泊松比和圆心角下圆扇形板前 8 阶无量纲频率参数 Ω

μ	ϕ	方法	模态阶次							
			1	2	3	4	5	6	7	8
0.30	90°	文献[6]	48.79	87.78	104.89	136.93	164.57	—	—	—
		FEM	48.81	87.85	105.09	137.11	164.92	181.49	195.92	235.95
		SGM	48.81	88.00	105.00	137.60	165.09	181.08	197.45	236.77
0.33	60°	文献[6]	75.63	145.15	148.81	234.02	243.50	—	—	—
		FEM	75.64	145.24	148.85	234.42	243.71	250.87	343.55	359.31
		SGM	75.69	145.34	149.19	234.56	244.84	251.58	343.64	362.00

　　表 3-5 列出了不同边界条件下环板前 10 阶固有频率参数，几何与材料参数设置为 a=0.5m，R=1.5m，h=0.1m，E=210GPa，ρ=7800kg/m³，μ=0.3，边界条件设置为 CC、SS、SC 和 FC。从表 3-5 可以看出，本章模型所得结果与 Tornabene 等[7]和 Su 等[8]所得到结果吻合良好，对比最大偏差不超过 0.54%。

表 3-5　不同边界条件下环板前 10 阶固有频率参数　　　　　（单位：Hz）

边界条件	方法	模态阶次									
		1	2	3	4	5	6	7	8	9	10
CC	文献[8]	238.06	246.02	246.02	275.56	275.56	335.91	335.91	427.33	427.33	542.03
	文献[7]	238.05	246.01	246.01	275.54	275.54	335.89	335.89	427.31	427.31	542.01
	FEM	238.55	246.49	246.49	275.97	275.97	336.31	336.31	427.94	427.94	543.14
	SGM	238.05	246.02	246.02	275.56	275.57	335.93	336.11	427.69	428.53	544.97

续表

边界条件	方法	模态阶次									
		1	2	3	4	5	6	7	8	9	10
SS	文献[8]	115.42	128.41	128.41	172.28	172.28	247.21	247.21	344.40	344.40	432.76
	文献[7]	115.42	129.88	129.88	175.58	175.58	250.65	250.65	347.67	347.67	432.75
	FEM	115.49	128.46	128.46	172.32	172.32	247.4	247.4	344.94	344.94	434.09
	SGM	115.42	128.43	128.43	172.33	172.35	247.30	247.51	344.84	345.71	432.73
SC	文献[8]	182.68	195.19	195.19	238.58	238.58	316.20	316.20	419.66	419.66	539.74
	文献[7]	182.68	196.69	196.69	242.03	242.03	319.28	319.28	421.25	421.25	540.29
	FEM	182.88	195.34	195.34	238.66	238.66	316.39	316.39	420.19	420.19	540.85
	SGM	182.69	195.22	195.22	238.65	238.67	316.30	316.51	420.09	420.99	541.40
FC	文献[8]	67.03	121.91	121.91	203.18	203.18	283.85	302.86	302.86	340.84	340.84
	文献[7]	67.03	121.86	121.86	203.17	203.17	283.85	302.85	302.85	340.65	340.65
	FEM	67.01	121.91	121.91	203.34	203.34	284.15	303.18	303.18	341.01	341.01
	SGM	67.03	121.94	121.94	203.18	203.21	283.87	302.91	303.17	340.97	340.97

表 3-6 列出了圆板在 C 和 S 两种边界条件下的前 8 阶无量纲频率参数对比结果。几何参数设置为 $a/b=0.5$，$h/b=0.005$。从表 3-6 可以看出，本章模型（SGM）结果与文献解和 FEM 结果吻合良好，对比最大相对偏差为 0.61%。

表 3-6　不同边界条件下圆板前 8 阶无量纲频率参数 Ω

边界条件	方法	模态阶次							
		1	2	3	4	5	6	7	8
C	文献[9]	10.22	21.26	21.26	34.88	34.88	39.77	51.04	51.04
	文献[10]	10.22	21.25	21.25	34.86	34.86	39.75	51.02	51.02
	FEM	10.21	21.27	21.27	34.89	34.89	39.80	51.06	51.06
	SGM	10.21	21.27	21.27	34.89	34.93	39.77	51.17	51.35
S	文献[9]	4.98	13.94	13.94	26.65	25.65	29.76	—	—
	文献[10]	4.94	13.91	13.91	26.61	25.65	29.71	40.07	40.22
	FEM	4.94	13.91	13.91	26.61	25.65	29.71	40.07	40.22
	SGM	4.94	13.90	13.90	25.62	25.65	29.72	40.07	40.22

表 3-7 列出了点支撑边界条件下环扇形板和环板前 8 阶无量纲频率参数，其中几何参数定义为：$b=1\text{m}$，$a/b=0.2$，$h/b=0.006$，$\phi=90°$，点支撑边界条件设定为：对于环扇形板，四个端点设置为固支边界条件；对于环板，内外圈 $0°$ 和 $180°$ 位置设置为固支边界条件。从表 3-7 可知，本章模型（SGM）结果与 FEM 结果吻合较好，说明本章模型不仅适用于均匀边界条件，还适用于点支撑非均匀边界。

表 3-7　点支撑边界条件下环扇形板和环板前 8 阶无量纲频率参数　　（单位：Hz）

结构	方法	模态阶次							
		1	2	3	4	5	6	7	8
环扇形板	FEM	8.89	30.58	32.30	47.45	65.30	86.25	109.57	110.90
	SGM	9.53	31.55	33.64	49.30	66.60	88.14	111.18	112.95
环板	FEM	2.41	5.66	8.72	11.84	19.63	21.49	30.52	32.23
	SGM	3.32	5.78	9.95	12.41	21.33	22.73	31.56	33.59

　　为了更好地体现本章模型（SGM）的有效性，图 3-6 和图 3-7 分别给出了回转类板结构在均匀边界条件和点支撑非均匀边界条件下模态振型对比结果。从图 3-6 和图 3-7 可知，本章所建立的回转类板结构横向振动分析模型不仅可以精准预测结构的固有频率，还可以准确计算得到结构模态振型。因此，上述数值算例验证了本章模型（SGM）对于环扇形板、圆扇形板、环板和圆板结构振动特性的预测具有良好的准确性和可靠性。为了更深入地了解回转类板结构的横向振动特性，下面对回转类板结构的自由振动特性开展参数化研究。

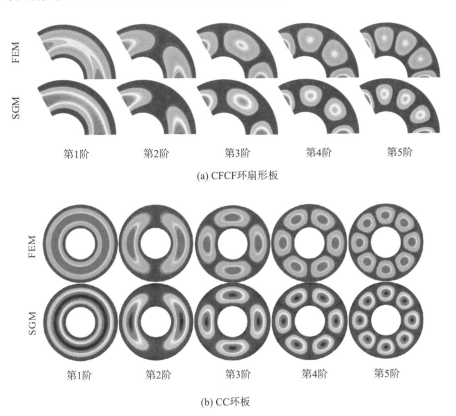

第1阶　　第2阶　　第3阶　　第4阶　　第5阶

(a) CFCF环扇形板

第1阶　　第2阶　　第3阶　　第4阶　　第5阶

(b) CC环板

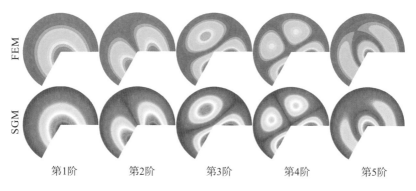

(c) FCF圆扇形板

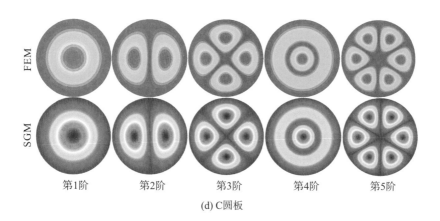

(d) C圆板

图 3-6　均匀边界条件下回转类板结构模态振型对比

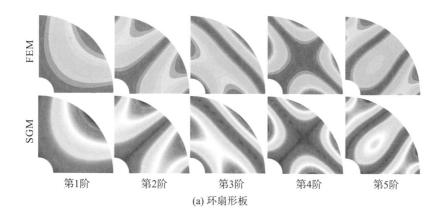

(a) 环扇形板

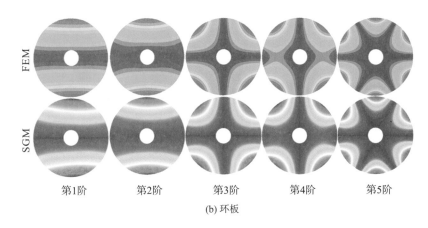

第1阶　　　第2阶　　　第3阶　　　第4阶　　　第5阶

(b) 环板

图 3-7　点支撑非均匀边界条件下回转类板结构模态振型对比

图 3-8 和图 3-9 分别给出了厚径比和内外径比对环扇形板和环板固有频率参数的影响规律，其中环扇形板边界条件设定为 CCCC、SCSC、SSSS、$E^1E^1E^1E^1$、$E^2E^2E^2E^2$、$E^3E^3E^3E^3$；环板边界条件设定为 CC、SC、SS、E^1E^1、E^2E^2、E^3E^3；厚径比 h/b 的取值范围为 0.005~0.200；内外径比取值范围为 0.02~0.80。从图 3-8 和图 3-9 可知，无论结构的边界条件如何，结构固有频率总是随着结构厚径比的增加而增加，在内外径比较大的情况下更为显著，这是由于厚度增大会导致结构刚度增大，而内外径比对环扇形板和环板的固有频率影响同样明显，二者都随着内外径比的增大而显著提高，这种变化的跨度随着结构厚度的增大而增大。从图 3-8 和图 3-9 还可以看出，当厚径比为 0.200 时，内外径比越大，结构固有频率提升越快，尤其是当内外径比从 0.60 增加到 0.80 时，结构的固有频率参数迅速增加。此外，边界条件对环扇形板和环板固有频率的影响较为复杂。以环扇形板为例，CCCC 边界条件下的固有频率对结构厚度的变化最为敏感，变化幅度最大，而在 $E^1E^1E^1E^1$ 和 $E^3E^3E^3E^3$ 边界条件下，结构横向振动受厚径比和内外径比影响较小，固有频率变化范围与其他边界条件相比显著减小。结合表 3-1 中边界约束弹簧刚度值可以发现，第 1 种弹性边界条件 E^1 和第 3 种弹性边界条件 E^3 在厚度方向上约束刚度减少，因此对结构的横向振动敏感度更低。除此之外，还可以发现环扇形板弧边边界条件的变化较径向边界条件的变化而言，对于振动特性的影响更大，占据主导地位。

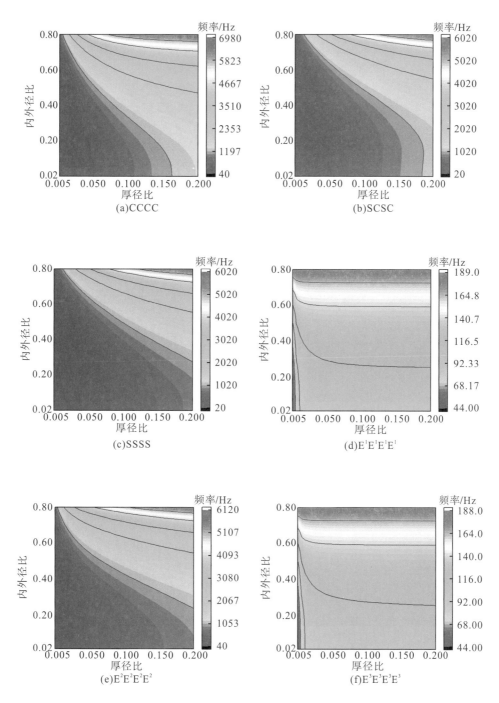

图 3-8　厚径比和内外径比对环扇形板固有频率的影响

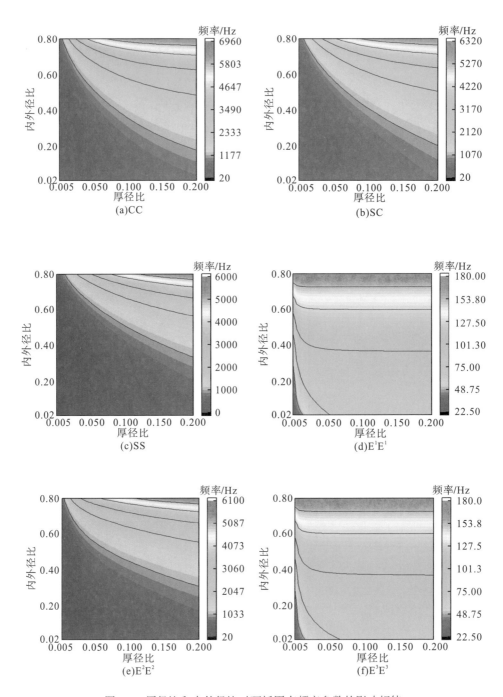

图 3-9　厚径比和内外径比对环板固有频率参数的影响规律

图 3-10 展示了厚径比对扇形板和圆板第 1 阶固有频率参数的影响规律，其中扇形板边界条件设定为 CCC、CSC、SSS、$E^1E^1E^1$、$E^2E^2E^2$、$E^3E^3E^3$；圆板边界条件设定为 C、S、F、E^1、E^2、E^3；厚径比 h/b 的取值范围为 0.005~0.20。从图 3-10 可以看出，无论边界条件如何，扇形板和圆板固有频率参数随着厚径比增大而增大；在 E^1 和 E^3 弹性边界条件下，扇形板和圆板的固有频率在厚径比小于 0.05 时快速增长，当厚径比大于 0.05 后基本保持不变，产生这种现象的原因和图 3-7 类似。

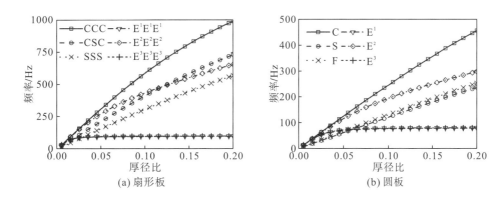

图 3-10　厚径比对扇形板和圆板固有频率参数的影响规律

3.3.2　简谐响应特性分析

3.3.1 节中已经对本章所建立回转类板结构横向振动分析模型预示分析环扇形板、圆扇形板、环板和圆板结构自由振动特性的正确性和有效性进行了验证，并且对横向自由振动特性进行了分析探讨，本节进一步对回转类板结构的简谐响应进行分析。为了简化研究，本节选取具有代表性的环扇形板和环板作为简谐响应特性分析的研究对象。

在进行结构简谐响应特性分析之前，先对模型简谐响应预测结果的准确性进行验证。在本节中，用 $[(r_0, r_1), (\theta_0, \theta_1)]$ 表示面载荷施加的位置，其中 r_0 和 r_1 表示面载荷沿结构径向方向的起点和终点，θ_1 和 θ_2 表示面载荷沿结构周向的起点和终点。如未特殊说明，载荷施加位置设定为 $[(a, b), (0°, 30°)]$，激励幅值为 $f_w=1$ N，环扇形板算例扫频范围为 1~1500Hz，环板算例扫频范围为 1~1000Hz；环扇形板测点位置分别设定为：测点 1：$(a+R/2, 60°)$、测点 2：$(a+R/2, 90°)$、测点 3：$(a+R/2, 105°)$；环板测点位置分别设定为：测点 4：$(a+R/2, 90°)$、测点 5 $(a+R/2, 180°)$。

图 3-11 和图 3-12 分别给出了 CFCF 环扇形板和 FC 环板简谐位移响应结果，

其中几何参数设置为：$b=1m$、$a/b=0.2$、$h/b=0.05$，环扇形板的圆心角 $\phi=120°$；作为对比数据，FEM 结果也在图 3-11 和图 3-12 中给出。从图 3-11 和图 3-12 可以看出，本章模型(SGM)与 FEM 结果之间具有良好的一致性，验证了本章模型(SGM)可以有效预测回转类板结构的简谐响应特性。此外，图 3-11 和图 3-12 还给出了共振峰对应的结构模态振型图。以图 3-11 为例，图 3-11(a)中包含 5 个共振峰，分别对应第 1、3、5、7、8 阶固有频率和模态振型，而图 3-11(b)中包含 8 个共振峰，对应于前 8 阶固有频率和模态振型。结合模态振型图可以发现，这是由于测点 1 位于第 2、4、6 阶模态振型中位移为零的位置，无法产生共振峰。因此，在后续参数分析过程中，针对同一结构采用两个测点结果进行相互比较。

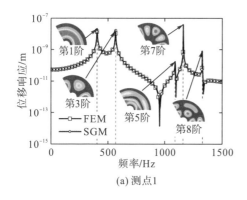
(a) 测点1

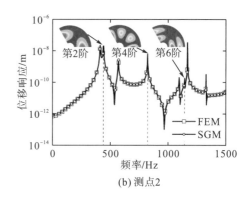
(b) 测点2

图 3-11   CFCF 环扇形板简谐位移响应对比

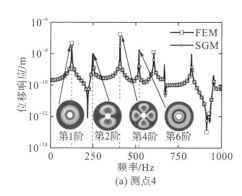
(a) 测点4

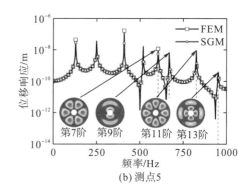
(b) 测点5

图 3-12   FC 环板简谐位移响应对比

图 3-13 给出了不同经典边界条件对环扇形板和环板简谐位移响应的影响规律，其中几何参数设置为：$b=1m$，$a/b=0.4$，$h/b=0.05$，环扇形板的圆心角 $\phi=120°$；环扇形板边界条件设定为：CCCC、SSSS、SCSC、CFCF；环板边界条件设定为：CC、SS、SC、CF。从图 3-13(a)和图 3-13(b)可以发现，当边界从 SSSS 变化至

CCCC 时，简谐位移响应共振峰向高频区域移动；当环扇形板弧边边界条件从 C 变化到 S，共振峰向低频大幅移动，靠近边界处模态位移增大；而当环扇形板径向边界条件从 C 变化到 F，共振峰移动幅度较小。同样对于环板而言，随着内外弧边边界约束的减少，共振峰向低频区域移动，共振峰数目明显增多，如图 3-13(c) 和图 3-13(d) 所示。

图 3-14 给出了不同弹性边界条件对环扇形板和环板简谐位移响应的影响规律，几何参数设置与图 3-13 算例参数保持一致，环扇形板弹性边界条件设定为：$E^1E^1E^1E^1$、$E^2E^2E^2E^2$、$E^3E^3E^3E^3$、$E^2E^1E^2E^1$；环板弹性边界条件设定为：E^1E^1、E^2E^2、E^3E^3、E^2E^1。从图 3-14(a) 和图 3-14(c) 可以发现，环扇形板和环板在 E^1 和 E^3 弹性边界条件下的第 1 个共振峰基本重合，模态振型也较为相似。此外，从图 3-14(a) 和图 3-14(c) 还可以发现，环板在 E^2E^2 弹性边界条件下的简谐位移响应共振峰出现在相对于其他弹性边界更高频的区域。综上分析，造成上述各种现象的原因在于：边界条件的变化会引起边界刚度的变化，进而影响环扇形板和环板结构刚度的变化。

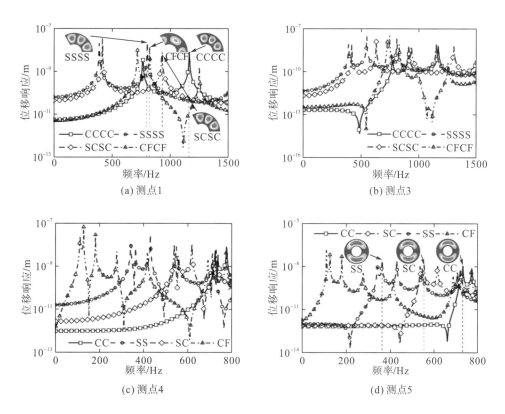

(a) 测点1　　　　　　　　　　　　　　　(b) 测点3

(c) 测点4　　　　　　　　　　　　　　　(d) 测点5

图 3-13　不同经典边界条件下回转类板结构简谐位移响应特性

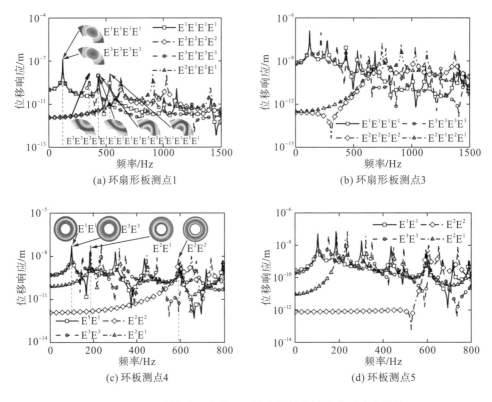

图 3-14　不同弹性边界条件下回转类板结构简谐位移响应特性

图 3-15 和 3-16 展示了厚径比 h/b 和内外径比 a/b 对 CFCF 环扇形板和 FC 环板上简谐位移响应的影响规律，其中厚径比变化范围为 0.02 到 0.08，内外径比值选取为：a/b=0.1、a/b=0.2、a/b=0.3、a/b=0.4 和 a/b=0.5，剩余结构参数与图 3-14 算例参数保持一致。从图 3-15 可知，厚径比越大（即板越厚），简谐位移响应曲线出现共振峰的频率值越大，且共振峰峰值越低。这是因为随着板厚的增加，结构整体刚度也随之增加，有效提高了结构的抗弯变形能力。从图 3-16 可以发现，内

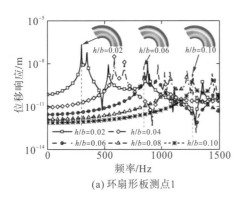

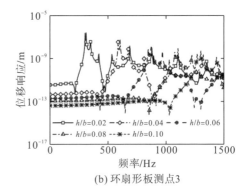

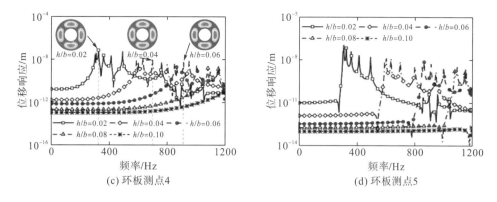

(c) 环板测点4　　　　　　　　　　　　(d) 环板测点5

图 3-15　不同厚径比下回转类板结构简谐位移响应特性

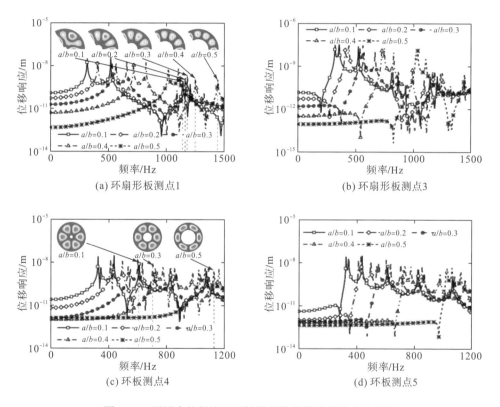

(a) 环扇形板测点1　　　　　　　　　　(b) 环扇形板测点3

(c) 环板测点4　　　　　　　　　　　　(d) 环板测点5

图 3-16　不同内外径比下回转类板结构简谐位移响应特性

外径比对共振峰峰值频率位置的影响非常显著，随着内外径比的增大，共振峰逐渐向高频区域移动，且对应模态振型发生变化。

通过上述研究可知，通过回转类板结构分析模型的简谐响应特性分析可知，结构的简谐响应特性不仅仅与边界条件相关，还与结构参数密切相关。

3.3.3 瞬态动力学特性分析

3.3.1 节和 3.3.2 节已经对回转类板结构横向自由振动特性和简谐响应特性开展了分析讨论，本节将对回转类板结构的瞬态动力学特性进行讨论。若无特殊说明，本节算例中的激励选择为矩形脉冲类型，时间增量步 Δt=0.025ms，激励时间 t_0=0.01s，环扇形板算例中分析时间 t=0.02s，环板算例中分析时间 t=0.05s，算例中的几何参数、测点设置和激励设置与简谐响应对比算例保持一致。

图 3-17 和图 3-18 分别给出了 CFCF 环扇形板和 FC 环板上瞬态位移响应结果。作为对比数据，FEM 结果也在图 3-17 和图 3-18 中给出。通过图 3-17 和图 3-18 可以看出，本章模型(SGM)获得的瞬态位移响应计算结果与 FEM 结果具有良好的一致性，验证了本章模型(SGM)可以有效预测回转类板结构的瞬态动力学特性。

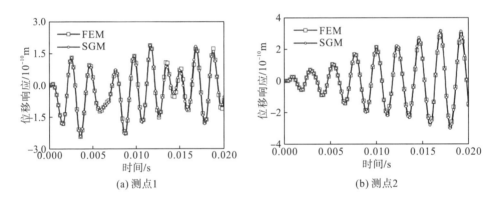

(a) 测点1　　　　　　　　　　　　　　　　　(b) 测点2

图 3-17　环扇形板瞬态位移响应对比

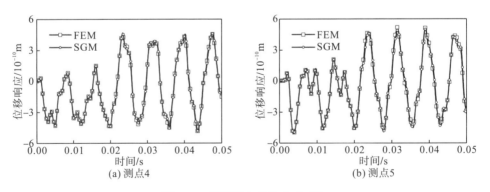

(a) 测点4　　　　　　　　　　　　　　　　　(b) 测点5

图 3-18　环板瞬态位移响应对比

图 3-19 和图 3-20 分别给出了不同经典边界条件对环扇形板和环板瞬态位移响应的影响规律，其中分析时间为 0.01s，激励时间为 0.005s，边界条件的定义与图 3-17 和图 3-18 算例保持一致。从图 3-19(a) 和图 3-19(b) 可以发现，环扇形板在 SSSS 边界条件下的瞬态位移响应峰值大于其他经典边界条件，这种现象在测点 3 更为明显，而对于环板而言，在 CF 边界条件下的瞬态位移响应峰值远大于其他经典边界条件，如图 3-19(c) 和图 3-19(d) 所示。与此同时，从图 3-20 可以

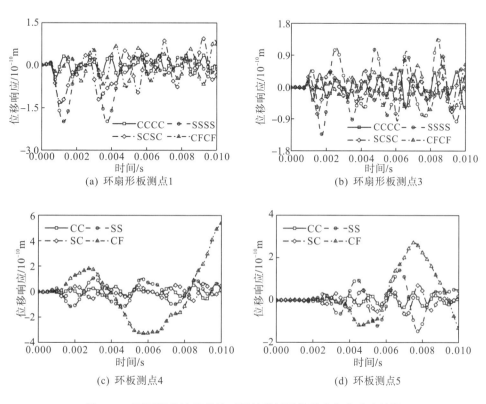

(a) 环扇形板测点1　　　　　　　　(b) 环扇形板测点3

(c) 环板测点4　　　　　　　　　(d) 环板测点5

图 3-19　不同经典边界条件下回转类板结构瞬态位移响应特性

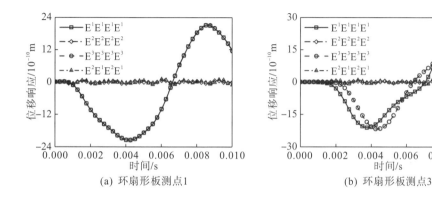

(a) 环扇形板测点1　　　　　　　　(b) 环扇形板测点3

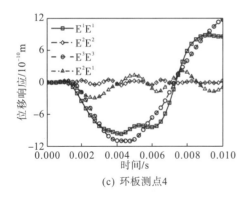

(c) 环板测点4

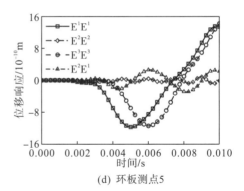

(d) 环板测点5

图 3-20 不同弹性边界条件下回转类板结构瞬态位移响应特性

看出，弹性边界条件的变化对环扇形板和环板瞬态位移响应的影响非常显著，以环板为例，环板在 E^1E^1 和 E^3E^3 边界条件下的瞬态位移响应峰值相对于其他两种弹性边界条件有明显提高，且响应周期变长。结合具体类型的约束弹簧刚度可以发现，横向方向的约束弹簧对结构瞬态位移响应的影响在五种边界约束弹簧中占据主导地位。

图 3-21 和图 3-22 展示了厚径比 h/b 和内外径比 a/b 对 CFCF 环扇形板和 FC 环板瞬态位移响应的影响规律，其中厚径比与内外径比变化范围与稳态响应保持一致。从图 3-21 可知，厚径比对环扇形板和环板瞬态位移响应的影响较为显著，增加厚径比会导致瞬态位移响应的峰值降低，且变化幅度在板较薄时下更大。此外，从图 3-22 的总体趋势上来看，随着内外径比的减小，环扇形板和环板的瞬态位移响应峰值增大并向右移。

综上所述，通过回转类板结构分析模型的瞬态位移响应分析可知，其影响因素本质上与简谐响应一致，由边界刚度参数与结构参数共同决定。

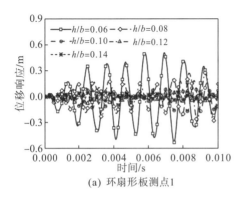

(a) 环扇形板测点1

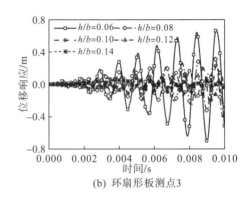

(b) 环扇形板测点3

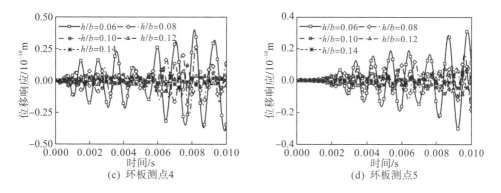

图 3-21　不同厚径比 h/b 下回转类板结构瞬态位移响应特性

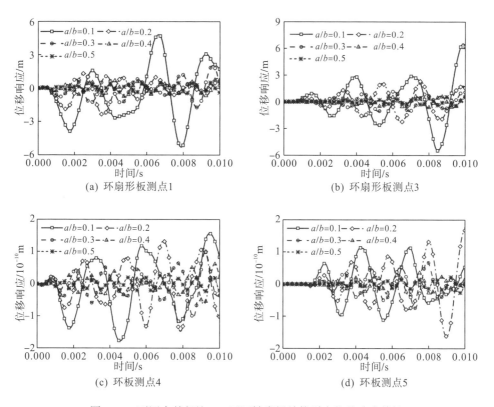

图 3-22　不同内外径比 a/b 下回转类板结构瞬态位移响应特性

参 考 文 献

[1] Shen L, Wang J, Lu D, et al. A series of elasticity solutions for flexural responses of functionally graded annular sector plates[J]. Engineering Structures, 2022, 256: 114070.

[2] Zhong R, Hu S, Liu X, et al. Vibro-acoustic analysis of a circumferentially coupled composite laminated annular plate backed by double cylindrical acoustic cavities[J]. Ocean Engineering, 2022, 257: 111584.

[3] Han P, Li G, Kim K, et al. A unified solution method for free vibration analysis of functionally graded rotating type plates with elastic boundary condition[J]. Journal of Ocean Engineering and Science, 2021, 6(2): 109-127.

[4] Karimi M H, Fallah F. Analytical non-linear analysis of functionally graded sandwich solid/annular sector plates[J]. Composite Structures, 2021, 275: 114420.

[5] Luo J, Song J, Moradi Z, et al. Effect of simultaneous compressive and inertia loads on the bifurcation stability of shear deformable functionally graded annular fabrications reinforced with graphenes[J]. European Journal of Mechanics-A/Solids, 2022, 94: 104581.

[6] Mirtalaie S, Hajabasi M. Free vibration analysis of functionally graded thin annular sector plates using the differential quadrature method[J]. Proceedings of the Institution of Mechanical Engineers, Part C. Journal of Mechanical Engineering Science, 2011, 225(3): 568-583.

[7] Tornabene F, Viola E, Inman D J. 2-D differential quadrature solution for vibration analysis of functionally graded conical, cylindrical shell and annular plate structures[J]. Journal of Sound and Vibration, 2009, 328(3): 259-290.

[8] Su Z, Jin G, Shi S, et al. A unified solution for vibration analysis of functionally graded cylindrical, conical shells and annular plates with general boundary conditions[J]. International Journal of Mechanical Sciences, 2014, 80: 62-80.

[9] Blevins R D, Plunkett R. Formulas for natural frequency and mode shape[J]. Journal of Applied Mechanics, 1980, 47(2): 461-462.

[10] Wang Q, Shi D, Liang Q, et al. A unified solution for vibration analysis of functionally graded circular, annular and sector plates with general boundary conditions[J]. Composites Part B: Engineering, 2016, 88: 264-294.

第4章　任意边界条件下回转类板结构面内振动特性分析

回转类板结构面内振动特性是由面内振动所引起，能够直接影响结构的声辐射特性[1,2]。例如，铁路车轮的面内振动模态特性对其滚动噪声有着十分重要的作用[3]。因此，开展任意边界条件下回转类板结构面内振动建模及特性分析对实际工程设计具有重要意义。本章基于谱几何法描述回转类板结构面内位移容许函数，并通过人工虚拟弹簧技术来等效模拟包括经典边界条件和一般弹性边界条件在内的任意边界条件。在此基础上，基于能量原理建立结构面内振动求解的拉格朗日能量泛函，并采用里兹法对其进行变分极值操作，进而获得回转类板结构面内振动特性求解方程。最后通过与现有文献解和 FEM 结果对比验证所构建面内振动分析模型的正确性和可靠性，并在此基础上开展了任意边界条件下回转类板结构面内振动特性的参数化研究。

4.1　面内振动分析模型描述

在第 3 章的基础上，本章以环扇形板结构为对象来构建回转类板结构面内振动分析模型。而扇形板、环板及圆板可以直接通过环扇形模型参数设置得到，如图 3-2 所示。环扇形板结构面内分析模型如图 4-1(a)，环扇形板位于 r-θ 平面内，分别采用整体柱坐标系 (r, θ, z) 和局部坐标系 (s, θ, z) 对模型进行描述，a、b 和 ϕ 分别表示结构的内半径、外半径和圆心角。结构的面内边界条件通过在结构边界处均匀布置的法向和切向线性人工虚拟弹簧来模拟，$k_{ns0}(k_{n\theta0})$ 和 $k_{ns1}(k_{n\theta1})$ 分别表示 $s=0(\theta=0)$ 和 $s=R(\theta=\phi)$ 边界处的法向弹簧刚度值；$k_{ps0}(k_{p\theta0})$ 和 $k_{ps1}(k_{p\theta1})$ 分别表示 $s=0(\theta=0)$ 和 $s=R(\theta=\phi)$ 边界处的切向弹簧刚度值。通过改变上述弹簧刚度的取值大小，可以实现任意边界条件的模拟。例如，固支边界条件(C)可以通过将所有边界约束弹簧刚度值设定为无穷大而实现；将所有边界约束弹簧刚度值设定为零可以实现自由边界条件(F)。此外，从文献[4]可知，面内振动的简支边界条件存在两种类型，通常采用 SS1 和 SS2 来描述，其中 SS1 表示边界处的切向位移和法向应力均为零，SS2 边界条件恰恰相反。

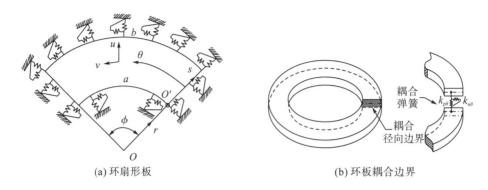

(a) 环扇形板　　　　　　　　　　　　(b) 环板耦合边界

图 4-1　边界为面内弹性支撑的环扇形板及耦合边界示意图

4.2　回转类板结构面内振动建模

4.2.1　面内振动基本方程

根据线弹性理论，回转类板结构的面内应变和位移之间的关系为

$$\varepsilon_r = \frac{\partial u}{\partial r} \tag{4-1a}$$

$$\varepsilon_\theta = \frac{1}{r} \cdot \frac{\partial u}{\partial \theta} + \frac{u}{r} \tag{4-1b}$$

$$\gamma_{r\theta} = \frac{\partial v}{\partial r} + \frac{1}{r} \cdot \frac{\partial u}{\partial \theta} - \frac{v}{r} \tag{4-1c}$$

基于广义虎克定律，应力-应变本构方程表示为

$$\boldsymbol{\sigma}_{r\theta} = \boldsymbol{Q}\boldsymbol{\varepsilon}_{r\theta} \tag{4-2}$$

式中，

$$\boldsymbol{\sigma}_{r\theta} = \begin{bmatrix} \sigma_r & \sigma_\theta & \tau_{r\theta} \end{bmatrix}^{\mathrm{T}}, \boldsymbol{\varepsilon}_{r\theta} = \begin{bmatrix} \varepsilon_r & \varepsilon_\theta & \gamma_{r\theta} \end{bmatrix}^{\mathrm{T}}$$

$$\boldsymbol{Q} = \begin{bmatrix} Q_{11} & Q_{12} & 0 \\ Q_{12} & Q_{22} & 0 \\ 0 & 0 & Q_{55} \end{bmatrix}$$

式中，σ_r、σ_θ 和 $\tau_{r\theta}$ 分别为沿 r、θ 方向的法向应力和 r-θ 平面的剪切应力；Q_{gt} (g, t=1, 2, 5) 为材料刚度系数，具体表达式为

$$Q_{11} = Q_{22} = \frac{E}{1-\mu^2} \tag{4-3a}$$

$$Q_{12} = \frac{\mu E}{1 - \mu^2} \qquad\qquad (4\text{-}3\text{b})$$

$$Q_{55} = \frac{E}{2(1 + \mu)} \qquad\qquad (4\text{-}3\text{c})$$

式 (4-2) 沿着结构厚度方向进行积分运算可得到回转类板结构的面内合力, 具体表达式为

$$\boldsymbol{N}_{r\theta} = \boldsymbol{A} \boldsymbol{\varepsilon}_{r\theta}^0 \qquad\qquad (4\text{-}4)$$

式中,

$$\boldsymbol{N}_{r\theta} = \begin{bmatrix} N_r & N_\theta & N_{r\theta} & Q_r & Q_\theta \end{bmatrix}^{\mathrm{T}}$$

$$\boldsymbol{\varepsilon}_{r\theta}^0 = \begin{bmatrix} \varepsilon_r^0 & \varepsilon_\theta^0 & \gamma_{r\theta}^0 & \gamma_{rz}^0 & \gamma_{\theta z}^0 \end{bmatrix}^{\mathrm{T}}$$

$$\boldsymbol{A} = \begin{bmatrix} A_{11} & A_{12} & 0 & 0 & 0 \\ A_{12} & A_{22} & 0 & 0 & 0 \\ 0 & 0 & A_{66} & 0 & 0 \\ 0 & 0 & 0 & K_s A_{55} & 0 \\ 0 & 0 & 0 & 0 & K_s A_{44} \end{bmatrix}$$

式中, K_s 表示剪切变形修正因子, 取值为 5/6; A_{gt} 和 D_{gt} (g, t=1, 2, 5) 分别表示回转类板的拉伸刚度系数和弯曲刚度系数, 其计算公式为

$$\left(A_{gt}, D_{gt} \right) = \int_{-h/2}^{h/2} Q_{gt} \left(1, z^2 \right) \mathrm{d}z \qquad\qquad (4\text{-}5)$$

4.2.2　谱几何振动分析模型

对于本章所涉及的回转类板结构, 采用二维谱几何函数表示回转类板结构在面内方向上的位移容许函数, 具体表达式为

$$u_0(r,\theta,t) = \left[\boldsymbol{\Theta}_u(r,\theta), \boldsymbol{\Theta}_c(r,\theta), \boldsymbol{\Theta}_s(r,\theta) \right] \left[A_u \right] \mathrm{e}^{\mathrm{j}\omega t} \qquad (4\text{-}6\text{a})$$

$$v_0(r,\theta,t) = \left[\boldsymbol{\Theta}_v(r,\theta), \boldsymbol{\Theta}_c(r,\theta), \boldsymbol{\Theta}_s(r,\theta) \right] \left[A_v \right] \mathrm{e}^{\mathrm{j}\omega t} \qquad (4\text{-}6\text{b})$$

式中, $\boldsymbol{\Theta}_q$ 和 $\boldsymbol{A}_q$ (q=u, v) 分别表示板结构的位移函数向量和由位移系数 A_{mn}^q、$A_{pn}^{q,c}$、$A_{mp}^{q,s}$ 组成的广义系数向量; $\boldsymbol{\Theta}_c(r, \theta)$ 和 $\boldsymbol{\Theta}_s(r, \theta)$ 表示由辅助函数组成的函数向量; ω 表示系统的圆频率, 采用克罗内克积的形式对上述函数向量进行表述:

$$\boldsymbol{\Theta}_q(r,\theta) = \begin{bmatrix} \cos(\lambda_0 r), \cos(\lambda_1 r), \cdots, \\ \cos(\lambda_m r), \cdots, \cos(\lambda_M r) \end{bmatrix} \otimes \begin{bmatrix} \cos(\lambda_0 \theta), \cos(\lambda_1 \theta), \cdots, \\ \cos(\lambda_n \theta), \cdots, \cos(\lambda_N \theta) \end{bmatrix} \qquad (4\text{-}7\text{a})$$

$$\boldsymbol{\Theta}_c(r,\theta) = \begin{bmatrix} \sin(\lambda_{-2} r), \sin(\lambda_{-1} r) \end{bmatrix} \otimes \begin{bmatrix} \cos(\lambda_0 \theta), \cos(\lambda_1 \theta), \cdots, \\ \cos(\lambda_n \theta), \cdots, \cos(\lambda_N \theta) \end{bmatrix} \qquad (4\text{-}7\text{b})$$

$$\boldsymbol{\Theta}_s\left(r,\theta\right)=\begin{bmatrix}\cos\left(\lambda_0 r\right),\cos\left(\lambda_1 r\right),\cdots,\\\cos\left(\lambda_m r\right),\cdots,\cos\left(\lambda_M r\right)\end{bmatrix}\otimes\Big[\sin\left(\lambda_{-2}\theta\right),\sin\left(\lambda_{-1}\theta\right)\Big] \tag{4-7c}$$

$$\boldsymbol{A}_q=\Big[\boldsymbol{A}_q^f;\boldsymbol{A}_q^c;\boldsymbol{A}_q^s\Big] \tag{4-7d}$$

$$\boldsymbol{A}_q^f=\begin{bmatrix}A_{00}^q,\cdots,A_{0n}^q,\cdots,A_{0N}^q,\cdots,A_{m0}^q,\cdots,A_{mn}^q,\cdots,\\A_{mN}^q,\cdots,A_{M0}^q,\cdots,A_{Mn}^q,\cdots,A_{MN}^q\end{bmatrix}^{\mathrm{T}} \tag{4-7e}$$

$$\boldsymbol{A}_q^c=\Big[A_{-20}^{q,c},\cdots,A_{-2n}^{q,c},\cdots,A_{-2N}^{q,c},A_{-10}^{q,c},\cdots,A_{-1n}^{q,c},\cdots,A_{-1N}^{q,c}\Big]^{\mathrm{T}} \tag{4-7f}$$

$$\boldsymbol{A}_l^s=\Big[A_{0-2}^{q,s},A_{0-1}^{q,s},\cdots,A_{m-2}^{q,s},A_{m-1}^{q,s},\cdots,A_{M-2}^{q,s},A_{M-1}^{q,s}\Big]^{\mathrm{T}} \tag{4-7g}$$

式中，$\lambda_m=m\pi/R$；$\lambda_n=n\pi/\phi$；M 和 N 分别表示 r 方向和 θ 方向上的位移函数截断数。

假设 $\boldsymbol{\Theta}(r,\theta)=[\boldsymbol{\Theta}_q(r,\theta),\boldsymbol{\Theta}_c(r,\theta),\boldsymbol{\Theta}_s(r,\theta)]$，回转类板结构的面内应变势能计算公式为

$$\begin{aligned}U_{r\theta}&=\frac{1}{2}\iiint_V\boldsymbol{\sigma}^{\mathrm{T}}\boldsymbol{\varepsilon}\mathrm{d}V=\frac{h}{2}\int_0^\phi\int_a^b\left(\sigma_r\varepsilon_r+\sigma_\theta\varepsilon_\theta+\sigma_{r\theta}\varepsilon_{r\theta}\right)(a+r)\mathrm{d}r\mathrm{d}\theta\\&=\frac{\mathrm{e}^{\mathrm{j}2\omega t}}{2}\int_0^\phi\int_a^b\left\{\begin{array}{l}\dfrac{\partial\boldsymbol{\Theta}}{\partial x}\Big[A_{66}\boldsymbol{A}_v\boldsymbol{A}_v^{\mathrm{T}}+A_{11}\boldsymbol{A}_u\boldsymbol{A}_u^{\mathrm{T}}\Big]\dfrac{\partial\boldsymbol{\Theta}^{\mathrm{T}}}{\partial x}\\+\dfrac{\partial\boldsymbol{\Theta}}{\partial y}\Big[A_{22}\boldsymbol{A}_v\boldsymbol{A}_v^{\mathrm{T}}+A_{66}\boldsymbol{A}_u\boldsymbol{A}_u^{\mathrm{T}}\Big]\dfrac{\partial\boldsymbol{\Theta}^{\mathrm{T}}}{\partial x}\\+2\dfrac{\partial\boldsymbol{\Theta}}{\partial x}\Big[\left(A_{12}+A_{66}\right)\boldsymbol{A}_u\boldsymbol{A}_v^{\mathrm{T}}\Big]\dfrac{\partial\boldsymbol{\Theta}^{\mathrm{T}}}{\partial y}\\+2\dfrac{\partial\boldsymbol{\Theta}}{\partial y}\Big[A_{44}\boldsymbol{A}_w\boldsymbol{A}_y^{\mathrm{T}}\Big]\boldsymbol{\Theta}^{\mathrm{T}}\end{array}\right\}\mathrm{d}r\mathrm{d}\theta\end{aligned} \tag{4-8}$$

回转类板结构的面内动能为

$$\begin{aligned}T_{r\theta}&=\frac{1}{2}\iint_s\left[\left(\frac{\partial u_0}{\partial t}\right)^2+\left(\frac{\partial v_0}{\partial t}\right)^2\right]\mathrm{d}s\\&=\frac{\omega^2\mathrm{e}^{\mathrm{j}2\omega t}}{2}\int_0^\phi\int_a^b\boldsymbol{\Theta}\begin{bmatrix}I_0\left(\boldsymbol{A}_u\boldsymbol{A}_u^{\mathrm{T}}+\boldsymbol{A}_v\boldsymbol{A}_v^{\mathrm{T}}\right)\\+I_1\left(\boldsymbol{A}_x\boldsymbol{A}_x^{\mathrm{T}}+\boldsymbol{A}_y\boldsymbol{A}_y^{\mathrm{T}}\right)\end{bmatrix}\boldsymbol{\Theta}^{\mathrm{T}}\mathrm{d}r\mathrm{d}\theta\end{aligned} \tag{4-9}$$

式中，I_0 和 I_1 为板的质量惯性矩，其计算公式为

$$I_0=\int_{-h/2}^{h/2}\rho\mathrm{d}z \tag{4-10a}$$

$$I_1=\int_{-h/2}^{h/2}\rho z^2\mathrm{d}z \tag{4-10b}$$

在边界约束弹簧中储存的势能为

$$V_{bc} = \frac{1}{2}\int_a^b \left[k_{p\theta 0}(s)u^2 + k_{n\theta 0}(s)v^2 \right]dr + \frac{1}{2}\int_a^b \left[k_{p\theta 1}(s)u^2 + k_{n\theta 1}(s)v^2 \right]dr +$$

$$\frac{1}{2}\int_0^\phi \left[k_{ns0}(\theta)u^2 + k_{ps0}(\theta)v^2 \right]ad\theta + \frac{1}{2}\int_0^\phi \left[k_{ns1}(\theta)u^2 + k_{ps1}(\theta)v^2 \right]bd\theta$$

$$= \frac{1}{2}\int_a^b \begin{bmatrix} \boldsymbol{\Theta}(r,0)\left(k_{p\theta 0}\mathbf{A}_u\mathbf{A}_u^{\mathrm{T}} + k_{n\theta 0}\mathbf{A}_v\mathbf{A}_v^{\mathrm{T}}\right)\boldsymbol{\Theta}^{\mathrm{T}}(r,0) \\ + \boldsymbol{\Theta}(r,\phi)\left(k_{p\theta 1}\mathbf{A}_u\mathbf{A}_u^{\mathrm{T}} + k_{n\theta 1}\mathbf{A}_v\mathbf{A}_v^{\mathrm{T}}\right)\boldsymbol{\Theta}^{\mathrm{T}}(r,\phi) \end{bmatrix}dr \qquad (4\text{-}11)$$

$$+ \frac{1}{2}\int_0^\varphi \begin{bmatrix} a\boldsymbol{\Theta}(a,\theta)\left(k_{ps0}\mathbf{A}_u\mathbf{A}_u^{\mathrm{T}} + k_{ns0}\mathbf{A}_v\mathbf{A}_v^{\mathrm{T}}\right)\boldsymbol{\Theta}^{\mathrm{T}}(a,\theta) \\ + b\boldsymbol{\Theta}(b,\theta)\left(k_{ps1}\mathbf{A}_u\mathbf{A}_u^{\mathrm{T}} + k_{ns1}\mathbf{A}_v\mathbf{A}_v^{\mathrm{T}}\right)\boldsymbol{\Theta}^{\mathrm{T}}(a,\theta) \end{bmatrix}d\theta$$

此外，对于 $\phi=360°$ 的环板或者圆板结构而言，需要在 $\theta=0°$ 和 $\theta=360°$ 耦合界面处采用人工虚拟弹簧技术，如图 4-1(b) 所示，以保证面内位移容许函数及其导数在周向上的连续性。此时由人工虚拟弹簧技术引入所存储的弹性势能可以描述为

$$V_{cp} = \frac{1}{2}\int_a^b \left[k_{pc}\left(u|_{\theta=0} - u|_{\theta=2\pi}\right)^2 + k_{nc}\left(v|_{\theta=0} - v|_{\theta=2\pi}\right)^2 \right]dr$$

$$= \frac{1}{2}\int_a^b \begin{Bmatrix} \boldsymbol{\Theta}(r,0)\left[k_{nc}\mathbf{A}_u\mathbf{A}_u^{\mathrm{T}} + k_{pc}\mathbf{A}_v\mathbf{A}_v^{\mathrm{T}} \right]\boldsymbol{\Theta}^{\mathrm{T}}(r,0) \\ + \boldsymbol{\Theta}(r,\phi)\left[k_{nc}\mathbf{A}_u\mathbf{A}_u^{\mathrm{T}} + k_{pc}\mathbf{A}_v\mathbf{A}_v^{\mathrm{T}} \right]\boldsymbol{\Theta}^{\mathrm{T}}(r,\phi) \\ - \boldsymbol{\Theta}(r,0)\left[k_{nc}\mathbf{A}_u\mathbf{A}_u^{\mathrm{T}} + k_{pc}\mathbf{A}_v\mathbf{A}_v^{\mathrm{T}} \right]\boldsymbol{\Theta}^{\mathrm{T}}(r,\phi) \\ - \boldsymbol{\Theta}(r,\phi)\left[k_{nc}\mathbf{A}_u\mathbf{A}_u^{\mathrm{T}} + k_{pc}\mathbf{A}_v\mathbf{A}_v^{\mathrm{T}} \right]\boldsymbol{\Theta}^{\mathrm{T}}(r,0) \end{Bmatrix}dr \qquad (4\text{-}12)$$

对于回转类板结构的面内振动特性，主要考虑面内载荷 $(r$ 和 $\theta)\boldsymbol{f}$ 在面内方向所做功 W_f，即

$$W_f = \frac{1}{2}\int_l f\boldsymbol{\Theta}\left(\boldsymbol{A}_u + \boldsymbol{A}_v\right)dl \qquad (4\text{-}13)$$

式中，l 表示面内载荷作用区域。

综上所述，回转类板结构面内振动的拉格朗日能量泛函可以表示为

$$\Xi = U_{r\theta} + V_{bc} + V_{cp} - T_{r\theta} - W_f \qquad (4\text{-}14)$$

采用里兹法对式 (4-14) 进行变分极值运算：

$$\frac{\partial \Xi}{\partial \varsigma} = 0 \qquad (4\text{-}15)$$

即可获得任意边界条件下回转类板结构的面内振动求解方程：

$$\left\{ \boldsymbol{K} - \omega^2 \boldsymbol{M} \right\}\left\{ \boldsymbol{A} \right\} = \boldsymbol{F} \qquad (4\text{-}16)$$

式中，$\boldsymbol{K} = \begin{bmatrix} \boldsymbol{K}_{uu} & \boldsymbol{K}_{uv} \\ \boldsymbol{K}_{vu} & \boldsymbol{K}_{vv} \end{bmatrix}$；$\boldsymbol{M} = \begin{bmatrix} \boldsymbol{M}_{uu} & 0 \\ 0 & \boldsymbol{M}_{vv} \end{bmatrix}$；$\boldsymbol{A} = \begin{bmatrix} \boldsymbol{A}_u & \boldsymbol{A}_v \end{bmatrix}^{\mathrm{T}}$；$\boldsymbol{F} = \begin{bmatrix} f_u & f_v \end{bmatrix}^{\mathrm{T}}$；$\boldsymbol{K}_{ij}$

和 $\boldsymbol{M}_{ij}$ $(I, j=u, v, w, r, \theta)$ 分别为回转类板结构的子刚度矩阵和子质量矩阵；f_u 与 f_v 为面内载荷向量。基于式 (4-16) 通过特征值提取、模态叠加法、Newmark 法等数

学运算可以求解回转类板结构面内振动固有频率、模态振型、简谐响应以及瞬态响应等结构动力学特性。

4.3   数值结果与讨论

本节基于 4.2 节所建立的回转类板结构面内振动分析模型进行面内振动特性分析，主要研究内容包括自由振动特性分析、简谐响应特性分析和瞬态动力学特性分析三部分。通过将本章模型(SGM)求解结果与公开文献解和 FEM 结果对比，验证所建立面内振动分析模型的正确性与可行性，并在此基础上开展回转类板结构面内振动特性参数化研究。本节数值算例均采用各向同性材料，如未特殊说明，其材料参数均为：密度 ρ=7850kg/m^3、杨氏模量 E=2.06×10^{11}Pa、泊松比 μ=0.3。此外，结构边界条件由各边界条件符号组成，边界顺序如图 3-4 所示。

4.3.1   自由振动特性分析

根据前面的面内边界等效约束模拟方法可知，不同边界模拟需要设置不同弹簧刚度值，其中对于固支边界条件而言，理论上需要将弹簧刚度值设置为无穷大。而在实际计算过程中，当弹簧刚度值无穷大时会使得刚度矩阵病态，从而导致分析结果失真，所以需要选取一个合理的刚度值来等效模拟固支边界条件。因此，为了确定不同边界条件所对应的弹簧刚度取值，就需要先对边界条件与弹簧刚度值大小之间的关系进行研究。图 4-2 给出了弹簧刚度值对环扇形板第 1 阶固有频率参数 $\Omega=\omega b[\rho(1-\mu^2)/E]^{0.5}$ 的影响变化规律，其中，几何参数定义为：b=1m，a=0.6m，θ=270°，边界条件为 ECFC 及 CFEF，弹性边界(E)的弹簧刚度值的变化范围为 $10^4 \sim 10^{18}$。从图 4-2 可以看出，k_n 和 k_p 的变化对结构固有频率参数的影响存在较大的差异，相较于边界弹簧 k_p，结构固有频率参数对 k_n 的变化更加敏感。此外，当弹簧刚度值在区间[10^9, 10^{14}]变化时，结构的固有频率随着刚度的增加而快速增加；当刚度值在此范围外时，固有频率几乎保持不变。由此可知，当边界弹簧刚度值小于 10^8 时，可以等效模拟自由边界条件；当边界刚度值大于 10^{14} 时，可以视为固支边界条件；而刚度值介于两者之间时，可用来有效模拟弹性边界条件。因此，在后续的研究中，固支边界约束的弹簧刚度取值为 10^{16}，自由约束的弹簧刚度取值为 0，弹性边界 E^1 的弹簧刚度值定义为 k_n=k_p=10^{10}。此外，基于前述章节关于位移函数截断数收敛特性的研究成果，后续算例中位移函数的截断值统一设置为 $M \times N$=18×18。

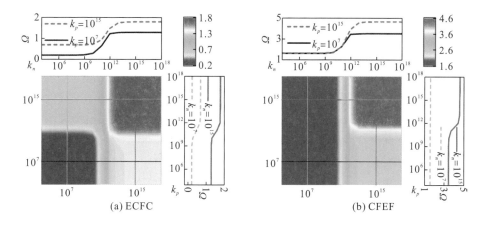

图 4-2　边界约束弹簧刚度值对环扇形板第 1 阶固有频率参数的影响变化规律

　　表 4-1 给出了不同扇形角下 CCCC 环扇形板前 6 阶固有频率参数，其几何参数定义为 a/b=0.5 和 h/b=0.001，文献解和 FEM 结果作为参考值也在表中给出。从表 4-1 可以看出，三者之间的计算结果吻合良好。表 4-2 给出了不同扇形角及内外径比下 CCCC 环扇形板前 8 阶固有频率参数，其中 a/b=0 代表圆扇形板结构的计算结果。由于缺乏相关文献参考结果，FEM 结果作为对比数据也在表中给出。从表 4-2 可知，本章模型（SGM）结果与 FEM 结果吻合程度较好。为了更好地体现本章模型（SGM）的有效性，图 4-3 和图 4-4 给出了回转类板结构的面内振动模态振型对比结果。从图 4-3 可知，本章所建立的回转类板结构面内振动分析模型不仅可以准确预测结构的固有频率，还可以准确计算获得结构的模态振型。

表 4-1　不同扇形角下 CCCC 环扇形板前 6 阶固有频率参数 Ω（a/b=0.5，h/b=0.001）

ϕ	方法	模态阶次					
		1	2	3	4	5	6
30°	SGM	7.7745	8.4027	9.7413	12.1886	12.6958	12.7060
	文献[6]	7.7746	8.4028	9.7413	12.1890	12.6960	12.7060
	文献[5]	7.7781	8.4067	9.7529	12.1980	12.7080	12.7280
	FEM	7.7834	8.4308	9.6433	12.1770	12.6510	12.6450
90°	SGM	4.5319	6.0303	6.5405	6.5744	7.2091	7.7241
	文献[6]	4.5320	6.0304	6.5406	6.5746	7.2092	7.7243
	文献[5]	4.5385	6.0535	6.0535	6.6578	7.2260	7.7108
	FEM	4.5327	6.0314	6.5425	6.5758	7.2115	7.7276
180°	SGM	3.9797	4.5085	5.2273	5.9380	6.3407	6.3517
	文献[6]	3.9798	4.5089	5.2279	5.9389	6.3407	6.3519
	FEM	3.9805	4.5091	5.2276	5.9384	6.3414	6.3524

续表

ϕ	方法	模态阶次					
		1	2	3	4	5	6
270°	SGM	3.8706	4.1220	4.5012	4.9635	5.4579	5.9131
	文献[6]	3.8707	4.1223	4.5018	4.9647	5.4595	5.9162
	FEM	3.8710	4.1223	4.5013	4.9635	5.4578	5.9132
320°	SGM	3.8452	4.0271	4.3087	4.6645	5.0666	5.4819
	文献[6]	3.8453	4.0274	4.3093	4.6657	5.0682	5.4855
	FEM	3.8469	4.0286	4.3099	4.6655	5.0671	5.4822
360°	SGM	3.7821	3.9739	4.4862	5.1769	5.8619	6.2792
	FEM	3.7924	3.9841	4.4968	5.1892	5.8774	6.3078

表 4-2 不同扇形角及内外径比下 CCCC 环扇形板前 8 阶固有频率参数 Ω

ϕ	a/b	方法	模态阶次							
			1	2	3	4	5	6	7	8
30°	0	SGM	1.5600	2.9913	3.5813	4.4318	5.4966	5.6204	6.2066	6.5818
		文献[6]	1.5604	2.9922	3.5813	4.4336	5.4987	5.6205	6.2067	6.5895
		FEM	1.5601	2.9922	3.5814	4.4336	5.4987	5.6221	6.2078	6.5861
	0.3	SGM	2.7881	4.3432	4.7680	5.6629	6.2353	6.7435	7.8346	8.6055
		文献[6]	2.7882	4.3432	4.7680	5.6629	6.2355	6.7435	7.8349	8.6056
		FEM	2.7882	4.3434	4.7687	5.6642	6.2368	6.7444	7.8372	8.6067
180°	0	SGM	1.1360	1.7546	1.8266	2.3500	2.5293	2.8973	3.2548	3.3487
		文献[6]	1.1360	1.7546	1.8266	2.3500	2.5294	2.8974	3.2549	3.3490
		FEM	1.1361	1.7546	1.8268	2.3503	2.5297	2.8978	3.2554	3.3494
	0.3	SGM	0.6947	1.5161	1.7022	2.4227	2.4315	2.9288	3.2720	3.4820
		文献[6]	0.6447	1.5162	1.7022	2.4227	2.4317	2.9291	3.2721	3.4824
		FEM	0.6947	1.5160	1.7023	2.4227	2.4316	2.9290	3.2721	3.4822
320°	0	SGM	0.4584	1.0324	1.3985	1.6350	1.8257	1.9224	2.0805	2.3112
		文献[6]	0.4581	1.0323	1.3985	1.6350	1.8257	1.9226	2.0807	2.3118
		FEM	0.4584	1.0324	1.3990	1.6357	1.8262	1.9232	2.0819	2.3125
	0.3	SGM	0.2232	0.5060	0.9641	1.4735	1.5885	1.8012	1.9957	2.2053
		文献[6]	0.2232	0.5061	0.9643	1.4738	1.5885	1.8013	1.9966	2.2056
		FEM	0.2232	0.5060	0.9641	1.4736	1.5885	1.8013	1.9957	2.2053
360°	0	SGM	1.3877	1.6176	2.0488	2.1305	2.5112	2.7744	3.3083	3.3787
		FEM	1.3897	1.6246	2.0478	2.1367	2.5170	2.7842	3.0445	3.3916
	0.3	SGM	0.9041	1.6126	1.6749	1.8900	2.4116	2.6997	3.2362	3.3305
		FEM	0.9139	1.6170	1.6862	1.9036	2.4246	2.7156	3.2510	3.3465

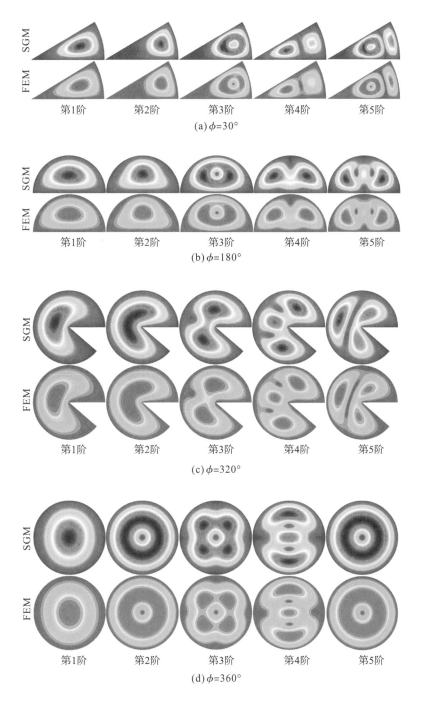

图 4-3　CCC 扇形板(a/b=0)的前 5 阶面内振动模态振型对比

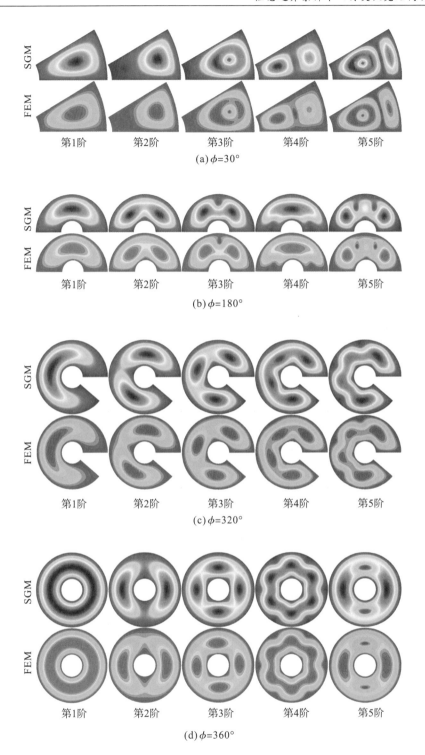

图 4-4　CCCC 环扇形板(a/b=0.3)的前 5 阶面内振动模态振型对比

　　综上，上述数值分析算例较为充分地验证了本章模型(SGM)对于环扇形板、圆扇形板、环板和圆板结构面内振动特性的预测具有良好的准确性和可靠性。为了更深入地了解回转类板结构的面内振动特性，下面对回转类板结构的面内自由振动特性开展参数化研究。

　　图 4-5 为不同边界条件下环扇形板第 1 阶固有频率参数随内外径比值和圆心角变化的二维平面图，其中，结构外径 b 为 1m，边界条件分别设定为 CCCC 和 $E^1E^1E^1E^1$。由图 4-5 可知，当环扇形板的内外径比 a/b 增大时，结构频率参数会增大，这是由于结构整体刚度随着内径的增大而增大，进而导致固有频率也会相应增大。从图 4-5 还可以看出，环板的固有频率参数变化相对环扇形板的变化较小，且第 1 阶固有频率参数在内外径比 a/b 较大时较为接近。总体上看，结构的频率参数随着圆心角的增大而减小。特别指出，当边界条件为 $E^1E^1E^1E^1$，且圆心角从330°变化至 360°时，结构的频率参数变化率突然增大，这是由于环扇形板的整体刚度随着圆心角的增大而减小，进而导致结构固有频率逐渐变小，而当结构的圆心角增加至 360°时，结构从环扇形板变为环板，原本处于 $\phi=0°$ 和 $\phi=360°$ 的边界重合，边界弹簧刚度转变为结构内部耦合刚度，结构刚度发生了突变。当圆心角 $\phi=360°$ 时，环扇形板边界条件 CCCC 与 $E^1E^1E^1E^1$ 分别变化为环板 CC 与 E^1E^1 边界，通过对比图 4-5(a) 和图 4-5(b) 可知，弹性边界下的结构固有频率参数明显小于固支边界。为了更全面地分析结构自由振动特性，图 4-6 给出了圆扇形板(b=1m，a/b=0，CCC)和环板(ϕ=360°，b=1m，a/b=0.5，CC)两种特殊结构，前 4 阶固有频率参数随圆心角或内外径比的变化规律。从图 4-6 可以看出，扇形板的频率参数随圆心角的增大而减小，环板的频率参数随内外径比的增大而增大，其变化规律与图 4-6 中环扇形板的变化规律具有一致性。

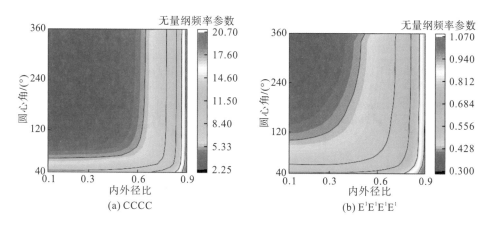

图 4-5　圆心角和内外径之比对环扇形板(b=1m)第 1 阶固有频率参数的影响规律

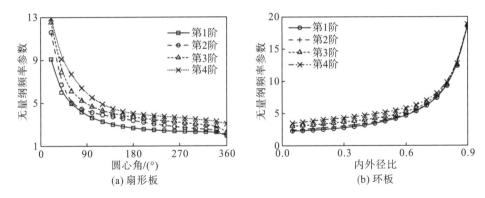

图 4-6　不同圆心角对扇形板(b=1m，CCC)和环板(b=1m，CC)的前 4 阶固有频率参数的影响规律

4.3.2　简谐响应特性分析

4.3.1 节中已经对本章所建立回转类板结构面内振动分析模型预示分析环扇形板、圆扇形板、环板和圆板结构面内自由振动特性的正确性和有效性进行了验证，并且对其面内自由振动特性进行了分析探讨，本节进一步对回转类板结构的面内振动简谐响应特性进行分析。在进行分析之前，先对本章模型(SGM)面内振动简谐响应特性预测结果的准确性进行验证。图 4-7 和图 4-8 给出了 FC 环板的简谐位移响应对比情况，其中几何参数为：a=0.2m，b=1m，h=0.05m，载荷加载在环板的内径边界上，加载区域 $\theta \in [0°, 30°]$，载荷幅值为 f_w=1N，测点 1、2 在极坐标系 θ-R 下的位置分别为(270°, 0.6m)与(90°, 0.6m)。由图 4-7 和图 4-8 可以看出，本章模型(SGM)的求解结果与 FEM 结果具有较好的一致性，验证了本章模型(SGM)可以有效预测回转类板结构的面内振动简谐响应特性。

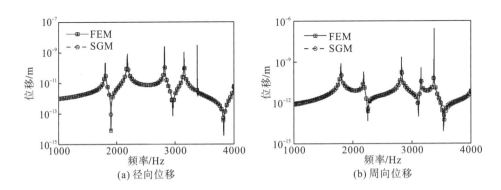

图 4-7　环扇形板测点 1 处简谐响应对比

　　图 4-9 给出了自由边界条件下扇形板结构简谐位移响应特性随圆心角的变化规律，为保证数据丰富性的同时避免计算结果的偶然性，分别将扇形板的圆心角设定为 120°、180°、270° 和 360°，观测点选取测点 3，其在极坐标系 θ-R 下的位置为 (45°, 0.6m)，载荷加载于扇形板外径边界，加载区域 $\theta \in [0°, 30°]$，载荷幅值 f_w=1N。从图 4-9 可以看出，结构简谐位移响应曲线峰值随圆心角的增大呈先向低频移动再向高频移动的趋势，结合具有不同圆心角的扇形板的模态振型可以发现，当圆心角 ϕ<360° 时，结构刚度随圆心角的增大而减小，结构的位移峰值向低频移动；当圆心角 ϕ=360° 时，边界 θ=0° 与 θ=360° 重合，扇形板结构变成圆板结构，边界条件转换为结构的内部耦合条件，强化了结构刚度，进而导致结构的位移峰值向高频移动。

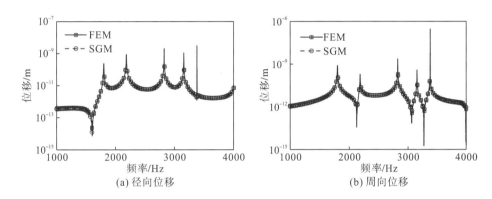

(a) 径向位移　　　　　　　　　　(b) 周向位移

图 4-8　FC 环扇形板简谐位移响应对比

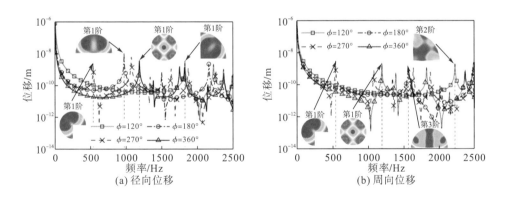

(a) 径向位移　　　　　　　　　　(b) 周向位移

图 4-9　具有不同圆心角的扇形板测点 3 处简谐响应特性

　　图 4-10 和图 4-11 分别给出了不同半径对自由边界条件下扇形板和圆板的简谐位移响应的影响规律，其中观测点选取为测点 2，圆心角 ϕ=180°，载荷参数与图 4-9 算例相关参数保持一致，半径 b 取值为 1m、1.2m 和 1.4m。由图 4-10 可知，

随着扇形板半径的增大，结构径向简谐位移和周向简谐位移曲线的共振峰均向低频方向有着明显的移动，而共振峰峰值基本不变，尤其是对于第 1 个共振峰而言。考虑到板结构厚度不变而半径增大，结构刚度减小，导致结构固有频率变小，共振峰向低频方向迁移。同理，图 4-11 中圆板结构位移曲线随着结构半径的变化规律与扇形板一致。

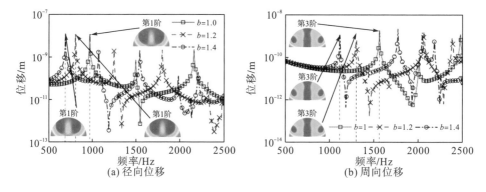

图 4-10　不同半径下扇形板简谐位移响应特性

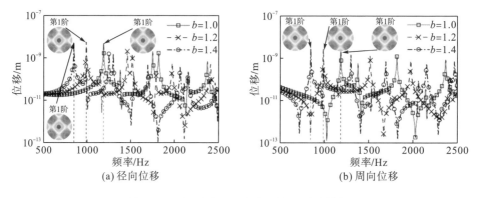

图 4-11　不同半径下圆板简谐位移响应特性

图 4-12 给出了圆心角对 FFCF 环扇形结构简谐位移响应特性，其几何参数为 a=0.4m，b=1m，h=0.05m，测点选择为测点 2，载荷参数与图 4-7 算例相关参数保持一致。由图 4-12 可知，环扇形板的简谐位移响应曲线峰值随圆心角的增大而向高频方向移动，相较于径向位移，周向位移曲线变化规律更加明显，说明周向位移响应对圆心角变化更为敏感。

图 4-13 和图 4-14 分别给出了不同内外径比对环扇形板、环板简谐位移响应特性的影响规律，其中外径 b 设定为 1m，厚度 h=0.05m，同时内径 a 分别设定为 0.1m、0.3m 和 0.5m，测点选择为测点 3，载荷参数与图 4-12 算例参数保持一致。

由图 4-13 和图 4-14 可以看出，随着环扇形板结构内外径比值的增大，结构的简谐位移响应曲线峰值快速向高频方向移动，峰值间隙也相应变大，第 1 个共振峰对应的模态振型也发生转变，而对于环板结构内外径比值与简谐响应特性关系的研究中，可以发现第 1 个峰值点随着内外径比的增大快速向高频区域移动，且峰值间隙快速变小。

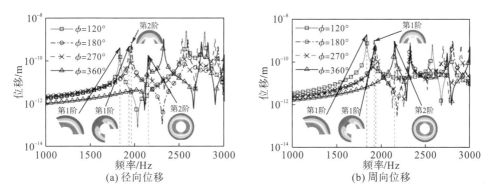

图 4-12　具有不同圆心角的环扇形板测点 2 处简谐响应特性

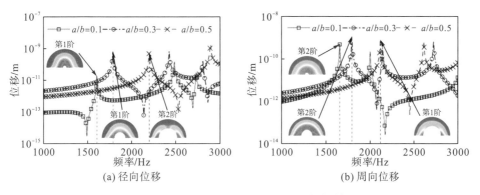

图 4-13　不同内外径比对环扇形板简谐位移响应特性($\phi=180°$)

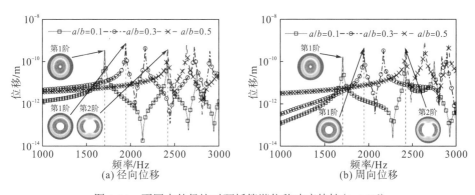

图 4-14　不同内外径比对环板简谐位移响应特性($\phi=360°$)

图 4-15～图 4-17 分别展示了不同边界条件对环扇形板、环板和扇形板的简谐位移响应的影响规律，其中结构参数设置为：b=1m，h=0.05m；环扇形板及环板内径 a=0.4m，扇形板及环扇形板圆心角 ϕ=180°；在结构边界 r=b 处分别选取 F、E^1 和 C，

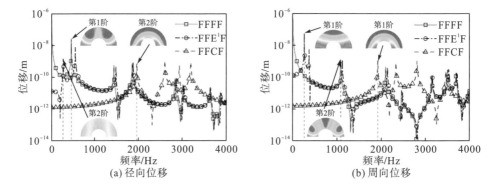

图 4-15　不同边界条件下环扇形板简谐位移响应特性(ϕ=180°)

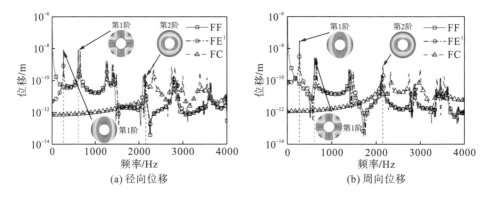

图 4-16　不同边界条件下环板简谐位移响应特性（ϕ=360°）

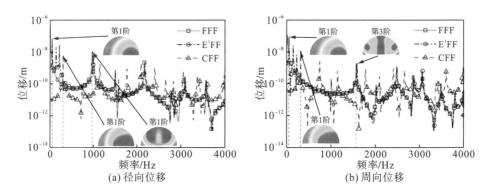

图 4-17　不同边界条件下圆扇形板简谐位移响应特性(ϕ=180°)

其余边界均设置为 F 边界条件；环板及环扇形板的载荷参数与图 4-14 算例参数保持一致，扇形板载荷参数与图 4-10 算例参数保持一致。从图 4-15～图 4-17 可知，边界 $r=b$ 处边界条件由 C 转变为 E^1 最后转变为 F 的过程中，采样频率区间内的共振峰数目明显增多，同时第 1 阶共振峰明显向低频区域移动。这是因为边界 C、E^1 与 F 对应的结构整体刚度逐渐变小所导致。

4.3.3　瞬态动力学特性分析

4.3.1 节和 4.3.2 节已经对回转类板结构面内自由振动特性和简谐响应开展了分析讨论，本节主要对回转类板壳结构面内瞬态动力学特性开展分析研究，若无特殊说明，所采用的激励类型如图 4-18 所示，分别是矩形脉冲、三角脉冲、半正弦波脉冲和指数脉冲载荷。算例中的几何参数测点设置和激励设置与面内简谐响应特性对比算例参数保持一致。

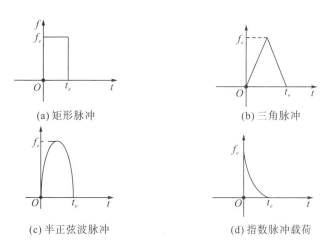

(a) 矩形脉冲　　　　　　　　　　　　(b) 三角脉冲

(c) 半正弦波脉冲　　　　　　　　　　(d) 指数脉冲载荷

图 4-18　激励类型示意图

图 4-19 和图 4-20 分别给出了环板瞬态位移响应结果，其中几何参数、边界条件及载荷加载位置与图 4-7 算例参数保持一致，载荷激励时间与分析时间分别为 0.002s 与 0.005s，时间增量步 Δt=0.0025ms，测点分别选择测点 1 和测点 2。作为对比结果，FEM 结果也在图 4-19 和图 4-20 中给出。从图 4-19 和图 4-20 可以看出，本章模型(SGM)获得的面内瞬态位移响应计算结果与 FEM 结果具有良好的一致性，验证了本章模型(SGM)可以有效预测回转类板结构的面内瞬态动力学特性。

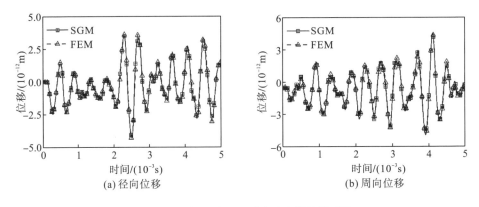

图 4-19   环板测点 1 处瞬态动力学特性对比

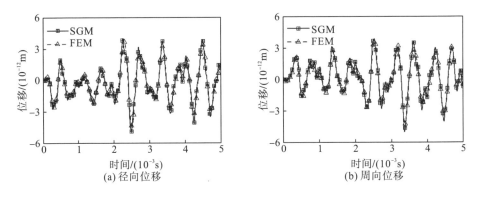

图 4-20   环板测点 2 处瞬态动力学特性对比

图 4-21 给出了不同半径对 FCF 圆扇形板结构瞬态位移响应特性的影响规律，其中圆心角 $\phi=180°$，结构半径 b 以 0.1m 为步长从 1m 变化至 1.3m，测点选取为测点 2，激励载荷设置为矩形脉冲，载荷加载位置为边界 $\theta=0°$，载荷激励时间与分析时间分别为 0.002s 与 0.005s。从图 4-21 可以看出，随着扇形板半径的增大，结构瞬态位移响应峰值增大，尤其载荷施加结束时，这种现象更加明显。同时，扇形板周向方向的位移变化比径向位移变化更加明显；随着结构半径的增加，瞬态位移曲线峰值向右移动。图 4-22 展示了不同圆心角对圆扇形板结构瞬态位移响应特性的影响规律，其中载荷类型为半正弦波脉冲，其他参数与图 4-21 算例参数保持一致。由图 4-22 可知，圆扇形板的面内瞬态位移峰值随着圆心角的增大而减小，同时位移曲线向左偏移。此外，由图 4-21 与图 4-22 可知，对于圆扇形板结构，在同一激励载荷下，结构的周向位移分量明显大于径向位移分量。

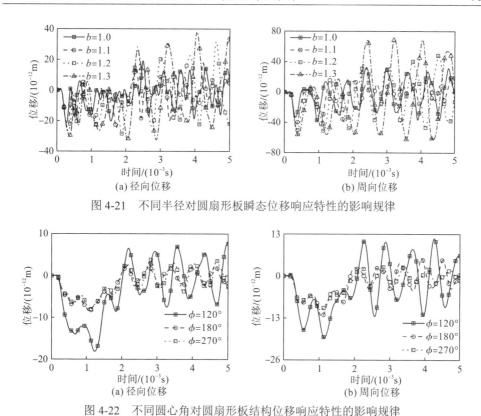

图 4-21　不同半径对圆扇形板瞬态位移响应特性的影响规律

图 4-22　不同圆心角对圆扇形板结构位移响应特性的影响规律

　　图 4-23 给出了不同外径对自由边界条件下圆板结构的面内瞬态位移响应的影响规律，其中半径 b 以步长 0.2m 从 1.0m 变化至 1.4m，激励载荷设置为指数脉冲载荷，加载区域为圆板外径 $\theta \in [0°, 30°]$，加载时长和分析时长与图 4-21 算例参数保持一致，测点选择为测点 2。从图 4-23 可以看出，圆板结构的面内瞬态位移响应峰值随外径的增加而增加，且结构位移随着时间的增大呈发散趋势，这是由于圆板结构刚度随着半径的增大而减小。此外，圆板结构的周向位移明显大于径向位移。

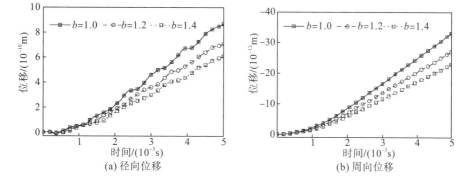

图 4-23　不同外径下圆板内瞬态位移响应特性

图 4-24 和图 4-25 分别给出了不同载荷形式对自由边界条件下扇形板及圆板瞬态位移响应特性，其中扇形板的圆心角 $\phi=180°$，载荷类型分别选取矩形脉冲、三角脉冲、半正弦波脉冲及指数脉冲，其余参数与图 4-19 算例参数保持一致。从图 4-24 和图 4-25 可以看出：一方面，无论是扇形板还是圆板，在相同的脉冲幅值下，矩形脉冲引起的结构位移最大，然后依次是指数脉冲、半正弦波脉冲和三角脉冲；另一方面，四种载荷形式引起的结构瞬态特性曲线随着时间轴的变化趋势大致相同。

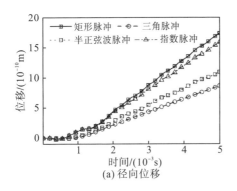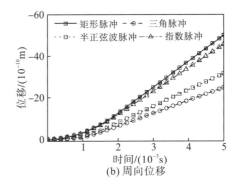

图 4-24　不同外径下扇形板瞬态位移响应特性

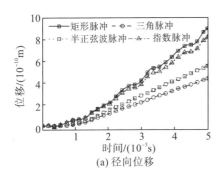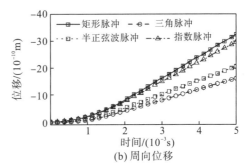

图 4-25　不同外径下圆板瞬态位移响应特性

图 4-26 与图 4-27 分别展示了不同内外径比下环扇形板与环板面内瞬态位移的影响规律，其中边界条件为 FCFF，外径 $b=1\text{m}$，环扇形板圆心角 $\phi=180°$，内径 a 分别取 0.1m、0.3m、0.5m，测点选取测点 3，载荷类型为矩形脉冲载荷，载荷激励时间和分析时间分别为 0.002s 和 0.003s。从图 4-26 和图 4-27 可以看出，随着内外径比的增大，环扇形板及环板的面内瞬态位移峰值显著增大，同时瞬态位移响应峰值略微向左偏移。

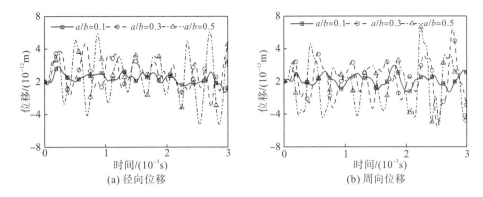

图 4-26　不同内外径比对环扇形板面内瞬态位移响应的影响规律

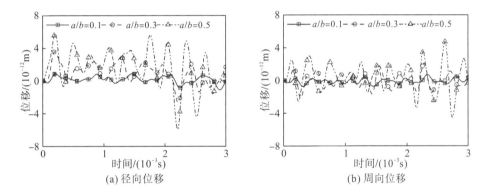

图 4-27　不同内外径比对环板面内瞬态位移响应的影响规律

图 4-28 给出了不同圆心角下对 FE^{1}FF 环扇形板面内瞬态位移响应的影响规律，测点选取为测点 3，$a=0.4$m，$b=1$m，载荷类型选取半正弦波脉冲激励，载荷加载位置、加载时间及分析时间与图 4-19 算例参数保持一致，圆心角分别选取 120°、180°、270° 和 360°。由图 4-28 可知，随着环扇形板圆心角的增大，结构的面内瞬态位移响应减小，同时曲线变化趋于平缓，对结构面瞬态位移响应峰值出现的时间点几乎不受影响。此外，对比图 4-28(a) 和图 4-28(b) 可以发现结构径向面内瞬态位移响应峰值明显大于周向面内瞬态位移，且径向的曲线峰值比周向的提前出现。

图 4-29 和图 4-30 分别给出了载荷形式对 FCFF 环扇形板及 FC 环板面内瞬态位移响应的影响规律，环扇形板圆心角 $\phi=180°$，载荷激励时间为 0.002s，分析时间为 0.003s，其余几何参数及载荷参数与图 4-19 算例参数保持一致。从图 4-29～图 4-30 不难看出，矩形脉冲与指数脉冲引起的面内瞬态位移响应曲线吻合良好，三角脉冲与半正弦波脉冲引起的面内瞬态位移响应吻合良好，尤其是前 0.002s；当载荷消失时，随着分析时间的增加，相互接近的曲线之间差距渐渐显现。与此

同时，由矩形脉冲与指数脉冲引起的面内瞬态位移响应明显大于由三角脉冲与半正弦波脉冲引起的，这与图 4-25 得到的结论一致。

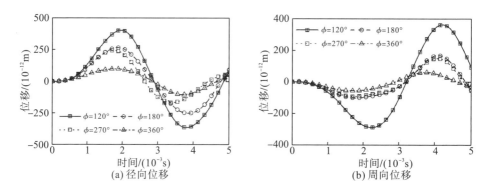

图 4-28　不同圆心角对环扇形板面内瞬态位移响应的影响规律

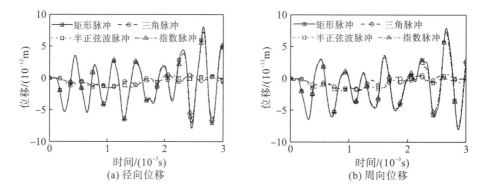

图 4-29　不同载荷形式对环扇形板面内瞬态位移响应的影响规律

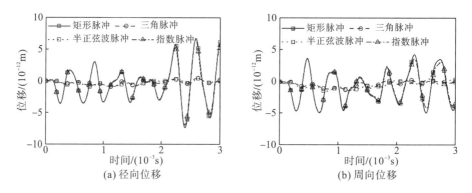

图 4-30　不同载荷形式对环形板面内瞬态位移响应的影响规律

参 考 文 献

[1] Lee H, Singh R. Self and mutual radiation from flexural and radial modes of a thick annular disk[J]. Journal of Sound and Vibration, 2005, 286(4/5): 1032-1040.

[2] LEE H. Sound radiation from in-plane vibration of thick annular discs with a narrow radial slot[J]. Part C. Journal of Mechanical Engineering Science, 2013, 227(5): 919-934.

[3] Thompson D J, Jones C J C. A review of the modelling of wheel/rail noise generation[J]. Journal of Sound and Vibration, 2000, 231(3): 519-536.

[4] Gorman D J. Exact solutions for the free in-plane vibration of rectangular plates with two opposite edges simply supported[J]. Journal of Sound and Vibration, 2006, 294(1/2): 131-161.

[5] Singh A V, Muhammad T. Free in-plane vibration of isotropic non-rectangular plates[J]. Journal of Sound and Vibration, 2004, 273(1/2): 219-231.

[6] 石先杰. 复杂边界条件下旋转结构统一动力学模型的构建与研究[D]. 哈尔滨: 哈尔滨工程大学, 2014.

第 5 章　任意边界条件下回转类板结构
三维振动特性分析

在实际工程应用中，回转类板除了薄板、中厚板，还包括厚板和实体结构。若采用经典板理论、一阶剪切变形理论和高阶剪切变形理论等二维弹性板理论[1, 2]来研究厚板和实体结构的动力学特性，其求解结果会因为二维弹性理论在厚度方向上的应力应变假设而存在较大误差。因此，应用三维弹性理论实现任意边界条件下回转类板结构动力学特性预测对实际工程结构设计具有指导意义[3]。基于SGM 理论框架，本章构建一种任意边界条件下回转类板结构三维振动特性的求解分析模型，首先基于 SGM 建立回转类板结构的位移容许函数，然后结合里兹法推导获得结构的振动求解方程，最后通过数值算例验证构建模型及其求解方法的可靠性和准确性，并在此基础上开展任意边界条件下回转类板结构三维振动特性的参数化研究。

5.1　三维振动分析模型描述

本章以环扇形板作为基本构型来建立回转类板结构三维振动分析模型[4]，其几何结构参数与边界约束如图 5-1 所示。扇形板、环板及圆板均可通过环扇形板模型参数设置而得到。如图 5-1(a)，环扇形板模型建立在正交圆柱坐标系(z, θ, r)中，其中，z、θ 和 r 分别沿环扇形板的轴向、周向和径向方向，θ-r 平面与环扇形板的中间平面重合，z 轴与环扇形板内外圆柱面的圆心重合。回转类板结构的几何尺寸为内半径 a，外半径 b，厚度 h，圆心角 ϕ，径向宽度 $R=b-a$。模型的位移描述建立在局部圆柱坐系 $(\bar{z}, \bar{\theta}, s)$ 上，其 θ-s 平面与环扇形板的下表面重合，z轴与环扇形板内外圆柱面的母线重合。$u(\bar{z}, \bar{\theta}, s)$、$v(\bar{z}, \bar{\theta}, s)$ 和 $w(\bar{z}, \bar{\theta}, s)$ 分别为环扇形板结构在局部坐标系下的轴向、周向和径向位移分量。环扇形板的边界约束如图 5-1(b) 所示，边界面为 $s=0$、$\bar{\theta}=0°$、$s=R$、$\bar{\theta}=\phi$ 四个面。在每个面上均匀分布轴向、周向和径向三种类型的人工虚拟弹簧，通过改变线性弹簧的刚度值即可以模拟任意所需的边界条件。

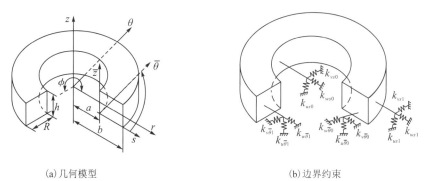

(a) 几何模型　　　　　　　　　　　(b) 边界约束

图 5-1　环扇形板三维振动分析模型示意图

5.2　回转类板结构三维振动建模

5.2.1　回转类板结构三维弹性基本方程

基于三维弹性理论和小变形假设,在局部圆柱坐标系 $(\bar{z},\bar{\theta},s)$ 下定义回转类板结构的应变分量 $(\varepsilon_{\bar{z}\bar{z}},\varepsilon_{\bar{\theta}\bar{\theta}},\varepsilon_{ss},\gamma_{\bar{z}\bar{\theta}},\gamma_{\bar{z}s},\gamma_{\bar{\theta}s})$ 为[5]

$$\varepsilon_{\bar{z}\bar{z}}=\frac{\partial u}{\partial \bar{z}},\varepsilon_{\bar{\theta}\bar{\theta}}=\frac{w}{s+a}+\frac{1}{s+a}\frac{\partial v}{\partial \bar{\theta}},\varepsilon_{ss}=\frac{\partial w}{\partial s} \tag{5-1}$$

$$\gamma_{\bar{z}\bar{\theta}}=\frac{\partial v}{\partial \bar{z}}+\frac{1}{s+a}\frac{\partial u}{\partial \bar{\theta}},\gamma_{\bar{z}s}=\frac{\partial w}{\partial \bar{z}}+\frac{\partial u}{\partial s},\gamma_{\bar{\theta}s}=\frac{1}{s+a}\frac{\partial w}{\partial \bar{\theta}}+\frac{\partial v}{\partial s}-\frac{v}{s+a} \tag{5-2}$$

根据胡克定律,结构能应力-应变本构方程为

$$\begin{Bmatrix} \sigma_{\bar{z}\bar{z}} \\ \sigma_{\bar{\theta}\bar{\theta}} \\ \sigma_{ss} \\ \sigma_{\bar{z}\bar{\theta}} \\ \sigma_{\bar{z}s} \\ \sigma_{\bar{\theta}s} \end{Bmatrix} = \begin{bmatrix} \lambda+2G & \lambda & \lambda & 0 & 0 & 0 \\ \lambda & \lambda+2G & \lambda & 0 & 0 & 0 \\ \lambda & \lambda & \lambda+2G & 0 & 0 & 0 \\ 0 & 0 & 0 & G & 0 & 0 \\ 0 & 0 & 0 & 0 & G & 0 \\ 0 & 0 & 0 & 0 & 0 & G \end{bmatrix} \begin{Bmatrix} \varepsilon_{\bar{z}\bar{z}} \\ \varepsilon_{\bar{\theta}\bar{\theta}} \\ \varepsilon_{ss} \\ \gamma_{\bar{z}\bar{\theta}} \\ \gamma_{\bar{z}s} \\ \gamma_{\bar{\theta}s} \end{Bmatrix} \tag{5-3}$$

式中,$\sigma_{\bar{z}\bar{z}}$、$\sigma_{\bar{\theta}\bar{\theta}}$、$\sigma_{ss}$ 分别表示 $\bar{z}$、$\bar{\theta}$、s 方向的法向应力;$\sigma_{\bar{z}\bar{\theta}}$、$\sigma_{\bar{z}s}$、$\sigma_{\bar{\theta}s}$ 表示剪切应力;λ 和 G 分别表示拉梅常量和剪切模量,具体表达式为

$$\lambda=\frac{E\mu}{(1+\mu)(1-2\mu)} \tag{5-4}$$

$$G=\frac{E}{2(1+\mu)} \tag{5-5}$$

式中,E 为杨氏横量;μ 为泊松比。

5.2.2 边界约束条件

本章回转类板结构的边界条件是通过在 $s=0$、$\bar{\theta}=0°$、$s=R$、$\bar{\theta}=\phi$ 四个边界面均匀分布轴向、周向和径向人工虚拟弹簧 k_u、k_v 和 k_w 来模拟，并通过改变弹簧的刚度值来实现包括经典边界、弹性边界及其组合形式在内的任意边界条件的模拟，其边界约束施加顺序——对应(图 3-4)；而对于 $\phi=360°$ 的环板结构，其边界约束面仅为 $s=0$、$s=R$ 两个面，周向边界通过耦合连续而蜕化消失，具体可参考 3.1 节。

对于本章所建立的回转类板结构三维振动分析模型，边界约束方程为

$$k_{us0}u=\sigma_{s\bar{z}},k_{vs0}v=\sigma_{s\bar{\theta}},k_{ws0}w=\sigma_{ss},\quad s=0 \tag{5-6a}$$

$$k_{us1}u=\sigma_{s\bar{z}},k_{vs1}v=\sigma_{s\bar{\theta}},k_{ws1}w=\sigma_{ss},\quad s=R \tag{5-6b}$$

$$k_{u\bar{\theta}0}u=\sigma_{\bar{\theta}\bar{z}},k_{v\bar{\theta}0}v=\sigma_{\bar{\theta}\bar{\theta}},k_{w\bar{\theta}0}w=\sigma_{s\bar{\theta}},\quad \bar{\theta}=0 \tag{5-6c}$$

$$k_{u\bar{\theta}1}u=\sigma_{\bar{\theta}\bar{z}},k_{v\bar{\theta}1}v=\sigma_{\bar{\theta}\bar{\theta}},k_{w\bar{\theta}1}w=\sigma_{s\bar{\theta}},\quad \bar{\theta}=R \tag{5-6d}$$

式中，$k_{qsp}(p=0,1;q=u,v,w)$ 分别表示在 $s=0$ 和 $s=R$ 边界上轴向、周向和径向约束弹簧的刚度系数；$k_{q\bar{\theta}p}(p=0,1;q=u,v,w)$ 分别表示在 $\bar{\theta}=0°$ 和 ϕ 边界上轴向、周向和径向约束弹簧的刚度值。

当弹簧刚度值为零或趋于无限大时，即可模拟自由或固支经典边界条件。本章分别用符号 F、S 和 C 表示自由、简支和固支边界条件。以 $s=0$ 边界为例，经典边界下该面的位移与应力为

$$\mathrm{F}:\sigma_{s\bar{z}}=0,\sigma_{s\bar{\theta}}=0,\sigma_{ss}=0 \tag{5-7a}$$

$$\mathrm{S}:u=0,v=0,\sigma_{ss}=0 \tag{5-7b}$$

$$\mathrm{C}:u=0,v=0,w=0 \tag{5-7c}$$

相应的弹簧刚度值为

$$\mathrm{F}:k_{us0}=0,k_{vs0}=0,k_{ws0}=0 \tag{5-8a}$$

$$\mathrm{S}:k_{us0}=+\infty,k_{vs0}=+\infty,k_{ws0}=0 \tag{5-8b}$$

$$\mathrm{C}:k_{ws0}=+\infty,k_{vs0}=+\infty,k_{ws0}=+\infty \tag{5-8c}$$

除经典边界条件，弹性边界在实际工程应用中也较为常见，为方便研究，本章仅选取 E^1、E^2、E^3 三种情况。以 $s=0$ 边界为例，相应的弹簧刚度值为

$$\mathrm{E}^1:k_{us0}=10^{11},k_{vs0}=0,k_{ws0}=0 \tag{5-9a}$$

$$\mathrm{E}^2:k_{us0}=0,k_{vs0}=10^{11},k_{ws0}=10^{11} \tag{5-9b}$$

$$\mathrm{E}^3:k_{ws0}=10^{11},k_{vs0}=10^{11},k_{ws0}=10^{11} \tag{5-9c}$$

其余边界约束条件的弹簧刚度值见 5.3.1 节。

5.2.3　谱几何振动分析模型

基于三维弹性理论，本节采用谱几何法表示回转类板结构的位移容许函数，具体表达式为

$$u\left(\overline{z},\overline{\theta},s,t\right)=\left[\boldsymbol{\varPhi}\left(\overline{z},\overline{\theta},s\right),\boldsymbol{\varPhi}_{\overline{z}}\left(\overline{z},\overline{\theta},s\right),\boldsymbol{\varPhi}_{\overline{\theta}}\left(\overline{z},\overline{\theta},s\right),\boldsymbol{\varPhi}_{s}\left(\overline{z},\overline{\theta},s\right)\right]\left[\boldsymbol{A}_{u}\right]\mathrm{e}^{\mathrm{j}\omega t} \quad (5\text{-}10a)$$

$$v\left(\overline{z},\overline{\theta},s,t\right)=\left[\boldsymbol{\varPhi}\left(\overline{z},\overline{\theta},s\right),\boldsymbol{\varPhi}_{\overline{z}}\left(\overline{z},\overline{\theta},s\right),\boldsymbol{\varPhi}_{\overline{\theta}}\left(\overline{z},\overline{\theta},s\right),\boldsymbol{\varPhi}_{s}\left(\overline{z},\overline{\theta},s\right)\right]\left[\boldsymbol{A}_{v}\right]\mathrm{e}^{\mathrm{j}\omega t} \quad (5\text{-}10b)$$

$$w\left(\overline{z},\overline{\theta},s,t\right)=\left[\boldsymbol{\varPhi}\left(\overline{z},\overline{\theta},s\right),\boldsymbol{\varPhi}_{\overline{z}}\left(\overline{z},\overline{\theta},s\right),\boldsymbol{\varPhi}_{\overline{\theta}}\left(\overline{z},\overline{\theta},s\right),\boldsymbol{\varPhi}_{s}\left(\overline{z},\overline{\theta},s\right)\right]\left[\boldsymbol{A}_{w}\right]\mathrm{e}^{\mathrm{j}\omega t} \quad (5\text{-}10c)$$

式中，ω 表示系统的圆频率；$\boldsymbol{\varPhi}\left(\overline{z},\overline{\theta},s\right)$ 表示由傅里叶余弦级数组成的函数向量；$\boldsymbol{\varPhi}_{\overline{z}}\left(\overline{z},\overline{\theta},s\right)$、$\boldsymbol{\varPhi}_{\overline{\theta}}\left(\overline{z},\overline{\theta},s\right)$ 和 $\boldsymbol{\varPhi}_{s}\left(\overline{z},\overline{\theta},s\right)$ 表示由辅助函数组成的函数向量；A_{q}（$q=u$、v、w）表示由位移系数 A_{lmn}^{q}、$A_{pmn}^{q,\overline{z}}$、$A_{lpn}^{q,\overline{\theta}}$、$A_{lmp}^{q,s}$ 组成的广义系数向量。上述函数向量的表达式为

$$\boldsymbol{\varPhi}\left(\overline{z},\overline{\theta},s\right)=\begin{bmatrix}\cos\lambda_{0}\overline{z},\cos\lambda_{1}\overline{z},\cdots,\cos\lambda_{l}\overline{z},\cdots,\\ \cos\lambda_{L-2}\overline{z},\cos\lambda_{L-1}\overline{z},\cos\lambda_{L}\overline{z}\end{bmatrix}\otimes\begin{bmatrix}\cos\lambda_{0}\overline{\theta},\cos\lambda_{1}\overline{\theta},\cdots,\cos\lambda_{m}\overline{\theta},\cdots,\\ \cos\lambda_{M-2}\overline{\theta},\cos\lambda_{M-1}\overline{\theta},\cos\lambda_{M}\overline{\theta}\end{bmatrix}$$
$$\otimes\begin{bmatrix}\cos\lambda_{0}s,\cos\lambda_{1}s,\cdots,\cos\lambda_{n}s,\cdots,\\ \cos\lambda_{N-2}s,\cos\lambda_{N-1}s,\cos\lambda_{N}s\end{bmatrix}$$

$$(5\text{-}11a)$$

$$\boldsymbol{\varPhi}_{\overline{z}}\left(\overline{z},\overline{\theta},s\right)=\begin{bmatrix}\sin\lambda_{-2}\overline{z},\sin\lambda_{-1}\overline{z}\end{bmatrix}\otimes\begin{bmatrix}\cos\lambda_{0}\overline{\theta},\cos\lambda_{1}\overline{\theta},\cdots,\cos\lambda_{m}\overline{\theta},\cdots,\\ \cos\lambda_{M-2}\overline{\theta},\cos\lambda_{M-1}\overline{\theta},\cos\lambda_{M}\overline{\theta}\end{bmatrix}$$
$$\otimes\begin{bmatrix}\cos\lambda_{0}s,\cos\lambda_{1}s,\cdots,\cos\lambda_{n}s,\cdots,\\ \cos\lambda_{N-2}s,\cos\lambda_{N-1}s,\cos\lambda_{N}s\end{bmatrix} \quad (5\text{-}11b)$$

$$\boldsymbol{\varPhi}_{\overline{\theta}}\left(\overline{z},\overline{\theta},s\right)=\begin{bmatrix}\cos\lambda_{0}\overline{z},\cos\lambda_{1}\overline{z},\cdots,\cos\lambda_{l}\overline{z},\cdots,\\ \cos\lambda_{L-2}\overline{z},\cos\lambda_{L-1}\overline{z},\cos\lambda_{L}\overline{z}\end{bmatrix}\otimes\begin{bmatrix}\sin\lambda_{-2}\overline{\theta},\sin\lambda_{-1}\overline{\theta}\end{bmatrix}$$
$$\otimes\begin{bmatrix}\cos\lambda_{0}s,\cos\lambda_{1}s,\cdots,\cos\lambda_{n}s,\cdots,\\ \cos\lambda_{N-2}s,\cos\lambda_{N-1}s,\cos\lambda_{N}s\end{bmatrix} \quad (5\text{-}11c)$$

$$\Phi_s\left(\bar{z},\bar{\theta},s\right)=\begin{bmatrix}\cos\lambda_0\bar{z},\cos\lambda_1\bar{z},\cdots,\cos\lambda_l\bar{z},\cdots,\\ \cos\lambda_{L-2}\bar{z},\cos\lambda_{L-1}\bar{z},\cos\lambda_L\bar{z}\end{bmatrix}\otimes\begin{bmatrix}\cos\lambda_0\bar{\theta},\cos\lambda_1\bar{\theta},\cdots,\cos\lambda_m\bar{\theta},\cdots,\\ \cos\lambda_{M-2}\bar{\theta},\cos\lambda_{M-1}\bar{\theta},\cos\lambda_M\bar{\theta}\end{bmatrix}$$
$$\otimes\left[\sin\lambda_{-2}s,\sin\lambda_{-1}s\right] \tag{5-11d}$$

$$\boldsymbol{A}_q=\left[\boldsymbol{A}_q^f;\boldsymbol{A}_q^{\bar{z}};\boldsymbol{A}_q^{\bar{\theta}};\boldsymbol{A}_q^s\right] \tag{5-12a}$$

$$\boldsymbol{A}_q^f=\begin{bmatrix}A_{000}^q,\cdots,A_{00n}^q,\cdots,A_{00N}^q,\cdots,A_{0m0}^q,\cdots,A_{0mn}^q,\cdots,\\ A_{0mN}^q,\cdots,A_{100}^q,\cdots,A_{10n}^q,\cdots,A_{10N}^q,\cdots,A_{lm0}^q,\cdots,\\ A_{lmn}^q,\cdots,A_{LM0}^q,A_{LM1}^q,\cdots,A_{LMn}^q,\cdots,A_{LMN}^q\end{bmatrix}^{\mathrm{T}} \tag{5-12b}$$

$$\boldsymbol{A}_q^{\bar{z}}=\begin{bmatrix}A_{-200}^{q,\bar{z}},\cdots,A_{-20n}^{q,\bar{z}},\cdots,A_{-20N}^{q,\bar{z}},\cdots,A_{-2m0}^{q,\bar{z}},\cdots,A_{-2mn}^{q,\bar{z}},\cdots,\\ A_{-2mN}^{q,\bar{z}},\cdots,A_{-2MN}^{q,\bar{z}},A_{-100}^{q,\bar{z}},\cdots,A_{-1mn}^{q,\bar{z}},\cdots,A_{-1MN}^q\end{bmatrix}^{\mathrm{T}} \tag{5-12c}$$

$$\boldsymbol{A}_q^{\bar{\theta}}=\begin{bmatrix}A_{0-20}^{q,\bar{\theta}},\cdots,A_{0-2n}^{q,\bar{\theta}},\cdots,A_{0-2N}^{q,\bar{\theta}},\cdots,A_{l-10}^{q,\bar{\theta}},\cdots,A_{l-1n}^{q,\bar{\theta}},\cdots,\\ A_{l-1N}^{q,\bar{\theta}},\cdots,A_{L-10}^{q,\bar{\theta}},\cdots,A_{L-1n}^{q,\bar{\theta}},\cdots,A_{L-1N}^{q,\bar{\theta}}\end{bmatrix}^{\mathrm{T}} \tag{5-12d}$$

$$\boldsymbol{A}_q^s=\begin{bmatrix}A_{00-2}^{q,s},A_{00-1}^{q,s},\cdots,A_{0m-2}^{q,s},A_{0m-1}^{q,s},\cdots,A_{0M-2}^{q,s},A_{0M-1}^{q,s},\cdots,\\ A_{lm-2}^{q,s},A_{lm-1}^{q,s},\cdots,A_{LM-2}^{q,s},A_{LM-1}^{q,s}\end{bmatrix}^{\mathrm{T}} \tag{5-12e}$$

式中，$\lambda_l=l\pi/h$；$\lambda_m=m\pi/\phi$；$\lambda_n=n\pi/R$，$A_{m,n}^{q,l}$ 表示位移函数未知系数；L、M 和 N 分别表示 $\bar{z}$、$\bar{\theta}$ 和 s 方向的位移函数截断数。

回转类板结构的弹性变形应变能为

$$V_p=\frac{1}{2}\int_0^R\int_0^\phi\int_0^h\left(\begin{matrix}\sigma_{\bar{z}\bar{z}}\varepsilon_{\bar{z}\bar{z}}+\sigma_{\bar{\theta}\bar{\theta}}\varepsilon_{\bar{\theta}\bar{\theta}}+\sigma_{ss}\varepsilon_{ss}\\ +\sigma_{\bar{z}\bar{\theta}}\gamma_{\bar{z}\bar{\theta}}+\sigma_{\bar{z}s}\gamma_{\bar{z}s}+\sigma_{\bar{\theta}s}\gamma_{\bar{\theta}s}\end{matrix}\right)(s+a)\mathrm{d}\bar{z}\mathrm{d}\bar{\theta}\mathrm{d}s \tag{5-13}$$

将式(5-1)～式(5-5)代入式(5-13)，进一步得到 V_p 关于位移变量的具体表达式：

$$V_p=\frac{E}{2(1+\mu)}\int_0^R\int_0^\phi\int_0^h\begin{bmatrix}\frac{\mu}{1-2\mu}\left(\frac{\partial u}{\partial\bar{z}}+\frac{w}{s+a}+\frac{1}{s+a}\cdot\frac{\partial v}{\partial\bar{\theta}}+\frac{\partial w}{\partial s}\right)^2\\ +\left(\frac{\partial u}{\partial\bar{z}}\right)^2+\left(\frac{w}{s+a}+\frac{1}{s+a}\cdot\frac{\partial v}{\partial\bar{\theta}}\right)^2+\left(\frac{\partial w}{\partial s}\right)^2\\ +\frac{1}{2}\left(\frac{\partial v}{\partial\bar{z}}+\frac{1}{s+a}\cdot\frac{\partial u}{\partial\bar{\theta}}\right)^2+\frac{1}{2}\left(\frac{\partial w}{\partial\bar{z}}+\frac{\partial u}{\partial s}\right)^2\\ +\frac{1}{2}\left(\frac{1}{s+a}\cdot\frac{\partial w}{\partial\bar{\theta}}+\frac{\partial v}{\partial s}-\frac{v}{s+a}\right)^2\end{bmatrix}(s+a)\mathrm{d}\bar{z}\mathrm{d}\bar{\theta}\mathrm{d}s \tag{5-14}$$

假设 $\boldsymbol{\Theta}(x,y)=\left[\Phi\left(\bar{z},\bar{\theta},s\right),\Phi_{\bar{z}}\left(\bar{z},\bar{\theta},s\right),\Phi_{\bar{\theta}}\left(\bar{z},\bar{\theta},s\right),\Phi_s\left(\bar{z},\bar{\theta},s\right)\right]$，将式(5-10)～式(5-12)代入式(5-14)，可得到应变势能表达式为

$$
V_p = \frac{E}{2(1+\mu)} \int_V
\begin{bmatrix}
(s+a)\dfrac{\partial \boldsymbol{\Theta}}{\partial \overline{z}}\left[\dfrac{1-\mu}{1-2\mu}\boldsymbol{A}_u\boldsymbol{A}_u^{\mathrm{T}} + \dfrac{1}{2}\boldsymbol{A}_v\boldsymbol{A}_v^{\mathrm{T}} + \dfrac{1}{2}\boldsymbol{A}_w\boldsymbol{A}_w^{\mathrm{T}}\right]\dfrac{\partial \boldsymbol{\Theta}^{\mathrm{T}}}{\partial \overline{z}} \\[2mm]
+\dfrac{1}{2(s+a)}\dfrac{\partial \boldsymbol{\Theta}}{\partial \overline{\theta}}\left[\boldsymbol{A}_u\boldsymbol{A}_u^{\mathrm{T}} + \dfrac{2-2\mu}{1-2\mu}\boldsymbol{A}_v\boldsymbol{A}_v^{\mathrm{T}} + (s+a)^2\boldsymbol{A}_w\boldsymbol{A}_w^{\mathrm{T}}\right]\dfrac{\partial \boldsymbol{\Theta}^{\mathrm{T}}}{\partial \overline{\theta}} \\[2mm]
+\dfrac{(s+a)}{2}\dfrac{\partial \boldsymbol{\Theta}}{\partial s}\left[\dfrac{1}{(s+a)^2}\boldsymbol{A}_u\boldsymbol{A}_u^{\mathrm{T}} + \boldsymbol{A}_v\boldsymbol{A}_v^{\mathrm{T}} + 2\dfrac{1-\mu}{1-2\mu}\boldsymbol{A}_w\boldsymbol{A}_w^{\mathrm{T}}\right]\dfrac{\partial \boldsymbol{\Theta}^{\mathrm{T}}}{\partial s} \\[2mm]
+\boldsymbol{\Theta}\left[\dfrac{1}{2(s+a)}\boldsymbol{A}_v\boldsymbol{A}_v^{\mathrm{T}} + \dfrac{1-\mu}{1-2\mu}\cdot\dfrac{1}{(s+a)}\boldsymbol{A}_w\boldsymbol{A}_w^{\mathrm{T}}\right]\boldsymbol{\Theta}^{\mathrm{T}} \\[2mm]
+\dfrac{\partial \boldsymbol{\Theta}}{\partial \overline{z}}\left[\dfrac{2\mu}{1-2\mu}\boldsymbol{A}_u\boldsymbol{A}_w^{\mathrm{T}}\right]\boldsymbol{\Theta}^{\mathrm{T}} + \dfrac{\partial \boldsymbol{\Theta}}{\partial \overline{z}}\left[\dfrac{2\mu}{1-2\mu}\boldsymbol{A}_u\boldsymbol{A}_v^{\mathrm{T}} + \boldsymbol{A}_v\boldsymbol{A}_u^{\mathrm{T}}\right]\dfrac{\partial \boldsymbol{\Theta}^{\mathrm{T}}}{\partial \overline{\theta}} \\[2mm]
+\dfrac{\partial \boldsymbol{\Theta}}{\partial \overline{z}}\left[\dfrac{2\mu}{1-2\mu}(s+a)\boldsymbol{A}_u\boldsymbol{A}_w^{\mathrm{T}} + (s+a)\boldsymbol{A}_w\boldsymbol{A}_u^{\mathrm{T}}\right]\dfrac{\partial \boldsymbol{\Theta}^{\mathrm{T}}}{\partial s} \\[2mm]
+2\boldsymbol{\Theta}\left[\dfrac{1-\mu}{1-2\mu}\cdot\dfrac{1}{(s+a)}\boldsymbol{A}_w\boldsymbol{A}_v^{\mathrm{T}}\right]\dfrac{\partial \boldsymbol{\Theta}^{\mathrm{T}}}{\partial \overline{\theta}} + 2\boldsymbol{\Theta}\left[\dfrac{\mu}{1-2\mu}\boldsymbol{A}_w\boldsymbol{A}_w^{\mathrm{T}}\right]\dfrac{\partial \boldsymbol{\Theta}^{\mathrm{T}}}{\partial s} \\[2mm]
+\dfrac{\partial \boldsymbol{\Theta}}{\partial \overline{\theta}}\left[2\dfrac{\mu}{1-2\mu}\boldsymbol{A}_v\boldsymbol{A}_w^{\mathrm{T}} + \boldsymbol{A}_w\boldsymbol{A}_w^{\mathrm{T}}\right]\dfrac{\partial \boldsymbol{\Theta}^{\mathrm{T}}}{\partial s} \\[2mm]
-\dfrac{\partial \boldsymbol{\Theta}}{\partial \overline{\theta}}\left[\dfrac{1}{(s+a)}\boldsymbol{A}_w\boldsymbol{A}_v^{\mathrm{T}}\right]\boldsymbol{\Theta}^{\mathrm{T}} - \dfrac{\partial \boldsymbol{\Theta}}{\partial s}\left[\boldsymbol{A}_v\boldsymbol{A}_v^{\mathrm{T}}\right]\boldsymbol{\Theta}^{\mathrm{T}}
\end{bmatrix}\mathrm{d}V
$$

$$(5\text{-}15)$$

式中，V 代表回转类板结构的体积。

在边界弹簧中存储的弹性势能为

$$
V_s = \frac{1}{2}\int_0^\phi \int_0^h \underbrace{\left(k_{us0}u^2 + k_{vs0}v^2 + k_{ws0}w^2\right)}_{s=0}a\mathrm{d}\overline{z}\mathrm{d}\overline{\theta} + \frac{1}{2}\int_0^\phi \int_0^h \underbrace{\left(k_{us1}u^2 + k_{vs1}v^2 + k_{ws1}w^2\right)}_{s=R}b\mathrm{d}\overline{z}\mathrm{d}\overline{\theta}
$$

$$
+\frac{1}{2}\int_0^R \int_0^h \underbrace{\left(k_{u\overline{\theta}0}u^2 + k_{v\overline{\theta}0}v^2 + k_{w\overline{\theta}0}w^2\right)}_{\overline{\theta}=0}\mathrm{d}\overline{z}\mathrm{d}s + \frac{1}{2}\int_0^R \int_0^h \underbrace{\left(k_{u\overline{\theta}1}u^2 + k_{v\overline{\theta}1}v^2 + k_{w\overline{\theta}1}w^2\right)}_{\overline{\theta}=\phi}\mathrm{d}\overline{z}\mathrm{d}s
$$

$$
=\frac{1}{2}\int_0^\phi \int_0^h \left\{\boldsymbol{\Theta}(\overline{z},\overline{\theta},0)\left[k_{us0}\boldsymbol{A}_u\boldsymbol{A}_u^{\mathrm{T}} + k_{vs0}\boldsymbol{A}_v\boldsymbol{A}_v^{\mathrm{T}} + k_{ws0}\boldsymbol{A}_w\boldsymbol{A}_w^{\mathrm{T}}\right]\boldsymbol{\Theta}^{\mathrm{T}}(\overline{z},\overline{\theta},0)\right\}a\mathrm{d}\overline{z}\mathrm{d}\overline{\theta}
$$

$$
+\frac{1}{2}\int_0^\phi \int_0^h \left\{\boldsymbol{\Theta}(\overline{z},\overline{\theta},R)\left[k_{us1}\boldsymbol{A}_u\boldsymbol{A}_u^{\mathrm{T}} + k_{vs1}\boldsymbol{A}_v\boldsymbol{A}_v^{\mathrm{T}} + k_{ws1}\boldsymbol{A}_w\boldsymbol{A}_w^{\mathrm{T}}\right]\boldsymbol{\Theta}^{\mathrm{T}}(\overline{z},\overline{\theta},R)\right\}b\mathrm{d}\overline{z}\mathrm{d}\overline{\theta}
$$

$$
+\frac{1}{2}\int_0^R \int_0^h
\begin{Bmatrix}
\boldsymbol{\Theta}(\overline{z},0,s)\left[k_{u\overline{\theta}0}\boldsymbol{A}_u\boldsymbol{A}_u^{\mathrm{T}} + k_{v\overline{\theta}0}\boldsymbol{A}_v\boldsymbol{A}_v^{\mathrm{T}} + k_{w\overline{\theta}0}\boldsymbol{A}_w\boldsymbol{A}_w^{\mathrm{T}}\right]\boldsymbol{\Theta}^{\mathrm{T}}(\overline{z},0,s) \\[2mm]
+\boldsymbol{\Theta}(\overline{z},\phi,s)\left[k_{u\overline{\theta}1}\boldsymbol{A}_u\boldsymbol{A}_u^{\mathrm{T}} + k_{v\overline{\theta}1}\boldsymbol{A}_v\boldsymbol{A}_v^{\mathrm{T}} + k_{w\overline{\theta}1}\boldsymbol{A}_w\boldsymbol{A}_w^{\mathrm{T}}\right]\boldsymbol{\Theta}^{\mathrm{T}}(\overline{z},\phi,s)
\end{Bmatrix}\mathrm{d}\overline{z}\mathrm{d}s
$$

$$(5\text{-}16)$$

对于 $\phi=360°$ 的封闭回转类板结构，需要在 $\overline{\theta}=0°$ 和 $\overline{\theta}=360°$ 耦合界面处采用人

工虚拟弹簧技术，以保证位移容许函数及其导数在周向上的连续性[6,7]，此时由人工虚拟弹簧技术引入所存储的弹性势能为

$$
V_{cp} = \frac{1}{2}\int_0^R\int_0^h
\begin{bmatrix}
k_{uc}(u\big|_{\bar{\theta}=0} - u\big|_{\bar{\theta}=2\pi})^2 \\
+k_{vc}(v\big|_{\bar{\theta}=0} - v\big|_{\bar{\theta}=2\pi})^2 \\
+k_{wc}(w\big|_{\bar{\theta}=0} - w\big|_{\bar{\theta}=2\pi})^2
\end{bmatrix}
d\bar{z}ds
$$

$$
= \frac{1}{2}\int_0^R\int_0^h
\begin{Bmatrix}
\boldsymbol{\Theta}(\bar{z},0,s)\left[k_{uc}\boldsymbol{A}_u\boldsymbol{A}_u^{\mathrm{T}} + k_{vc}\boldsymbol{A}_v\boldsymbol{A}_v^{\mathrm{T}} + k_{wc}\boldsymbol{A}_w\boldsymbol{A}_w^{\mathrm{T}}\right]\boldsymbol{\Theta}^{\mathrm{T}}(\bar{z},0,s) \\
+\boldsymbol{\Theta}(\bar{z},2\pi,s)\left[k_{uc}\boldsymbol{A}_u\boldsymbol{A}_u^{\mathrm{T}} + k_{vc}\boldsymbol{A}_v\boldsymbol{A}_v^{\mathrm{T}} + k_{wc}\boldsymbol{A}_w\boldsymbol{A}_w^{\mathrm{T}}\right]\boldsymbol{\Theta}^{\mathrm{T}}(\bar{z},2\pi,s) \\
-\boldsymbol{\Theta}(\bar{z},0,s)\left[k_{uc}\boldsymbol{A}_u\boldsymbol{A}_u^{\mathrm{T}} + k_{vc}\boldsymbol{A}_v\boldsymbol{A}_v^{\mathrm{T}} + k_{wc}\boldsymbol{A}_w\boldsymbol{A}_w^{\mathrm{T}}\right]\boldsymbol{\Theta}^{\mathrm{T}}(\bar{z},2\pi,s) \\
-\boldsymbol{\Theta}(\bar{z},2\pi,s)\left[k_{uc}\boldsymbol{A}_u\boldsymbol{A}_u^{\mathrm{T}} + k_{vc}\boldsymbol{A}_v\boldsymbol{A}_v^{\mathrm{T}} + k_{wc}\boldsymbol{A}_w\boldsymbol{A}_w^{\mathrm{T}}\right]\boldsymbol{\Theta}^{\mathrm{T}}(\bar{z},0,s)
\end{Bmatrix}
d\bar{z}ds \tag{5-17}
$$

回转类板结构总动能为

$$
T_p = \frac{1}{2}\rho\int_0^R\int_0^\phi\int_0^h(\dot{u}^2 + \dot{v}^2 + \dot{w}^2)(s+a)d\bar{z}d\bar{\theta}ds
$$

$$
= \frac{1}{2}\rho\omega^2\int_0^R\int_0^\phi\int_0^h(u^2 + v^2 + w^2)(s+a)d\bar{z}d\bar{\theta}ds \tag{5-18}
$$

$$
= \frac{\omega^2 e^{j2\omega t}\rho}{2}\int_0^R\int_0^\phi\int_0^h\boldsymbol{\Theta}\left(\boldsymbol{A}_u\boldsymbol{A}_u^{\mathrm{T}} + \boldsymbol{A}_v\boldsymbol{A}_v^{\mathrm{T}} + \boldsymbol{A}_w\boldsymbol{A}_w^{\mathrm{T}}\right)\boldsymbol{\Theta}^{\mathrm{T}}(s+a)d\bar{z}d\bar{\theta}ds
$$

式中，ρ 为质量密度。

对于回转类板结构的受迫响应，主要考虑横向载荷(z 方向)$\boldsymbol{f}$ 所做的功：

$$
W_f = \frac{1}{2}\iint_{S_f}fwdS_f = \frac{1}{2}\iint_{S_f}\boldsymbol{f}\boldsymbol{\Theta}\boldsymbol{A}_u dS_f \tag{5-19}
$$

综上所述，回转类板结构的拉格朗日能量泛函为

$$
\Xi = T_p - V_p - V_s - V_{cp} + W_f \tag{5-20}
$$

采用里兹对式(5-20)进行变分极值操作：

$$
\frac{\partial\Xi}{\partial\varsigma} = 0, \quad \varsigma = A_{lmn}^q, A_{pn}^{q,c}, A_{pn}^{q,s} \tag{5-21}
$$

即可获得结构系统的动力学方程：

$$
\left\{
\begin{bmatrix}
\boldsymbol{K}_{uu} & \boldsymbol{K}_{uv} & \boldsymbol{K}_{uw} \\
\boldsymbol{K}_{uv}^{\mathrm{T}} & \boldsymbol{K}_{vv} & \boldsymbol{K}_{vw} \\
\boldsymbol{K}_{uw}^{\mathrm{T}} & \boldsymbol{K}_{vw}^{\mathrm{T}} & \boldsymbol{K}_{ww}
\end{bmatrix}
- \omega^2
\begin{bmatrix}
\boldsymbol{M}_{uu} & 0 & 0 \\
0 & \boldsymbol{M}_{vv} & 0 \\
0 & 0 & \boldsymbol{M}_{ww}
\end{bmatrix}
\right\}
\begin{bmatrix}
\boldsymbol{A}_u \\
\boldsymbol{A}_v \\
\boldsymbol{A}_w
\end{bmatrix}
=
\begin{bmatrix}
0 \\
\boldsymbol{F} \\
0
\end{bmatrix} \tag{5-22}
$$

式中，$\boldsymbol{K}_{ij}$ 和 $\boldsymbol{M}_{ij}(i、j=u、v、w)$ 分别为结构刚度矩阵和质量矩阵；$\boldsymbol{F}$ 为横向载荷向量。基于式(5-22)，通过特征值提取、模态叠加法、Newmark 法等数学运算可以求解回转类板结构的固有频率、模态振型、简谐响应以及瞬态响应等结构动力学特性。

5.3　数值结果与讨论

本节基于 5.2 节建立的回转类板结构三维振动分析模型进行动力学特性分析，主要研究内容包括自由振动特性分析、简谐响应分析和瞬态动力学分析。通过将本章模型(SGM)求解结果与文献解和 FEM 结果对比，验证所建立分析模型的可行性与准确性，并在此基础上开展回转类板结构动力学特性参数化研究。本节数值算例均采用各向同性的均质材料，如未特殊说明，其材料参数均为密度 $\rho=7850\text{kg/m}^3$，杨氏模量 $E=2.06\times10^{11}\text{Pa}$，泊松比 $\mu=0.3$。

5.3.1　自由振动特性分析

根据边界约束模拟方法可知，固支边界模拟需要刚度值设置无穷大，而在实际运算过程中，由于矩阵计算等问题导致弹簧的刚度值无法直接取无穷大，需要选用一个足够大的数值来代替。因此，为了确定不同边界条件对应的弹簧刚度值，就需先对不同边界条件与弹簧刚度值大小之间的关系进行研究。在研究边界弹簧刚度值对环扇形板结构固有频率参数 Ω 的影响过程中，先设定某一边界弹簧的刚度值从极小值(1)到极大值(10^{18})变化，同时其余边界弹簧的刚度值取为极大值(10^{18})。在本章算例中，如未特殊说明，无量纲频率参数定义为

$$\Omega = \omega b^2 \sqrt{\rho h / D} / \pi^2 \tag{5-23}$$

式中，D 为板的弯曲刚度，计算公式为

$$D = \frac{Eh^3}{12(1-\mu^2)} \tag{5-24}$$

图 5-2 给出了边界弹簧刚度对环扇形板($a/b=0.5$，$h/R=0.2$，$\phi=120°$)第 1 阶频率参数 Ω 的影响变化规律。如图 5-2(a)所示，当轴向边界弹簧刚度 k_u 小于 10^8 或大于 10^{12} 时，频率参数变化极小，当 k_u 在 $10^8 \sim 10^{12}$ 内变化时，频率参数变化较为敏感，即 k_u 的敏感变化区间为(10^8, 10^{12})；同时，从图 5-2(a)也可以看出周向边界弹簧刚度 k_v 的敏感变化区间为(10^9, 10^{12})。图 5-2(b)也显示 Ω 随 k_u 的变化规律，并且可以看出径向边界弹簧刚度 k_w 的敏感变化区间为(10^{10}, 10^{14})。从图 5-2 也可以看出，各敏感变化区间内频率参数随 k_u 变化的曲线斜率最大，这是由于该环扇形板的第 1 阶模态主要为轴向位移变形所导致的。基于上述分析可知，当边界弹簧刚度小于 10^8 或大于 10^{14} 时，计算所得的固有频率参数几乎保持不变。

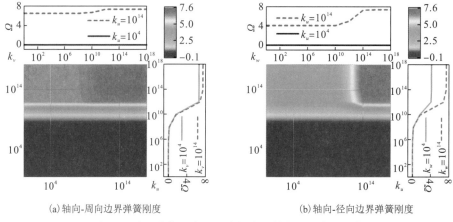

(a) 轴向-周向边界弹簧刚度   (b) 轴向-径向边界弹簧刚度

图 5-2 边界弹簧刚度对固有频率参数的影响变化规律

因此，在接下来的数值算例中，以 $s=0$ 边界为例，设定经典边界条件的刚度值为 F: $k_{us0}=k_{vs0}=k_{ws0}=0$；S: $k_{us0}=k_{vs0}=10^{15}$，$k_{ws0}=0$；C: $k_{us0}=k_{vs0}=k_{ws0}=10^{15}$；三种弹性边界条件的刚度值设定见式(5-9)。

本章模型(SGM)的求解精度会受位移函数截断数的影响，理论上截断数的选取应使得数值结果收敛稳定，但截断数的无限增大会导致计算时间急剧增加，这对开展结构参数化分析显然不可行。因此接下来对本章模型(SGM)进行收敛性研究，以此确定合适的截断数。由于环扇形板结构的厚度参数与其他几何尺寸差异较大，因此先设定周向与径向截断数相等，仅仅改变轴向截断数的数值。表 5-1 列举了不同截断数与厚度比(h/R=0.2、0.4 和 0.8)下环扇形板(a/b=0.5，ϕ=60°)前 8 阶无量纲频率参数 Ω，边界条件为 FFFF。从表 5-1 可以看出，随着截断数的增大，频率参数逐步收敛，并趋近于 FEM 结果，故验证了基于本章模型(SGM)具有良好的收敛性。为了获得较高的精度与较快的运算速度，后续算例中的截断数统一选取为 $L\times M\times N$=12×16×16。

表 5-1 不同截断值下环扇形板前 8 阶频率参数 Ω(a/b=0.5，ϕ=60°)

h/R	$L\times M\times N$	模态阶次							
		1	2	3	4	5	6	7	8
	4×8×8	3.0229	3.6692	6.9472	7.8851	8.2572	9.6055	10.4231	11.9041
	6×10×10	2.9585	3.4442	6.8701	7.7565	8.0857	9.4661	10.0312	11.7451
	8×12×12	2.9532	3.4228	6.8561	7.7378	8.0821	9.4578	9.9931	11.7162
0.2	10×14×14	2.9521	3.4184	6.8524	7.7329	8.0811	9.4566	9.9838	11.7070
	12×16×16	2.9518	3.4171	6.8511	7.7312	8.0807	9.4563	9.9809	11.7043
	14×18×18	2.9516	3.4166	6.8506	7.7305	8.0805	9.4562	9.9798	11.7032
	FEM	2.9499	3.4144	6.8406	7.7144	8.0647	9.4622	9.9544	11.6741

续表

h/R	L×M×N	模态阶次							
		1	2	3	4	5	6	7	8
0.4	4×8×8	2.6379	2.9643	4.8003	5.4464	6.1198	6.3226	6.5479	6.8251
	6×10×10	2.6181	2.8845	4.7304	5.4120	6.0666	6.3127	6.3848	6.7900
	8×12×12	2.6166	2.8782	4.7262	5.4082	6.0617	6.3120	6.3831	6.7869
	10×14×14	2.6163	2.8771	4.7255	5.4074	6.0606	6.3118	6.3826	6.7864
	12×16×16	2.6163	2.8768	4.7254	5.4072	6.0603	6.3118	6.3825	6.7863
	14×18×18	2.6162	2.8767	4.7253	5.4071	6.0602	6.3117	6.3824	6.7862
	FEM	2.6113	2.8728	4.7311	5.3849	6.0310	6.3208	6.3498	6.7926
0.8	4×8×8	3.0229	3.6692	6.9472	7.8851	8.2572	9.6055	10.4231	11.9040
	6×10×10	2.9585	3.4442	6.8701	7.7565	8.0857	9.4661	10.0312	11.7451
	8×12×12	2.9532	3.4228	6.8561	7.7378	8.0821	9.4578	9.9931	11.7163
	10×14×14	2.9521	3.4184	6.8524	7.7329	8.0811	9.4566	9.9838	11.7072
	12×16×16	2.9518	3.4171	6.8511	7.7312	8.0807	9.4563	9.9809	11.7041
	14×18×18	2.9516	3.4166	6.8506	7.7305	8.0805	9.4562	9.9798	11.7030
	FEM	2.9499	3.4144	6.8406	7.7144	8.0647	9.4622	9.9544	11.6741

　　图 5-3～图 5-5 分别展示了中厚(h/R=0.2)、厚(h/R=0.4)和实体(h/R=0.8)环扇形板(a/b=0.5，ϕ=60°)的前 6 阶模态振型。从图 5-3 和图 5-4 可以看出，中厚板以横向振动为主，且随着板厚的增加，板的运动逐渐变为沿轴向和横向振动，此时环扇形板的剪切与扭转作用更加明显，板的轴向变形不能忽略。在图 5-5 中，当厚度继续增大，结构模态更加复杂，结果包含了拉伸、弯曲、剪切和扭转等多种变形的综合，且在厚度方向上表现尤为明显。环板作为环扇形板耦合蜕化获得的一种结构，其低阶模态振型随厚度的变化规律与环扇形板类似，厚环板(h/R=0.4，a/b=0.5)与实体环板(h/R=0.8，a/b=0.5)的前 6 阶模态如图 5-6 和图 5-7 所示。

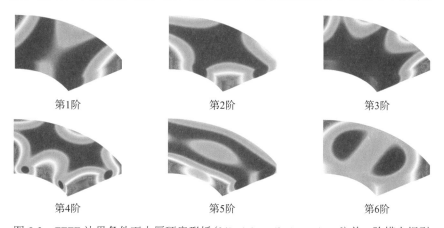

第1阶　　　　第2阶　　　　第3阶

第4阶　　　　第5阶　　　　第6阶

图 5-3　FFFF 边界条件下中厚环扇形板(h/R=0.2，a/b=0.5，ϕ=60°)前 6 阶模态振型

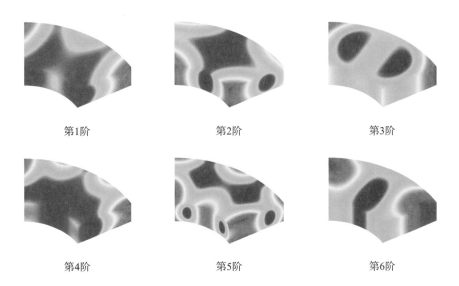

第1阶　　　　　　　　　　第2阶　　　　　　　　　　第3阶

第4阶　　　　　　　　　　第5阶　　　　　　　　　　第6阶

图 5-4　FFFF 边界条件下厚环扇形板(h/R=0.4，a/b=0.5，ϕ=60°)前 6 阶模态振型

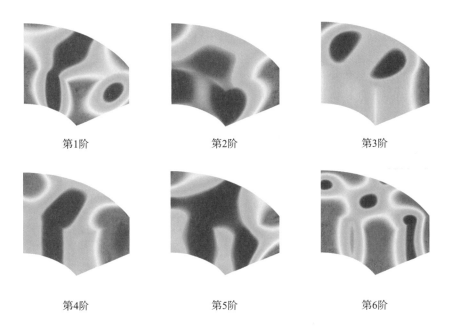

第1阶　　　　　　　　　　第2阶　　　　　　　　　　第3阶

第4阶　　　　　　　　　　第5阶　　　　　　　　　　第6阶

图 5-5　FFFF 边界条件下实体环扇形板(h/R=0.8，a/b=0.5，ϕ=60°)前 6 阶模态振型

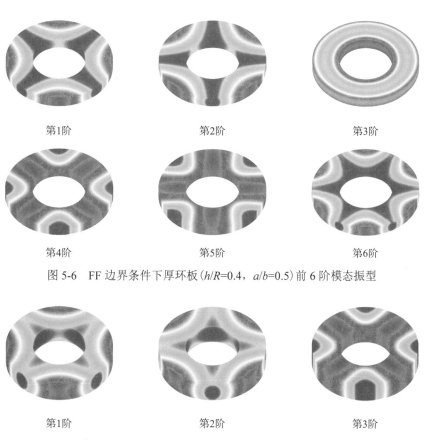

图 5-6　FF 边界条件下厚环板(h/R=0.4，a/b=0.5)前 6 阶模态振型

图 5-7　FF 边界条件下实体环板(h/R=0.8，a/b=0.5)前 6 阶模态振型振型

　　为了进一步验证本章模型(SGM)的准确性和可靠性，进一步开展板结构自由振动特性分析。表 5-2 给出了不同边界条件和厚度比 h/R 下环扇形板(a/b=0.4，ϕ=90°)前 6 阶频率参数，通过与文献[8]求解结果对比发现两者之间偏差较小。同时，表 5-3 给出了不同边界条件和圆心角 ϕ 下环扇形板结构(a/b=0.4，h/R=0.5)前 6 阶固有频率参数，并与 FEM 结果进行对比。表 5-3 中的对比结果验证了本章所建立的回转类板结构三维振动分析模型的准确性和可行性。

表 5-2　不同边界条件下环扇形板固有频率参数 Ω 对比结果（a/b=0.4，ϕ =90°）

h/R	边界条件	方法	模态阶次					
			1	2	3	4	5	6
1/6	SSSS	SGM	3.4473	5.5692	6.0788	8.6803	9.9605	10.2471
		文献[8]	3.4476	5.5699	6.0808	8.6811	9.9621	10.2482
	CCCC	SGM	5.9390	7.9026	10.9283	13.1581	14.5062	14.5650
		文献[8]	5.9306	7.8931	10.9180	13.141	14.4901	14.5650
	FSFS	SGM	0.4563	2.0846	2.5318	2.9474	4.3897	6.2730
		文献[8]	0.4562	2.0845	2.5319	2.9469	4.3891	6.2728
	CSCS	SGM	5.6729	7.1081	9.8047	11.1910	13.0242	13.3111
		文献[8]	5.6650	7.1019	9.8012	11.1951	13.0070	13.3072
1/3	SSSS	SGM	2.9969	3.0412	4.5863	4.9810	5.5955	6.7032
		文献[8]	2.9973	3.0424	4.5870	4.9818	5.5973	6.7040
	CCCC	SGM	4.3782	5.6975	7.2902	7.5678	8.5656	9.4663
		文献[8]	4.3755	5.6945	7.2911	7.5643	8.5621	9.4678
	FSFS	SGM	0.4388	1.2660	1.8889	2.5335	3.7031	4.2969
		文献[8]	0.4388	1.2661	1.8890	2.5336	3.7031	4.2969
	CSCS	SGM	4.1745	5.2648	5.5955	7.0717	7.1151	8.5027
		文献[8]	4.1722	5.2634	5.5973	7.0733	7.1145	8.4995

表 5-3　不同边界条件下环扇形板前 6 阶固有频率参数 Ω 对比结果（a/b=0.4，h/R=0.5）

ϕ	边界条件	方法	模态阶次					
			1	2	3	4	5	6
30°	SSSS	SGM	1.8378	2.3486	2.6103	3.0846	3.6941	3.7304
		FEM	1.8387	2.3523	2.6128	3.0914	3.7019	3.7339
	CCCC	SGM	3.1450	3.6980	4.3945	4.5481	5.5663	5.7320
		FEM	3.1491	3.7053	4.3985	4.5644	5.5992	5.7386
	FSFS	SGM	0.1754	0.3647	1.0087	1.6670	1.8942	2.0206
		FEM	0.1759	0.3652	1.0128	1.6703	1.8985	2.0326
	CSCS	SGM	3.0731	3.5347	3.7304	4.3295	4.3696	5.4203
		FEM	3.0769	3.5411	3.7339	4.3338	4.3848	5.4523
60°	SSSS	SGM	1.7151	1.8379	2.1477	2.1537	2.3486	2.6104
		FEM	1.7163	1.8382	2.1554	2.1556	2.3576	2.6170
	CCCC	SGM	2.9925	3.1053	3.3125	3.6172	3.9024	4.0074
		FEM	3.0005	3.1144	3.3255	3.6387	3.9107	4.0433

续表

ϕ	边界条件	方法	模态阶次					
			1	2	3	4	5	6
60°	FSFS	SGM	0.0516	0.0998	0.1754	0.3647	0.5534	1.0088
		FEM	0.0520	0.1003	0.1772	0.3667	0.5605	1.0246
	CSCS	SGM	2.9837	3.0731	3.2521	3.5348	3.7305	3.8936
		FEM	2.9916	3.0817	3.2640	3.5546	3.7382	3.9023

　　表 5-4 和表 5-5 分别给出了本章模型(SGM)与文献[9]求解结果和 FEM 结果之间的对比。从表 5-4 和表 5-5 可以看出，本章模型(SGM)计算结果与文献解、FEM 结果吻合良好，进而验证了本章模型(SGM)预测环板结构振动特性的准确性。

表 5-4　不同厚度比(h/R)下 CC 环板前 6 阶固有频率参数 Ω 对比结果$(a/b=0.5)$

h/R	方法	模态阶次					
		1	2	3	4	5	6
0.25	SGM	6.5998	6.6560	6.6560	6.8436	6.8437	7.2089
	文献[9]	6.6089	6.6568	6.7409	6.8665	7.0401	7.2675
0.50	SGM	4.2822	4.3196	4.3196	4.4530	4.4530	4.7235
	文献[9]	4.2912	4.3241	4.3836	4.4744	4.6010	4.7662
1.00	SGM	2.3793	2.4057	2.4057	2.5037	2.5037	2.6542
	文献[9]	2.3867	2.4103	2.4530	2.5173	2.6043	2.6903

表 5-5　不同边界条件下环板前 6 阶固有频率参数 Ω 对比结果$(a/b=0.4)$

h/R	边界条件	方法	模态阶次					
			1	2	3	4	5	6
0.2	FF	SGM	0.4533	0.4536	0.8515	1.1603	1.1622	1.5812
		FEM	0.4553	0.4553	0.8527	1.1667	1.1668	1.5824
	FS	SGM	0.4780	1.1319	1.1319	2.1617	2.1617	2.1880
		FEM	0.4812	1.1353	1.1354	2.1634	2.1636	2.1954
	SS	SGM	2.6580	2.8352	2.8352	3.3660	3.3660	4.2305
		FEM	2.6783	2.8539	2.8547	3.3836	3.3841	4.2511
	CC	SGM	5.0093	5.0829	5.0829	5.3404	5.3405	5.8596
		FEM	5.0351	5.1073	5.1131	5.3703	5.3737	5.8987
0.5	FF	SGM	0.4162	0.4163	0.7620	0.8444	0.8444	1.0089
		FEM	0.4169	0.4169	0.7620	0.8451	0.8452	1.0113
	FS	SGM	0.4543	0.8670	0.8670	0.9042	0.9042	0.9521
		FEM	0.4542	0.8678	0.8678	0.9043	0.9043	0.9530

续表

h/R	边界条件	方法	模态阶次					
			1	2	3	4	5	6
0.5	SS	SGM	1.7077	1.7361	1.7361	2.0289	2.0289	2.0793
		FEM	1.7082	1.7370	1.7370	2.0304	2.0304	2.0840
	CC	SGM	2.9583	3.0051	3.0051	3.1812	3.1812	3.5348
		FEM	2.9731	3.0194	3.0196	3.1947	3.1948	3.5481

上述收敛性研究及对比验证充分说明了本章所建立的回转类板结构三维振动分析模型的正确性。为了更深入了解回转类板结构的动力学特性，下面对该类结构的自由振动特性进行参数化分析。表 5-6 给出了不同边界条件下环扇形板（a/b=0.5，h/R=0.2，ϕ =90°）前 9 阶固有频率参数。从表 5-6 可以看出，随着边界约束弹簧刚度值的增加，环扇形板结构的固有频率参数逐渐增大，而在弹性边界工况中，$E^1E^1E^1E^1$ 与 $E^3E^3E^3E^3$ 边界条件下板结构固有频率参数相近，且大于 $E^2E^2E^2E^2$ 边界条件工况。这是因为该环扇形板结构的低阶模态振型主要由轴向变形决定，因此轴向弹簧刚度是影响固有频率参数的重要因素。

表 5-6   不同边界条件下环扇形板前 9 阶固有频率参数 Ω（a/b=0.5，h/R=0.2，ϕ =90°）

模态阶次	边界条件						
	SFSF	SSSS	CSCS	CCCC	$E^1E^1E^1E^1$	$E^2E^2E^2E^2$	$E^3E^3E^3E^3$
1	3.3103	4.4181	7.5124	7.6661	3.2701	0.4521	3.3471
2	3.7394	6.2339	8.5554	9.0888	4.4002	1.0386	4.4679
3	4.2187	6.2808	10.6471	11.5461	5.2349	1.7943	5.1008
4	5.7112	9.0259	13.2700	14.7730	6.1544	2.6160	5.2552
5	5.7571	10.0921	13.6810	15.9310	7.3784	3.8090	6.1994
6	8.0470	12.4951	15.7552	16.9400	7.9814	5.1008	6.6295
7	9.8783	13.2700	16.8720	18.1793	8.3577	5.1863	7.3992
8	11.1221	13.5312	17.3362	18.4694	8.9667	5.2552	8.0297
9	11.4762	14.5102	17.9311	20.2582	9.5839	6.4198	8.4045

表 5-7 给出了不同边界条件下环板（a/b=0.5, h/R=0.2）前 9 阶固有频率参数 Ω，其边界条件的影响规律与环扇形板相似，即边界弹簧刚度的增大会导致频率参数的增大。不同的是，弹性边界算例中，E^3E^3 边界的频率参数最大，E^1E^1 稍次之，E^2E^2 的最小。这说明该环板的低阶模态中，轴向、径向与周向弹簧对结构频率参数具有不同程度且不可忽略的影响。

表 5-7　不同边界条件下环板前 9 阶固有频率参数 Ω(a/b=0.5，h/R=0.2)

模态阶次	边界条件						
	SF	SS	CS	CC	E^1E^1	E^2E^2	E^3E^3
1	0.4154	3.7942	5.2452	7.2382	1.9692	0.5899	3.0527
2	0.4864	3.9507	5.3389	7.3023	1.9693	0.5902	3.1278
3	0.4864	3.9507	5.3390	7.3023	2.9850	1.2679	3.1278
4	0.7897	4.4182	5.6353	7.5124	3.0622	1.2702	3.3938
5	0.7898	4.4183	5.6354	7.5125	3.0622	1.2804	3.3939
6	1.3720	4.6555	6.1693	7.9138	3.3337	1.8401	3.9269
7	1.3739	5.0778	6.1700	7.9144	3.3337	1.8401	3.9280
8	2.1971	5.0778	6.9715	8.5565	3.8745	2.1804	4.4901
9	2.2054	5.1870	6.9759	8.5603	3.8756	2.1894	4.4901

图 5-8 和图 5-9 分别展示了厚度比 h/R 和径宽比 a/R 对环扇形板(ϕ=120°)和环板固有频率的影响规律。为方便对比，在图 5-8 和图 5-9 算例中将径向宽度 R 恒定设置为 1m。从图 5-8 和图 5-9 对比分析中可以发现，随着厚度比 h/R 的增大，结构的固有频率参数呈现先快后慢的增长趋势。尤其是 $E^3E^3E^3E^3$ 边界条件下的环扇形板和 SS 与 E^1E^3 边界条件下的环板，当 h/R 增长到一定数值时，结构的固有频率参数基本不发生改变。这是由于随着厚度的增加会使环扇形板的刚度增加，从而导致固有频率参数增加，而当结构足够厚时，其结构参数所引起的刚度变化量较整体刚度矩阵影响较弱。此外还发现，径宽比 a/R 的增加会导致固有频率参数降低，且结构厚度越大，降低速率越快。对于厚度薄的扇形板和环板，径宽比 a/R 对结构固有频率的影响程度很小。特别地，对于 CSCS 边界条件下的板结构，当厚度较大时，其频率变化受径宽比影响较小。综上所述，回转类板结构的振动特性不仅取决于结构参数，同时也与边界条件密切相关。

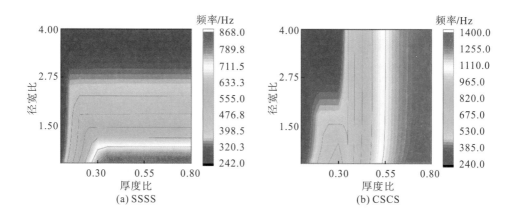

(a) SSSS　　　　　　　　　　　　(b) CSCS

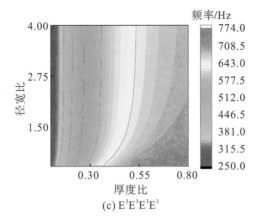

(c) $E^3E^3E^3E^3$

图 5-8　厚度比 h/R 和径宽比 a/R 对环扇形板第 1 阶固有频率的影响规律（$\phi=120°$）

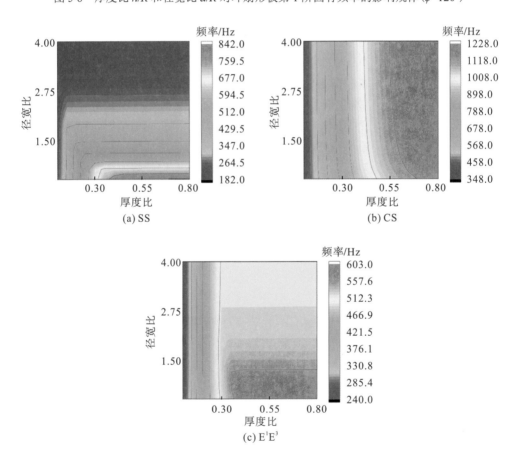

(a) SS

(b) CS

(c) E^1E^3

图 5-9　厚度比 h/R 和径宽比 a/R 对环板第 1 阶固有频率的影响规律

5.3.2 简谐响应特性分析

5.3.1 节对本章所建立回转类板结构三维振动特性分析模型预示分析自由振动特性的正确性和有效性进行了验证，并且对回转类板结构的自由振动特性进行了分析探讨，本节将进一步对回转类板结构的简谐响应特性进行分析。分析之前，先以环扇形板为研究对象，对本章模型(SGM)简谐响应特性预测结果的准确性进行验证，在此基础上进行简谐响应特性参数化分析。在本节中，所有简谐响应算例中均采用简谐面载荷作为外界激励力，激励幅值为 1N，且测点均定义在整体圆柱坐标系 (z, θ, r) 下，如未特殊说明，激励均作用于环扇形板的上表面。

图 5-10 给出了 FCFC 边界条件下环扇形板的简谐响应计算结果，作为对比数据，FEM 结果也在图中给出。环扇形板的几何结构参数为 $b=1m$, $a/b=0.4$, $h/R=0.5$, $\phi=180°$。面载荷的加载区域为 $([r_0, r_1], [\theta_0, \theta_1]) = ([a, b], [30°, 60°])$。板上的两个测点分别为测点 1 $(h/2, 90°, a+R/2)$ 和测点 2 $(h/2, 120°, a+R/2)$。从图 5-10 可以发现，本章模型(SGM)的求解结果与 FEM 结果具有较好的一致性；当频率大于 2300Hz 时，两者之间的对比偏差逐渐显现出来，这是因为随着频率的升高，在未对网格进行细化的情况下有限元法计算结果偏差将逐渐变大，而规律趋势基本保持不变。

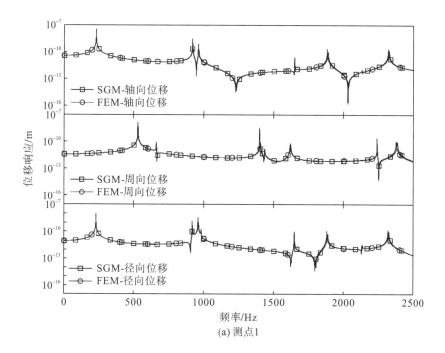

(a) 测点1

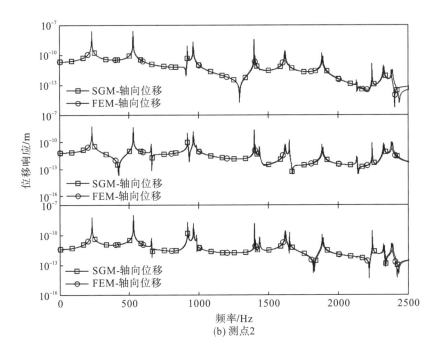

图 5-10 环扇形板简谐响应特性对比

在验证了回转类板结构三维振动分析模型求解简谐响应特性正确性和有效性的基础上，接下来对回转类板结构的简谐响应特性进行分析。图 5-11(a)、(b)、(c)分别给出了不同边界条件下环扇形板(b=1m，a/b=0.4，h/R=0.5，ϕ=240°)的轴向 u、周向 v 和径向 w 简谐位移响应特性，激励设置与图 5-10 算例参数保持一致，测点为($h/2$，120°，$a+R/2$)。从图 5-11(a)可以发现，对于 FCFC 和 SCSC 边界而言，随着边界弹簧刚度值的增加会使轴向简谐位移响应的共振峰向高频区域移动，而 $E^3E^3E^3E^3$ 弹性边界下的共振峰在 FCFC 和 SCSC 边界中间，这表明通过调整边界刚度可以有效调控结构振动特性。此外，从图 5-11(a)中还可以发现，首个共振峰之前的轴向简谐位移响应随边界弹簧刚度值的增大而单调减小，且不同边界条件下的各阶横态振型具有较大差异。结合图 5-11(b)和(c)还可以发现，环扇形板在基频处的响应主要为周向和径向简谐位移响应。同时，周向与径向简谐位移响应曲线具有与轴向简谐位移响应曲线相似的变化规律，但其数量级低于轴向简谐位移曲线，这表明该测点的简谐位移响应主要由轴向位移决定。

图 5-12 展示了不同边界条件下环板(b=1m，a/b=0.4，h/R=0.5)结构的简谐位移响应特性，其中面载荷作用区域为($[a，b]$，$[90°，150°]$)，测点为($h/2$，145°，$a+R/2$)。结合图 5-12(a)所示的轴向简谐位移响应曲线及相应阶次模态振型图可以看出，CF 边界条件下结构简谐响应曲线在观测域内的共振峰数目

相同,而 SS 边界在扫频区域内无共振峰,弹性边界共振峰的对应频率大于 CF 边界上的。在图 5-12(b)中,从 CF 边界到弹性边界再到 SS 边界,周向简谐位移响应在观测域内的共振峰数目不断减少,且对应频率越来越高,而在图 5-12(c)中,弹性边界条件下共振峰最多,且首个共振峰的频率高于其他边界条件。这说明环板对边界弹簧刚度值的敏感度较高,可以通过改变边界条件来对结构振动进行有效控制。

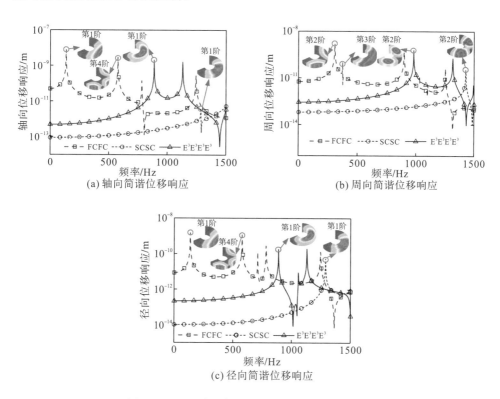

(a) 轴向简谐位移响应　　　　　(b) 周向简谐位移响应

(c) 径向简谐位移响应

图 5-11　不同边界条件下环扇形板简谐响应特性

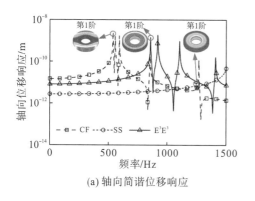

(a) 轴向简谐位移响应

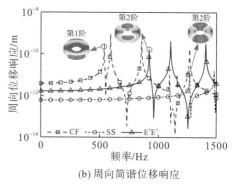

(b) 周向简谐位移响应

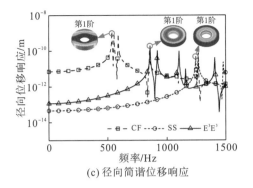

(c) 径向简谐位移响应

图 5-12　不同边界条件下环板的简谐响应特性

图 5-13 和图 5-14 分别绘制了不同厚度比 h/R 下环扇形板(b=1m, a/b=0.4, ϕ=240°)和环板(b=1m, a/b=0.4)的简谐响应特性, 其外界激励施加结构中面 z=0m 处, 加载范围分别为([a, b], [30°, 90°])和([a, b], [90°, 150°]), 测点分别为 (0m, 120°, $a+R/2$)和(0m, 145°, $a+R/2$)。从图 5-13(a)可以发现, 对轴向简谐位移响应, 厚度比 h/R 的增加会导致共振峰数目的减少和共振峰的右移(向高频区

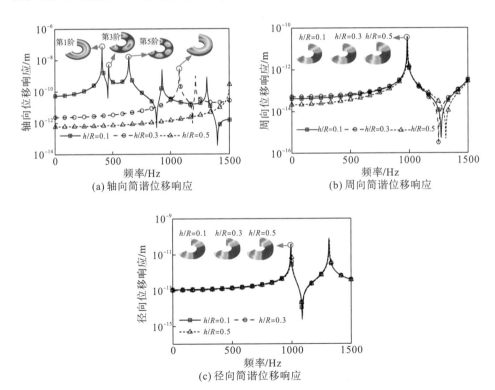

(a) 轴向简谐位移响应

(b) 周向简谐位移响应

(c) 径向简谐位移响应

图 5-13　不同厚度比 h/R 下 SFSF 环扇形板简谐响应特性

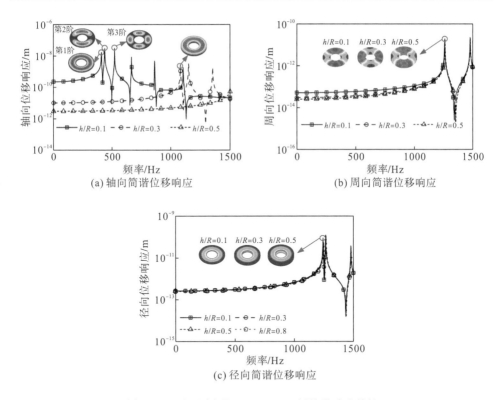

(a) 轴向简谐位移响应

(b) 周向简谐位移响应

(c) 径向简谐位移响应

图 5-14 不同厚度比 h/R 下 SS 环板简谐响应特性

域移动),首个共振峰的位移量值也会减小,而 h/R 对周向和径向简谐位移响应的影响不大。从图 5-14 可以发现,厚度比 h/R 对环板位移响应的影响规律与环扇形板类似。整体来看,环板在该测点的轴向位移数量级高于周向和径向简谐位移,因此其整体简谐位移响应主要由轴向分量决定。

图 5-15 和图 5-16 给出了内外半径比 a/b 对环扇形板($b=1\text{m}$,$h/b=0.3$,$\phi=240°$)和环板($b=1\text{m}$, $h/b=0.4$)简谐响应特性的影响规律。其中,外界激励加载区域及测点位置信息分别与图 5-13 和图 5-14 算例参数保持一致。从图 5-15(a) 和图 5-16(a) 可以看出,内外半径比 a/b 的增加会使环扇形板和环板轴向简谐位移响应在观测频域内的共振峰数目减少,同时使共振峰向高频移动。对于周向简谐位移响应,a/b 的增加会使共振峰向低频移动,由于测点位于该阶横态振型的截断处,因此影响程度较小,见图 5-15(b) 和图 5-16(b)。对于简谐径向位移响应,a/b 的增加会使首个共振峰对应的频率减小,使共振峰向低频移动,其横态振型也产生了明显的变化,见图 5-15(c) 和图 5-16(c)。从整体上看,环扇形板轴向简谐位移的量级大于其他方向,且对内外半径比 a/b 的敏感度更高。

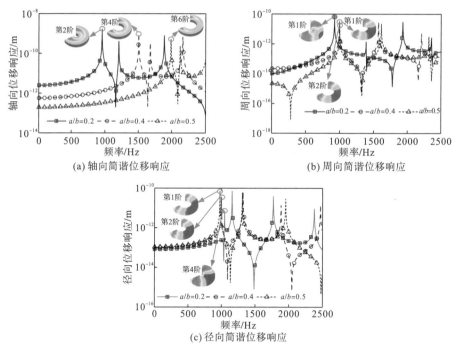

(a) 轴向简谐位移响应　　　　　　　　(b) 周向简谐位移响应

(c) 径向简谐位移响应

图 5-15　不同内外径比 a/b 下 SFSF 环扇形板简谐响应特性

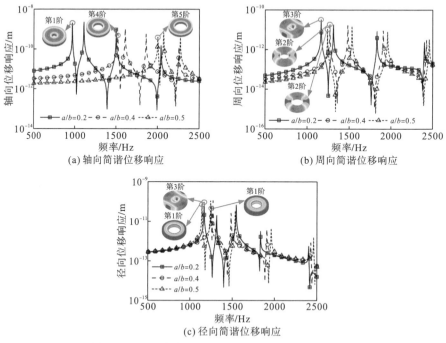

(a) 轴向简谐位移响应　　　　　　　　(b) 周向简谐位移响应

(c) 径向简谐位移响应

图 5-16　不同内外径比 a/b 下 SS 环板简谐响应特性

5.3.3　瞬态动力学特性分析

5.3.1 和 5.3.2 节已对回转类板结构的自由振动特性和简谐响应特性开展了分析讨论，本节将对回转类板结构的瞬态动力学特性进行讨论，主要探讨边界条件、厚度比 h/R 和内外半径比 a/b 等因素对结构瞬态响应特性的影响规律。若无特殊说明，本节算例中的激励选择为矩形脉冲类型，激励时间 t_0=0.005s、时间增量步 Δt=0.01ms、分析时间 t=0.01s。

图 5-17 展示了 FCFC 边界条件下环扇形板瞬态位移响应与 FEM 结果的对比情况，其中，环扇形板的几何尺寸为 b=1m，a/b=0.4，h/R=0.5，ϕ=180°；激励施加区域为([a, b], [30°, 60°])；测点 1 和测点 2 分别为($h/2$, 120°, $a+R/2$)和($h/2$, 90°, $a+R/2$)。从图 5-17 可以看出，测点 1 和测点 2 的瞬态位移响应与 FEM 结果吻合良好，由此验证了本章所建立回转类板结构三维振动模型可以准确、可靠求解获得结构瞬态动力学特性。

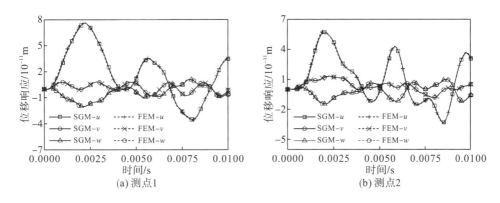

图 5-17　FCFC 环扇形板瞬态位移响应特性对比情况

在对本章所构建回转类板结构三维振动特性分析模型求解瞬态动力学特性正确性和有效性验证的基础上，继续开展边界条件、厚度比 h/R 及内外径比 a/b 等参数对回转类板结构瞬态位移响应特性的影响规律研究。如未特殊说明，环扇形板和环板结构上激励施加区域分别为([a, b], [30°, 90°])和([a, b], [30°, 120°])；扇形板和环板的测点分布为($h/2$, 120°, $a+R/2$)和($h/2$, 150°, $a+R/2$)。图 5-18 给出了不同边界条件下环扇形板(b=1m，a/b=0.4，h/R=0.5，ϕ=180°)结构瞬态位移响应特性。从图 5-18 可以看出，FCFC 扇形板瞬态位移响应幅值远大于其他边界条件，这是因为边界的约束刚度对环扇形板的瞬态位移响应具有限制作用，且弹簧刚度值越大，限制作用越强。

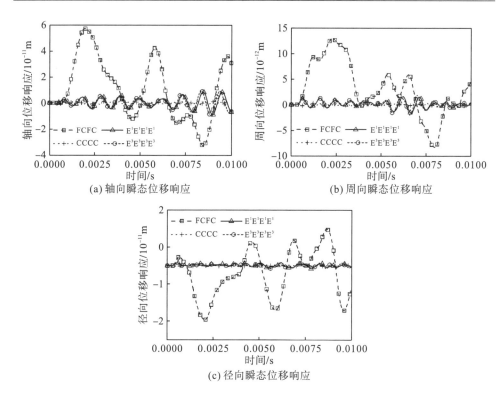

(a) 轴向瞬态位移响应   (b) 周向瞬态位移响应

(c) 径向瞬态位移响应

图 5-18   不同边界下环扇形板瞬态位移响应特性

图 5-19 给出了不同边界条件下环板(b=1m，a/b=0.4，h/R=0.5)结构的瞬态位移响应特性。从图 5-19(a)可以看到，CF 和 E^1E^1 边界条件下轴向瞬态位移的首个振动峰幅值相近，且远高于其他边界条件，同时随着边界约束刚度的提高，在相同分析时间内振动峰的数量明显增加。在图 5-19(b)和(c)中，周向和径向瞬态位移响应曲线的振动峰数目随边界约束弹簧刚度值的增加而增加，振动峰幅值变化规律与环扇形板结构类似。

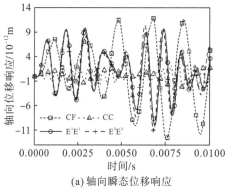

(a) 轴向瞬态位移响应

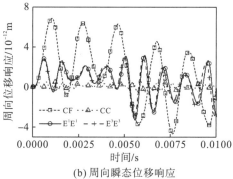

(b) 周向瞬态位移响应

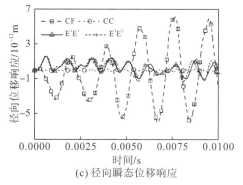

(c) 径向瞬态位移响应

图 5-19　不同边界下环板瞬态位移响应特性

图 5-20 和图 5-21 分别给出了不同厚度比 h/R 下环扇形板(b=1m，a/b=0.4，ϕ=180°)和环板(b=1m，a/b=0.4)结构瞬态位移响应特性。从图 5-20 可以看出，随着厚度比 h/R 的增加，瞬态位移响应幅值不断减小。特别地，当 h/R=0.2 时，环扇形板的瞬态位移幅值远高于其他厚度比工况。这说明环扇形板结构的瞬态位移响应对在较薄的厚度区域内更加敏感。在图 5-21 中也可以发现类似现象，环板在厚度 h/R=0.2 的情况下，其瞬态位移响应幅值高于其他厚度比工况，且这种幅值差距随时间的增大而增大。此外还可以发现，环板轴向和径向瞬态位移响应幅值的数量

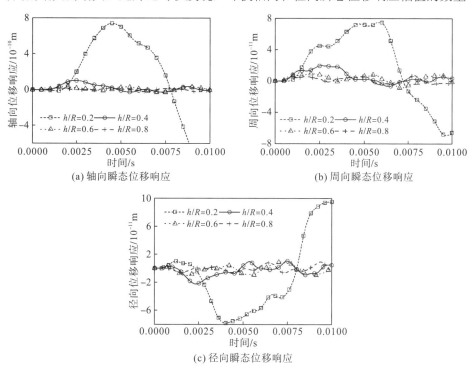

图 5-20　不同厚度比 h/R 下 FCFC 环扇形板瞬态位移响应特性

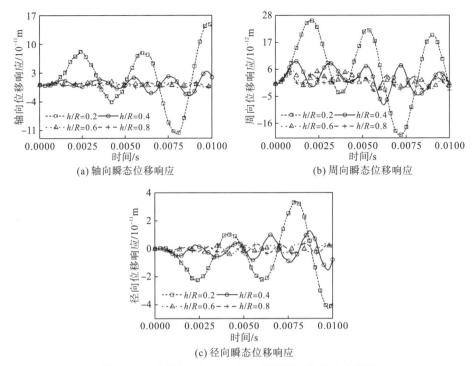

(a) 轴向瞬态位移响应   (b) 周向瞬态位移响应

(c) 径向瞬态位移响应

图 5-21　不同厚度比 h/R 下 CF 环板瞬态位移响应特性

级大于周向瞬态位移响应，因此环板的整体瞬态位移响应受周向瞬态位移分量的影响较小。

　　图 5-22 和图 5-23 分别给出了不同内外半径比 a/b 下环扇形板（$b=1\mathrm{m}$，$h=0.5\mathrm{m}$，$\phi=180°$）和环板（$b=1\mathrm{m}$，$h=0.5\mathrm{m}$）的瞬态响应。从图 5-22 和图 5-23 可以看出，环扇形板的瞬态位移响应幅值随 a/b 的增大而逐渐增大，而环板的瞬态位移响应幅值则随 a/b 的增大而逐渐减小。此外，在环扇形板的瞬态位移响应曲线中，轴向瞬态位移的整体幅值均大于其他两个方向，可见环扇形板在该测点处的整体瞬态响应受轴向瞬态位移影响较大。

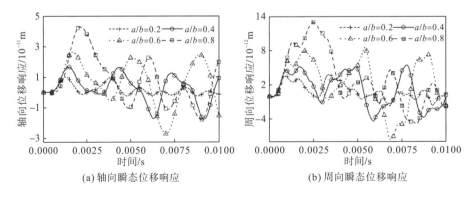

(a) 轴向瞬态位移响应   (b) 周向瞬态位移响应

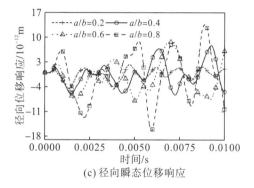

(c) 径向瞬态位移响应

图 5-22　不同内外径比 *a*/*b* 下 FCFC 环扇形板瞬态位移响应特性

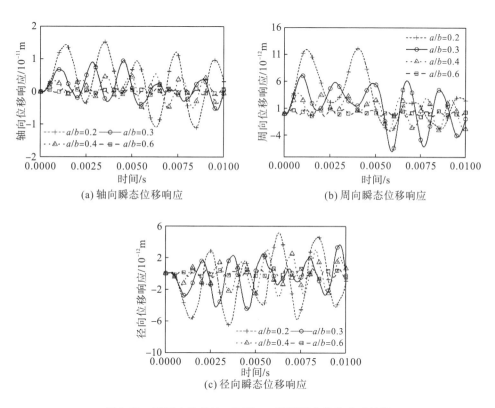

(a) 轴向瞬态位移响应　　　　　　　　　　　　(b) 周向瞬态位移响应

(c) 径向瞬态位移响应

图 5-23　不同内外径比 *a*/*b* 下 CF 环板瞬态位移响应特性

参 考 文 献

[1] Reddy J N. Mechanics of Laminated Composite Plates and Shells: Theory and Analysis[M]. 2nd ed Boca Raton: CRC Press, 2003.

[2] Mindlin R D. Influence of rotatory inertia and shear on flexural motions of isotropic, elastic plates[J]. International Journal of Applied Mechanics, 1951, 18(1): 31-38.

[3] Jin G, Su Z, Ye T, et al. Three-dimensional free vibration analysis of functionally graded annular sector plates with general boundary conditions[J]. Composites Part B: Engineering, 2015, 83: 352-366.

[4] Shi X, Li C, Wang F, et al. Three-dimensional free vibration analysis of annular sector plates with arbitrary boundary conditions[J]. Archive of Applied Mechanics, 2017, 87(11): 1781-1796.

[5] Ventsel E, Krauthammer T. Thin plates and shells, theory, analysis, and applications[M]. Boca Raton: CRC Press, 2001.

[6] Wang Q, Shi D, Liang Q, et al. A unified solution for vibration analysis of functionally graded circular, annular and sector plates with general boundary conditions[J]. Composites Part B: Engineering, 2016, 88: 264-294.

[7] Shi X, Shi D, Li W L, et al. A unified method for free vibration analysis of circular, annular and sector plates with arbitrary boundary conditions[J]. Journal of Vibration and Control, 2014, 22(2): 442-456.

[8] Liew K M, Ng T Y, Wang B P. Vibration of annular sector plates from three-dimensional analysis[J]. Journal of the Acoustical Society of America, 2001, 110(1): 233-242.

[9] Zhou D, Lo S H, Cheung Y K. 3-D vibration analysis of annular sector plates using the Chebyshev-Ritz method[J]. Journal of Sound and Vibration, 2009, 320(1/2): 421-437.

第 6 章　任意边界条件下回转类壳体结构
动力学特性分析

回转类壳体作为基础构件在船舶、航天等工程领域得到了广泛应用[1, 2]，其主要包含圆柱壳、圆锥壳和球壳三种典型结构。目前回转类壳体结构动力学研究大多局限于经典边界条件下单一结构的自由振动特性分析，当结构形式或边界条件发生改变时，就需要对模型的核心程序进行相应的修改，不利于实际工程应用中的参数化分析及设计工作。因此，开展任意边界条件下回转类壳体结构统一动力学特性研究，对工程中的结构参数化设计具有指导意义。本章在前面章节的基础上，采用 SGM 统一构造回转类壳体结构的位移容许函数表达式；在结构边界处引入人工虚拟弹簧技术来模拟任意边界条件，结合里兹法推导获得回转类壳体结构动力学特性求解方程；通过大量的数值算例验证分析模型的正确性，并在此基础上开展任意边界条件下回转类壳体结构动力学特性参数化研究。

6.1　回转类壳体模型描述

回转类壳体单元如图 6-1(a)所示，其中，o-$\alpha\theta z$ 为壳体中性面上的正交曲线坐标系；h 为壳单元的厚度；L_α 和 L_θ 为壳单元沿 α 和 θ 方向的长度；R_α 和 R_θ 为壳单元的曲率半径[3]。此外，壳体的任意边界条件使用人工虚拟弹簧技术进行模拟，如图 6-1(b)所示，即在模型的边界处设置三组线性弹簧 k_u，k_v，k_w 和两组扭转弹簧 k_α，k_θ。在实际工程应用中，回转类壳体结构的类型有很多种，它们的几何特征分别由长度参数和曲率半径决定[4]，本章主要涉及的结构形式如图 6-2 所示，分别为圆锥壳、圆柱壳和球壳。

圆锥壳如图 6-2(a)所示，结构上的点可由 (x, θ, z) 表示，x 方向和 θ 方向上的曲率半径分别为 $R_\alpha = \infty$ 和 $R_\theta = x\tan\alpha_0$，R_0 表示圆锥壳小径，R_1 表示圆锥壳的大径，L 表示圆锥壳的母线长度。圆柱壳为圆锥壳的特殊形式，当半顶角 $\alpha_0 = 0°$ 时，圆锥壳蜕化为圆柱壳(图 6-2(b))，此时沿 θ 方向的曲率半径为圆柱壳的半径，即 $R_\theta = R$。球壳如图 6-2(c)所示，结构上的点可用 (φ, θ, z) 表示，此时沿 φ 方向和 θ 方向的曲率半径为球壳半径，即 $R_\alpha = R_\theta = R$[4]，φ_0 和 φ_1 分别表示球壳的起始角度和终止角度。

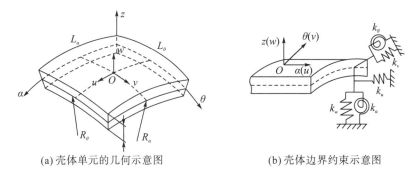

(a) 壳体单元的几何示意图   (b) 壳体边界约束示意图

图 6-1   回转类壳体结构的几何特征与边界条件

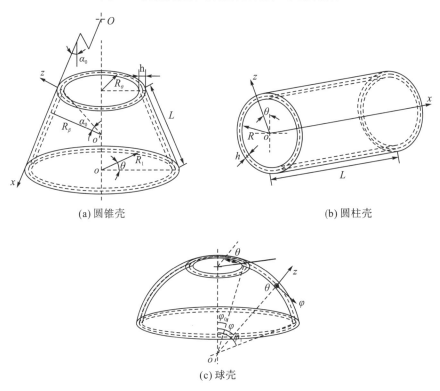

(a) 圆锥壳   (b) 圆柱壳

(c) 球壳

图 6-2   回转类壳体结构的模型示意图

6.2   回转类壳体结构动力学建模

6.2.1   回转类壳体结构基本方程

基于一阶剪切变形理论，分别用 $u(\alpha, \theta, z, t)$、$v(\alpha, \theta, z, t)$ 和 $w(\alpha, \theta, z, t)$ 表示

回转类壳体结构上任意一点 α、θ 和 z 方向的位移分量，它们可以描述为[5]

$$\begin{Bmatrix} u(\alpha,\theta,z,t) \\ v(\alpha,\theta,z,t) \\ w(\alpha,\theta,z,t) \end{Bmatrix} = \begin{Bmatrix} u_0(\alpha,\theta,t) \\ v_0(\alpha,\theta,t) \\ w_0(\alpha,\theta,t) \end{Bmatrix} + z \begin{Bmatrix} \varphi_\alpha(\alpha,\theta,t) \\ \varphi_\theta(\alpha,\theta,t) \\ 0 \end{Bmatrix} \tag{6-1}$$

其中，$u_0(\alpha,\theta,t)$、$v_0(\alpha,\theta,t)$ 和 $w_0(\alpha,\theta,t)$ 分别为中面参考点沿 α、θ 和 z 三个方向的平移位移函数；$\varphi_\alpha(\alpha,\theta,t)$ 和 $\varphi_\theta(\alpha,\theta,t)$ 为参考点沿 θ-z 和 α-z 平面的转角位移函数；t 为时间。

基于一阶剪切变形理论，可获得壳体结构上任意点位置处应变分量的表达式，具体为

$$\varepsilon_\alpha = \varepsilon_\alpha^0 + z\chi_\alpha,\ \gamma_{\alpha z} = \gamma_{\alpha z}^0,\ \varepsilon_\theta = \varepsilon_\theta^0 + z\chi_\theta,\ \gamma_{\theta z} = \gamma_{\theta z}^0,\ \gamma_{\alpha\theta} = \gamma_{\alpha\theta}^0 + z\chi_{\alpha\theta} \tag{6-2}$$

根据线性应变-位移关系，壳体结构任意位置处的应力与位移之间的关系为

$$\varepsilon_\alpha^0 = \frac{1}{A} \cdot \frac{\partial u_0}{\partial \alpha} + \frac{v_0}{AB} \cdot \frac{\partial A}{\partial \theta} + \frac{w_0}{R_\theta},\ \varepsilon_\theta^0 = \frac{1}{\theta} \cdot \frac{\partial v_0}{\partial \theta} + \frac{u_0}{AB} \cdot \frac{\partial B}{\partial \alpha} + \frac{w_0}{R_\theta}$$

$$\gamma_{\alpha\theta}^0 = \frac{B}{A} \cdot \frac{\partial}{\partial \alpha}\left(\frac{v_0}{B}\right) + \frac{A}{B} \cdot \frac{\partial}{\partial \theta}\left(\frac{u_0}{A}\right),\ \chi_\alpha = \frac{1}{A} \cdot \frac{\partial \varphi_\alpha}{\partial \alpha} + \frac{\varphi_\theta}{AB} \cdot \frac{\partial A}{\partial \theta}$$

$$\chi_\theta = \frac{\partial \varphi_\theta}{\partial \theta} \cdot \frac{1}{B} + \frac{\partial B}{\partial \alpha} \cdot \frac{\varphi_\alpha}{AB},\ \chi_{\alpha\theta} = \frac{B}{A} \cdot \frac{\partial}{\partial \alpha}\left(\frac{\varphi_\theta}{B}\right) + \frac{A}{B} \cdot \frac{\partial}{\partial \theta}\left(\frac{\varphi_\alpha}{A}\right) \tag{6-3}$$

$$\gamma_{\alpha z}^0 = -\frac{u_0}{R_\alpha} + \frac{1}{A} \cdot \frac{\partial w_0}{\partial \alpha} + \varphi_\alpha,\ \gamma_{\theta z}^0 = -\frac{v_0}{R_\theta} + \frac{1}{B} \cdot \frac{\partial w_0}{\partial \theta} + \varphi_\theta$$

式中，ε_α^0、ε_θ^0、$\gamma_{\alpha\theta}^0$、$\gamma_{\alpha z}^0$ 和 $\gamma_{\theta z}^0$ 为中面的应变分量；χ_α、χ_θ 和 $\chi_{\alpha\theta}$ 为曲率变化；A 和 B 为拉梅常量。圆锥壳、圆柱壳和球壳的拉梅常量分别为 $A=1$，$B=x\sin\alpha_0$；$A=1$，$B=R$；$A=R$，$B=R\sin\varphi$。

根据应力-应变本构方程，应力和应变之间的关系可以表示为

$$\begin{bmatrix} \sigma_\alpha^0 \\ \sigma_\theta^0 \\ \tau_{\alpha\theta}^0 \\ \tau_{\alpha z}^0 \\ \tau_{\theta z}^0 \end{bmatrix} = \begin{bmatrix} Q_{11} & Q_{12} & 0 & 0 & 0 \\ Q_{12} & Q_{22} & 0 & 0 & 0 \\ 0 & 0 & Q_{66} & 0 & 0 \\ 0 & 0 & 0 & Q_{44} & 0 \\ 0 & 0 & 0 & 0 & Q_{55} \end{bmatrix} \begin{bmatrix} \varepsilon_\alpha^0 \\ \varepsilon_\theta^0 \\ \gamma_{\alpha\theta}^0 \\ \gamma_{\alpha z}^0 \\ \gamma_{\theta z}^0 \end{bmatrix} \tag{6-4}$$

式中，σ_α^0 和 σ_θ^0 表示法向应力；$\tau_{\alpha\theta}^0$、$\tau_{\alpha z}^0$ 以及 $\tau_{\theta z}^0$ 表示剪切应力；$Q_{ij}(i,j=1,2,4,5,6)$ 表示材料刚度系数，其与杨氏模量 E 和泊松比 μ 之间的关系为

$$
\begin{cases}
Q_{11} = Q_{22} = \dfrac{E}{1-\mu^2} \\[3mm]
Q_{12} = \dfrac{\mu E}{1-\mu^2} \\[3mm]
Q_{44} = Q_{55} = Q_{66} = \dfrac{E}{2(1+\mu)}
\end{cases}
\tag{6-5}
$$

式(6-4)通过沿厚度方向进行积分运算可得壳体结构的力和力矩分量,具体表达式为

$$
\begin{Bmatrix}
N_\alpha \\
N_\theta \\
N_{\alpha\theta} \\
M_\alpha \\
M_\theta \\
M_{\alpha\theta} \\
Q_\alpha \\
Q_\theta
\end{Bmatrix}
=
\begin{bmatrix}
A_{11} & A_{12} & 0 & 0 & 0 & 0 & 0 & 0 \\
A_{12} & A_{22} & 0 & 0 & 0 & 0 & 0 & 0 \\
0 & 0 & A_{66} & 0 & 0 & 0 & 0 & 0 \\
0 & 0 & 0 & D_{11} & D_{12} & 0 & 0 & 0 \\
0 & 0 & 0 & D_{12} & D_{22} & 0 & 0 & 0 \\
0 & 0 & 0 & 0 & 0 & D_{66} & 0 & 0 \\
0 & 0 & 0 & 0 & 0 & 0 & K_s A_{66} & 0 \\
0 & 0 & 0 & 0 & 0 & 0 & 0 & K_s A_{66}
\end{bmatrix}
\begin{Bmatrix}
\varepsilon_\alpha^0 \\
\varepsilon_\theta^0 \\
\gamma_{\alpha\theta}^0 \\
\chi_\alpha \\
\chi_\theta \\
\chi_{\alpha\theta} \\
\gamma_{\alpha z}^0 \\
\gamma_{\theta z}^0
\end{Bmatrix}
\tag{6-6}
$$

式中,N_κ 和 M_κ($\kappa=\alpha, \theta, \alpha\theta$)分别为面内力和力矩分量;$Q_\alpha$ 和 Q_θ 为剪切力力矩分量;K_s 为剪切修正因子,值取为 5/6;A_{ij} 和 D_{ij} 分别为拉伸刚度系数和弯曲刚度系数,具体表达式为

$$
(A_{ij}, D_{ij}) = \int_{-h/2}^{h/2} Q_{ij}(1,2)\mathrm{d}z
\tag{6-7}
$$

6.2.2　边界约束条件

回转类壳体结构边界条件可以通过在边界位置处施加均匀分布的人工虚拟弹簧来模拟,因此在本章中对壳体结构 $\alpha=0$、$\alpha=L_\alpha$ 等结构边界处均匀布置三组线性弹簧(k_u, k_v, k_w)和两组扭转弹簧(k_α, k_θ),并通过改变边界约束弹簧的刚度值即可获得包括经典边界、弹性边界及其组合形式在内的任意边界条件。对于本章所建立的回转类壳体结构动力学分析模型,其边界约束方程为

$$
N_\alpha - k_u^0 u_0 = 0, \quad N_{\alpha\theta} - k_v^0 v_0 = 0, \quad Q_\alpha - k_w^0 w_0 = 0,
$$
$$
M_\alpha - k_\alpha^0 \varphi_\alpha = 0, \quad M_{\alpha\theta} - k_\theta^0 \varphi_\theta = 0, \quad \alpha = 0
\tag{6-8a}
$$

$$
N_\alpha + k_u^1 u_0 = 0, \quad N_{\alpha\theta} + k_v^1 v_0 = 0, \quad Q_\alpha + k_w^1 w_0 = 0,
$$
$$
M_\alpha + k_\alpha^1 \varphi_\alpha = 0, \quad M_{\alpha\theta} + k_\theta^1 \varphi_\theta = 0, \quad \alpha = L_\alpha
\tag{6-8b}
$$

式中,k_q^p($p=0,1$;$q=u,v,w$)表示在 $\alpha=0$ 和 $\alpha=L_\alpha$ 边界上的线性约束弹簧刚度值;k_r^p($p=0,1$;$r=\alpha,\theta$)表示在 $\alpha=0$ 和 $\alpha=L_\alpha$ 上扭转约束弹簧的刚度值。

　　综上所述，可以通过对式(6-8)中的力向量 $N=(N_\alpha, N_{\alpha\theta}, Q_\alpha, M_\alpha, M_{\alpha\theta})$ 和位移向量 $u=(u_0, v_0, w_0, \varphi_\alpha, \varphi_\theta)$ 进行约束，获得不同边界条件。以经典边界为例给出对应约束条件：自由边界（F）：$N_\alpha=N_{\alpha\theta}=Q_\alpha=M_\alpha=M_{\alpha\theta}=0$；简支边界（S）：$u=v=w=M_\alpha=\varphi_\alpha=0$；剪切边界（SD）：$N_\alpha=v=w=M_\alpha=\varphi_\theta=0$；固支边界（C）：$u=v=w=\varphi_\alpha=\varphi_\theta=0$。在边界约束条件确定的基础上，等效的边界约束条件可以通过对边界约束弹簧刚度值进行设定而获得，如当边界约束弹簧刚度值为零或趋于无限大时，即可模拟自由或者固支经典边界条件。

6.2.3　谱几何动力学模型

　　对于本章中所涉及的回转类壳体结构，由于其几何特征在空间中具有对称性，因此结构的位移容许函数采用周向傅里叶正余弦谐波函数与母线方向谱几何法展开的混合级数来表达，其具体表达式为

$$u_0(\alpha,\theta,t)=\left[\boldsymbol{\Phi}_m(\alpha,\theta),\boldsymbol{\Phi}_f(\alpha,\theta)\right]\left[\boldsymbol{A}_u\right]\mathrm{e}^{\mathrm{j}\omega t} \qquad (6\text{-}9\mathrm{a})$$

$$v_0(\alpha,\theta,t)=\left[\boldsymbol{\Phi}_m(\alpha,\theta),\boldsymbol{\Phi}_f(\alpha,\theta)\right]\left[\boldsymbol{A}_v\right]\mathrm{e}^{\mathrm{j}\omega t} \qquad (6\text{-}9\mathrm{b})$$

$$w_0(\alpha,\theta,t)=\left[\boldsymbol{\Phi}_m(\alpha,\theta),\boldsymbol{\Phi}_f(\alpha,\theta)\right]\left[\boldsymbol{A}_w\right]\mathrm{e}^{\mathrm{j}\omega t} \qquad (6\text{-}9\mathrm{c})$$

$$\psi_\alpha(\alpha,\theta,t)=\left[\boldsymbol{\Phi}_m(\alpha,\theta),\boldsymbol{\Phi}_f(\alpha,\theta)\right]\left[\boldsymbol{A}_\alpha\right]\mathrm{e}^{\mathrm{j}\omega t} \qquad (6\text{-}9\mathrm{d})$$

$$\psi_\theta(\alpha,\theta,t)=\left[\boldsymbol{\Phi}_m(\alpha,\theta),\boldsymbol{\Phi}_f(\alpha,\theta)\right]\left[\boldsymbol{A}_\theta\right]\mathrm{e}^{\mathrm{j}\omega t} \qquad (6\text{-}9\mathrm{e})$$

式中，$\boldsymbol{\Phi}_m(\alpha,\theta)$ 表示由傅里叶余弦级数组成的函数向量；$\boldsymbol{\Phi}_f(\alpha,\theta)$ 表示由辅助函数组成的函数向量；$\boldsymbol{A}_l(l=u、v、w、\alpha、\theta)$ 表示由位移系数 A_{nqc}^m、A_{nqc}^{-2}、$A_{mp}^{-1,n}$ 组成的广义系数向量。上述函数向量的表达式为

$$\boldsymbol{\Phi}(\alpha,\theta)=\begin{bmatrix}\cos(\lambda_0\alpha),\cos(\lambda_1\alpha),\cdots,\\ \cos(\lambda_m\alpha),\cdots,\cos(\lambda_M\alpha)\end{bmatrix}\otimes\begin{bmatrix}\cos(0\theta),\cos(\theta),\sin(\theta)\cdots,\cos(n\theta),\\ \sin(n\theta),\cdots,\cos(N\theta),\sin(N\theta)\end{bmatrix} \quad (6\text{-}10\mathrm{a})$$

$$\boldsymbol{\Phi}_f(\alpha,\theta)=\left[\sin\lambda_{-2}\alpha,\sin\lambda_{-1}\alpha\right]\otimes\begin{bmatrix}\cos(0\theta),\cos(\theta),\sin(\theta)\cdots,\cos(n\theta),\\ \sin(n\theta),\cdots,\cos(N\theta),\sin(N\theta)\end{bmatrix} \quad (6\text{-}10\mathrm{b})$$

$$\boldsymbol{A}_q=\left[\boldsymbol{A}_q^f;\boldsymbol{A}_q^s\right] \qquad (6\text{-}10\mathrm{c})$$

$$\boldsymbol{A}_q^f=\begin{bmatrix}A_{0,0}^{q,c},A_{0,1}^{q,c},A_{0,1}^{q,s},\cdots,A_{0,N}^{q,c},A_{1,0}^{q,c},A_{1,1}^{q,c},A_{1,1}^{q,s},\cdots,A_{1,n}^{q,c},A_{1,n}^{q,s},\\ \cdots,A_{m,n}^{q,c},A_{m,n}^{q,s},\cdots,A_{M,N}^{q,c},A_{M,N}^{q,s}\end{bmatrix}^{\mathrm{T}} \quad (6\text{-}10\mathrm{d})$$

$$\boldsymbol{A}_q^s=\begin{bmatrix}A_{-2,0}^{q,c},A_{-2,1}^{q,c},A_{-2,1}^{q,s},\cdots,A_{-2,n}^{q,c},A_{-2,n}^{q,s},\cdots,A_{-2,N}^{q,c},A_{-2,N}^{q,s}\\ A_{-1,0}^{q,c},A_{-1,1}^{q,c},A_{-1,1}^{q,s},\cdots,A_{-1,n}^{q,c},A_{-1,n}^{q,s},\cdots,A_{-1,N}^{q,c},A_{-1,N}^{q,s}\end{bmatrix}^{\mathrm{T}} \quad (6\text{-}10\mathrm{e})$$

其中，$\lambda_m=m\pi/L\alpha$；n 为周向波数；N 为总的周向波数；m 为轴向模态阶数；M 为母线 α 方向的位移函数截断数。

回转类壳体结构的弹性变形应变能为

$$U_p = \frac{1}{2}\int_0^{2\pi}\int_{\alpha_0}^{\alpha_1}\left\{\begin{array}{l}N_\alpha\varepsilon_\alpha^0 + N_\theta\varepsilon_\theta^0 + N_{\alpha\theta}\gamma_{\alpha\theta}^0 + M_\alpha\chi_\alpha \\ + M_\theta\chi_\theta + M_{\alpha\theta}\chi_{\alpha\theta} + Q_\alpha\gamma_{\alpha z}^0 + Q_\theta\gamma_{\theta z}^0\end{array}\right\}\alpha\mathrm{d}\alpha\mathrm{d}\theta \tag{6-11}$$

假设 $\Theta(\alpha,\theta)=[\Phi(\alpha,\theta),\Phi_s(\alpha,\theta)]$，将式 (6-3)、式 (6-6) 和式 (6-9) 代入式 (6-11)，进一步得到 U_p 关于位移向量的矢量化表达式为

$$U_p = \frac{\mathrm{e}^{\mathrm{j}2\omega t}}{2}\int_0^{2\pi}\int_0^{L_\alpha}\left\{\begin{array}{l}\dfrac{1}{A^2}\dfrac{\partial\Theta}{\partial\alpha}\left[\begin{array}{l}A_{11}\boldsymbol{A}_u\boldsymbol{A}_u^{\mathrm{T}} + A_{66}\boldsymbol{A}_v\boldsymbol{A}_v^{\mathrm{T}} + \kappa_s A_{55}\boldsymbol{A}_w\boldsymbol{A}_w^{\mathrm{T}} \\ + D_{11}\boldsymbol{A}_\alpha\boldsymbol{A}_\alpha^{\mathrm{T}} + D_{66}\boldsymbol{A}_\theta\boldsymbol{A}_\theta^{\mathrm{T}}\end{array}\right]\dfrac{\partial\Theta^{\mathrm{T}}}{\partial\alpha} \\[4mm] + \dfrac{1}{B^2}\dfrac{\partial\Theta}{\partial\theta}\left[\begin{array}{l}A_{22}\boldsymbol{A}_v\boldsymbol{A}_v^{\mathrm{T}} + A_{66}\boldsymbol{A}_u\boldsymbol{A}_u^{\mathrm{T}} + \kappa_s A_{44}\boldsymbol{A}_w\boldsymbol{A}_w^{\mathrm{T}} \\ + D_{22}\boldsymbol{A}_\theta\boldsymbol{A}_\theta^{\mathrm{T}} + D_{66}\boldsymbol{A}_\alpha\boldsymbol{A}_\alpha^{\mathrm{T}}\end{array}\right]\dfrac{\partial\Theta^{\mathrm{T}}}{\partial\theta} \\[4mm] + \dfrac{2}{AB}\dfrac{\partial\Theta}{\partial\alpha}\left[\begin{array}{l}A_{12}\boldsymbol{A}_u\boldsymbol{A}_v^{\mathrm{T}} + A_{66}\boldsymbol{A}_v\boldsymbol{A}_u^{\mathrm{T}} + D_{12}\boldsymbol{A}_\alpha\boldsymbol{A}_\beta^{\mathrm{T}} \\ + D_{66}\boldsymbol{A}_\beta\boldsymbol{A}_\beta^{\mathrm{T}}\end{array}\right]\dfrac{\partial\Theta^{\mathrm{T}}}{\partial\theta} \\[4mm] + \dfrac{\partial\Theta}{\partial\alpha}\left[\begin{array}{l}\dfrac{2}{A^2 B}\dfrac{\partial B}{\partial\alpha}\left(\begin{array}{l}A_{12}\boldsymbol{A}_u\boldsymbol{A}_u^{\mathrm{T}} - A_{66}\boldsymbol{A}_v\boldsymbol{A}_v^{\mathrm{T}} \\ + D_{12}\boldsymbol{A}_\alpha\boldsymbol{A}_\alpha^{\mathrm{T}} - D_{66}\boldsymbol{A}_\theta\boldsymbol{A}_\theta^{\mathrm{T}}\end{array}\right) \\ + \dfrac{2}{AR_\alpha}A_{11}\boldsymbol{A}_u\boldsymbol{A}_w^{\mathrm{T}} + \dfrac{2}{A}\kappa_s A_{55}\boldsymbol{A}_w\boldsymbol{A}_\alpha^{\mathrm{T}} + \dfrac{2}{AR_\theta}A_{12}\boldsymbol{A}_u\boldsymbol{A}_w^{\mathrm{T}}\end{array}\right]\Theta^{\mathrm{T}} \\[4mm] + \Theta\left[\begin{array}{l}\dfrac{2}{BR_\alpha}A_{12}\boldsymbol{A}_w\boldsymbol{A}_v^{\mathrm{T}} + 2\dfrac{\kappa_s A_{44}}{B}\boldsymbol{A}_\theta\boldsymbol{A}_w^{\mathrm{T}} + \dfrac{2}{BR_\theta}A_{22}\boldsymbol{A}_w\boldsymbol{A}_v^{\mathrm{T}} \\ + \dfrac{2}{AB^2}\dfrac{\partial B}{\partial\alpha}\left(\begin{array}{l}A_{22}\boldsymbol{A}_u\boldsymbol{A}_v^{\mathrm{T}} - A_{66}\boldsymbol{A}_v\boldsymbol{A}_u^{\mathrm{T}} \\ + D_{22}\boldsymbol{A}_\alpha\boldsymbol{A}_\theta^{\mathrm{T}} - D_{66}\boldsymbol{A}_\theta\boldsymbol{A}_\alpha^{\mathrm{T}}\end{array}\right)\end{array}\right]\dfrac{\partial\Theta^{\mathrm{T}}}{\partial\beta} \\[4mm] + \Theta\left[\begin{array}{l}\dfrac{1}{A^2 B^2}\left(\dfrac{\partial B}{\partial\alpha}\right)^2\left(\begin{array}{l}A_{22}\boldsymbol{A}_u\boldsymbol{A}_u^{\mathrm{T}} + A_{66}\boldsymbol{A}_v\boldsymbol{A}_v^{\mathrm{T}} \\ + D_{66}\boldsymbol{A}_\theta\boldsymbol{A}_\theta^{\mathrm{T}} + D_{22}\boldsymbol{A}_\theta\boldsymbol{A}_\theta^{\mathrm{T}}\end{array}\right) \\ + \left(\dfrac{A_{11}}{R_\alpha^2} + \dfrac{A_{22}}{R_\theta^2} + \dfrac{2A_{12}}{R_\alpha R_\theta}\right)\boldsymbol{A}_w\boldsymbol{A}_w^{\mathrm{T}} \\ + \kappa_s A_{55}\boldsymbol{A}_\alpha\boldsymbol{A}_\alpha^{\mathrm{T}} + \kappa_s A_{44}\boldsymbol{A}_\theta\boldsymbol{A}_\theta^{\mathrm{T}} \\ + \dfrac{2}{AB}\dfrac{\partial B}{\partial\alpha}\left(\dfrac{A_{12}}{R_\alpha}\boldsymbol{A}_u\boldsymbol{A}_w^{\mathrm{T}} + \dfrac{A_{22}}{R_\theta}\boldsymbol{A}_u\boldsymbol{A}_w^{\mathrm{T}}\right)\end{array}\right]\Theta^{\mathrm{T}}\end{array}\right\}\alpha\mathrm{d}\alpha\mathrm{d}\theta$$

$$\tag{6-12}$$

回转类壳体结构的总动能为

$$T_p = \frac{\omega^2\mathrm{e}^{\mathrm{j}2\omega t}}{2}\int_0^{2\pi}\int_0^{L_\alpha}\Theta\left\{\begin{array}{l}I_0\left[\boldsymbol{A}_u\boldsymbol{A}_u^{\mathrm{T}} + \boldsymbol{A}_v\boldsymbol{A}_v^{\mathrm{T}} + \boldsymbol{A}_w\boldsymbol{A}_w^{\mathrm{T}}\right] \\ + I_2\left[\boldsymbol{A}_\alpha\boldsymbol{A}_\alpha^{\mathrm{T}} + \boldsymbol{A}_\theta\boldsymbol{A}_\theta^{\mathrm{T}}\right] \\ + 2I_1\left[\boldsymbol{A}_u\boldsymbol{A}_\alpha^{\mathrm{T}} + \boldsymbol{A}_v\boldsymbol{A}_\theta^{\mathrm{T}}\right]\end{array}\right\}\Theta^{\mathrm{T}}AB\mathrm{d}\alpha\mathrm{d}\theta \tag{6-13}$$

式中，I_0、I_1、I_2 为惯性矩，其与材料密度之间的关系为

$$\left[I_0, I_1, I_2\right] = \int_{-h/2}^{h/2} \rho\left[1, z, z^2\right] \mathrm{d}z \tag{6-14}$$

在边界弹簧中存储的弹性势能为

$$V_p = \frac{h}{2}\int_0^{2\pi}\left\{\begin{bmatrix} k_u^0\boldsymbol{\Theta}\boldsymbol{A}_u\boldsymbol{A}_u^{\mathrm{T}}\boldsymbol{\Theta}^{\mathrm{T}} + k_v^0\boldsymbol{\Theta}\boldsymbol{A}_v\boldsymbol{A}_v^{\mathrm{T}}\boldsymbol{\Theta}^{\mathrm{T}} \\ + k_w^0\boldsymbol{\Theta}\boldsymbol{A}_w\boldsymbol{A}_w^{\mathrm{T}}\boldsymbol{\Theta}^{\mathrm{T}} + k_\alpha^0\boldsymbol{\Theta}\boldsymbol{A}_\alpha\boldsymbol{A}_\alpha^{\mathrm{T}}\boldsymbol{\Theta}^{\mathrm{T}} \\ + k_\theta^0\boldsymbol{\Theta}\boldsymbol{A}_\theta\boldsymbol{A}_\theta^{\mathrm{T}}\boldsymbol{\Theta}^{\mathrm{T}} \end{bmatrix}_{\alpha=0} \\ + \begin{bmatrix} k_u^1\boldsymbol{\Theta}\boldsymbol{A}_u\boldsymbol{A}_u^{\mathrm{T}}\boldsymbol{\Theta}^{\mathrm{T}} + k_v^1\boldsymbol{\Theta}\boldsymbol{A}_v\boldsymbol{A}_v^{\mathrm{T}}\boldsymbol{\Theta}^{\mathrm{T}} \\ + + k_w^1\boldsymbol{\Theta}\boldsymbol{A}_w\boldsymbol{A}_w^{\mathrm{T}}\boldsymbol{\Theta}^{\mathrm{T}} + k_\alpha^1\boldsymbol{\Theta}\boldsymbol{A}_\alpha\boldsymbol{A}_\alpha^{\mathrm{T}}\boldsymbol{\Theta}^{\mathrm{T}} \\ + k_\theta^1\boldsymbol{\Theta}\boldsymbol{A}_\theta\boldsymbol{A}_\theta^{\mathrm{T}}\boldsymbol{\Theta}^{\mathrm{T}} \end{bmatrix}_{\alpha=L_\alpha}\right\}B\mathrm{d}\theta \tag{6-15}$$

式(6-15)给出了存储在处理回转类壳体结构均匀边界条件的虚拟弹簧中的弹性势能，而在实际工程应用中，回转类壳体还存在点支撑边界条件等非均匀边界。点支撑等非均匀边界条件同样也可采用人工虚拟弹簧技术进行等效模拟，此时非均匀边界弹簧中存储的弹性势能可描述为

$$V_p = \frac{1}{2}\sum_{i=1}^{\Gamma}\begin{bmatrix} k_u^0\boldsymbol{\Theta}\boldsymbol{A}_u\boldsymbol{A}_u^{\mathrm{T}}\boldsymbol{\Theta}^{\mathrm{T}} + + k_v^0\boldsymbol{\Theta}\boldsymbol{A}_v\boldsymbol{A}_v^{\mathrm{T}}\boldsymbol{\Theta}^{\mathrm{T}} \\ + k_w^0\boldsymbol{\Theta}\boldsymbol{A}_w\boldsymbol{A}_w^{\mathrm{T}}\boldsymbol{\Theta}^{\mathrm{T}} + k_\alpha^0\boldsymbol{\Theta}\boldsymbol{A}_\alpha\boldsymbol{A}_\alpha^{\mathrm{T}}\boldsymbol{\Theta}^{\mathrm{T}} \\ + k_\theta^0\boldsymbol{\Theta}\boldsymbol{A}_\theta\boldsymbol{A}_\theta^{\mathrm{T}}\boldsymbol{\Theta}^{\mathrm{T}} \end{bmatrix}_{\alpha=0}$$
$$+ \frac{1}{2}\sum_{i=1}^{\Gamma}\begin{bmatrix} k_u^0\boldsymbol{\Theta}\boldsymbol{A}_u\boldsymbol{A}_u^{\mathrm{T}}\boldsymbol{\Theta}^{\mathrm{T}} + + k_v^0\boldsymbol{\Theta}\boldsymbol{A}_v\boldsymbol{A}_v^{\mathrm{T}}\boldsymbol{\Theta}^{\mathrm{T}} \\ + k_w^0\boldsymbol{\Theta}\boldsymbol{A}_w\boldsymbol{A}_w^{\mathrm{T}}\boldsymbol{\Theta}^{\mathrm{T}} + k_\alpha^0\boldsymbol{\Theta}\boldsymbol{A}_\alpha\boldsymbol{A}_\alpha^{\mathrm{T}}\boldsymbol{\Theta}^{\mathrm{T}} \\ + k_\theta^0\boldsymbol{\Theta}\boldsymbol{A}_\theta\boldsymbol{A}_\theta^{\mathrm{T}}\boldsymbol{\Theta}^{\mathrm{T}} \end{bmatrix}_{\alpha=L_\alpha} \tag{6-16}$$

式中，Γ 表示点支撑边界中支撑点的数量。

对于回转类壳体结构的简谐和瞬态响应而言，主要考虑横向载荷(z 方向)f 所做功：

$$W_f = \frac{1}{2}\iint_{S_f} fw\mathrm{d}S_f = \frac{1}{2}\int_{\theta_1}^{\theta_2}\int_{\alpha_1}^{\alpha_2} f\boldsymbol{\Theta}\boldsymbol{A}_w\mathrm{d}S_f \tag{6-17}$$

式中，S_f 表示载荷作用面积。

综上所述，回转类壳体结构的拉格朗日能量泛函可描述为

$$\Xi = T_p + W_f - U_p - V_p \tag{6-18}$$

采用里兹法对式(6-18)进行变分极值操作：

$$\frac{\partial\Xi}{\partial\varsigma} = 0, \quad \varsigma = A_{q,c}^{m,n}, A_{q,s}^{m,n}, A_{q,c}^{-2,n}, A_{q,s}^{-1,n}, A_{q,c}^{-2,n}, A_{q,c}^{-1,n} \tag{6-19}$$

即可获得回转类壳体结构的动力学特性求解方程：

$$\left(\boldsymbol{K} - \omega^2\boldsymbol{M}\right)\boldsymbol{A} = \boldsymbol{F} \tag{6-20}$$

式中，K 为结构刚度矩阵；M 为质量矩阵；F 为横向载荷向量。通过对式(6-20)进行特征值提取、模态叠加法、Newmark 法等数学运算后，即可轻松获得回转类壳体结构的自由振动、简谐响应以及瞬态位移响应等结构动力学特性。

6.3 数值结果与讨论

本节将基于 6.2 节所建立的回转类壳体结构动力学分析模型进行动力学特性研究，主要研究内容包括自由振动特性分析、简谐响应特性分析和瞬态动力学特性分析三部分。通过将本章模型(SGM)求解结果与文献解和 FEM 结果对比，验证所建立分析模型求解圆柱壳、圆锥壳和球壳等结构动力学特性的可行性与准确性，并在此基础上开展回转类壳体结构动力学特性参数化研究。如未特殊说明，本节数值算例中的圆柱壳、圆锥壳和球壳几何参数分别设置为：R=1m，L=4m，h=0.1m；α_0=30°，h=0.1m，R_0=1m，L=3m；R=1.2m，φ_0=30°，φ_1=150°，h=0.05m；材料参数均采用各向同性材料：密度 ρ=7850kg/m³，杨氏模量 E=2.06×10¹¹Pa，泊松比 μ=0.3；圆柱壳和圆锥壳固有频率的无量纲参数定义为 $\Omega(n, m)=(\omega L^2/h)(\rho/E)^{1/2}$，球壳固有频率的无量纲频率定义为 $\Omega(n, m)=(\omega R^2/h)(\rho/E)^{1/2}$。

6.3.1 自由振动特性分析

根据边界约束条件模拟方法和要求可知，等效的边界约束条件可以通过对边界约束弹簧刚度值进行设定而获得，其中对于固支边界模拟需要将弹簧刚度值设置无穷大。在实际运算过程中，弹簧刚度值取无穷大时会带来刚度矩阵病态等问题，进而导致计算结果失真，因而需要选用一个足够大的数值来代替。为了确定不同边界条件所对应的弹簧刚度取值，需先对边界条件与弹簧刚度值大小之间的关系进行研究。

图 6-3 给出了边界弹簧刚度对圆柱壳、圆锥壳和球壳三种结构第 1 阶频率参数 Ω 的影响变化情况，其边界条件工况设置过程如下：在结构所有边界上选取两种弹簧，并将其刚度值从极小值(10)到极大值(假定为 10¹⁶)递增变化，而其余边界弹簧的刚度值均设置为 10¹⁶。从图 6-3 可知，回转类壳体结构的固有频率受线性弹簧的影响较大，受扭转弹簧的影响较小。其中，对于圆柱壳而言，沿 x 方向的扭转弹簧的收敛曲线基本重合，因此 k_x 的影响最小；同理，对于圆锥壳，沿 θ 方向的扭转弹簧 k_θ 影响最小，对于球壳而言，k_x 和 k_θ 影响最小。其余影响较大的线性弹簧，虽然其刚度值对结构固有频率的影响效果不同，但它们对固

有频率的影响规律基本一致，即弹簧刚度值在区间[10^6，10^{14}]时，结构的固有频率随着刚度的增加而快速上升，当刚度值在此范围外，固有频率几乎保持不变。由此可知，当边界弹簧刚度值小于10^6时，可以等效模拟自由边界，当边界弹簧刚度值大于 10^{14} 时，可以等效模拟固支边界，而刚度值介于两者之间时，可用来模拟弹性边界条件。在上述研究成果基础上，表 6-1 给出了不同边界条件对应的弹簧刚度值。

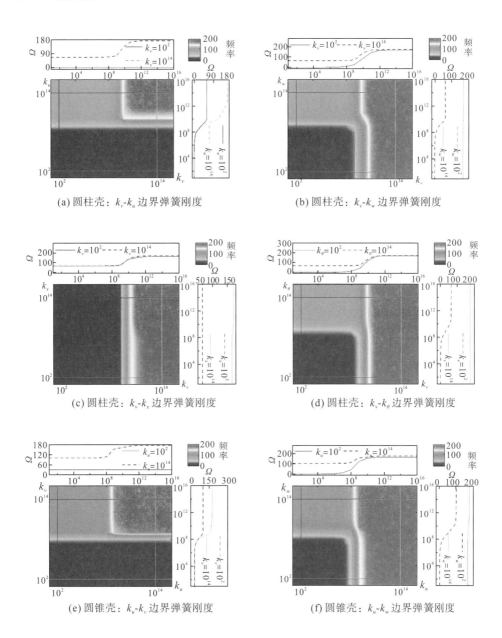

(a) 圆柱壳：k_v-k_u 边界弹簧刚度

(b) 圆柱壳：k_v-k_w 边界弹簧刚度

(c) 圆柱壳：k_v-k_x 边界弹簧刚度

(d) 圆柱壳：k_v-k_θ 边界弹簧刚度

(e) 圆锥壳：k_u-k_v 边界弹簧刚度

(f) 圆锥壳：k_u-k_w 边界弹簧刚度

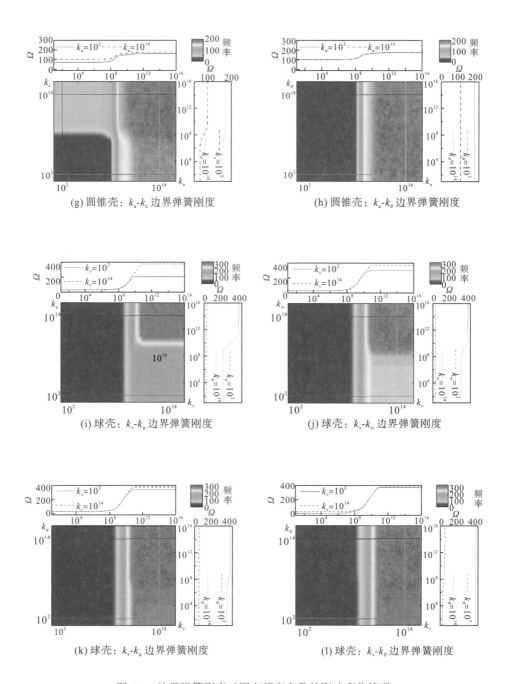

(g) 圆锥壳：k_u-k_x 边界弹簧刚度　　　　　　　(h) 圆锥壳：k_u-k_θ 边界弹簧刚度

(i) 球壳：k_v-k_u 边界弹簧刚度　　　　　　　(j) 球壳：k_v-k_w 边界弹簧刚度

(k) 球壳：k_v-k_φ 边界弹簧刚度　　　　　　　(l) 球壳：k_v-k_θ 边界弹簧刚度

图 6-3　边界弹簧刚度对固有频率参数的影响变化情况

表 6-1　不同边界条件对应的弹簧刚度值

边界条件	边界等效关系	边界弹簧刚度值				
		k_u	k_v	k_w	k_α	k_θ
C	$u = v = w = \varphi_\alpha = \varphi_\theta = 0$	10^{14}	10^{14}	10^{14}	10^{14}	10^{14}
F	$N_\alpha = N_{\alpha\theta} = Q_\alpha = M_\alpha = M_{\alpha\theta} = 0$	0	0	0	0	0
S	$u = v = w = M_\alpha = M_{\alpha\theta} = 0$	10^{14}	10^{14}	10^{14}	0	10^{14}
SD	$N_\alpha = v = w = M_\alpha = \varphi_\theta = 0$	0	10^{14}	10^{14}	0	10^{14}
E^1	$u = v = \varphi_\alpha = \varphi_\theta = 0,\, w \neq 0$	10^{14}	10^{14}	10^9	10^9	10^{14}
E^2	$u = v = w = \varphi_\alpha = \varphi_\theta \neq 0$	10^9	10^9	10^9	10^9	10^9

　　根据谱几何法理论原理可知，其求解精度会受位移函数的截断数影响，理论上位移函数截断数越多，求解精度越高，然而随着位移函数截断数的增多，会导致计算时间急剧增加，所需要的计算资源也随之增长，这将不利于结构参数化研究。因此接下来对本章模型(SGM)进行收敛性研究，以此确定合适的位移函数截断数。

　　图 6-4 分别给出了不同截断数下圆柱壳、圆锥壳和球壳三种结构的固有频率 $\Omega(n, m)$ 参数收敛特性，其中选取的固有频率阶数分别为 $\Omega(1, 1)$、$\Omega(2, 1)$、$\Omega(3, 1)$ 和 $\Omega(4, 1)$，边界条件定义为：CC 和 CF，截断误差定义为

$$\varepsilon = \frac{|\Omega - \Omega_{M=24}|}{\Omega_{M=24}} \times 100\% \tag{6-21}$$

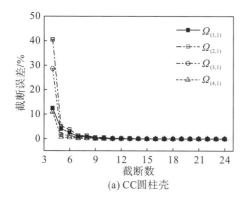

(a) CC圆柱壳

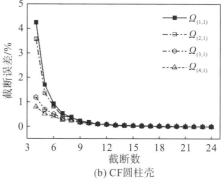

(b) CF圆柱壳

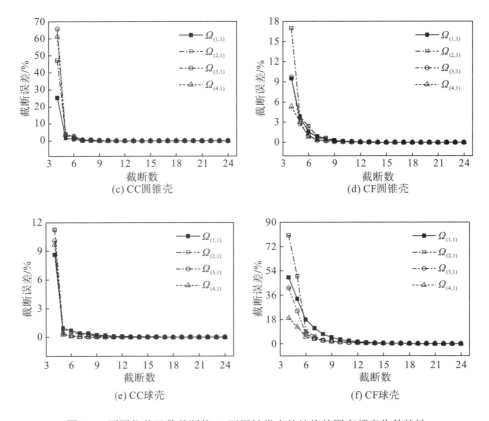

图6-4　不同位移函数截断值 M 下回转类壳体结构的固有频率收敛特性

从图 6-4 可以看出，CC 边界条件下的回转类壳体结构收敛速度要比 CF 边界条件下的更快，在 CC 边界条件下，圆柱壳、圆锥壳和球壳的位移函数截断数分别在 $M=9$、$M=7$ 和 $M=10$ 时开始收敛，而在 CF 边界条件下，各结构分别在 $M=10$、$M=10$ 和 $M=13$ 时才开始收敛。无论何种边界条件，当回转类壳体结构的位移函数截断数 $M \geqslant 20$ 时，均能得到一致稳定的计算结果。综上，在后续算例中，回转类壳体结构的所有位移函数截断数取为 $M=20$。

为了进一步验证本章模型 (SGM) 的准确性和可靠性，进一步开展回转类壳体结构自由振动特性分析，并将文献解和 FEM 结果作为参考结果进行对比分析，圆柱壳、圆锥壳和球壳三种回转类壳体结构的固有频率对比情况如表 6-2 和表 6-3 所示。为了方便与文献结果进行对比分析，圆柱壳、圆锥壳和球壳结构的几何尺寸参数与材料参数均与文献[6]保持一致，其中圆柱壳：$R=0.1\mathrm{m}$，$L=0.2\mathrm{m}$，$h=0.247\times10^{-3}\mathrm{m}$，$\rho=2796\mathrm{kg/m^3}$，$\mu=0.3$，$E=71.02\mathrm{GPa}$；圆锥壳：$L=20\mathrm{m}$，$h=0.2\mathrm{m}$，$R=20\mathrm{m}$，$\alpha_0=30°$，$E=211\mathrm{GPa}$，$\mu=0.3$，$\rho=7800\mathrm{kg/m^3}$；球壳：$R=1\mathrm{m}$，$h=0.05\mathrm{m}$，$\varphi_1=60°$，$\varphi_0=0°$，$\mu=0.3$。从表 6-2 和表 6-3 可以看出，三者之间的计算结果吻合良好。为了

更好地体现本章模型(SGM)的有效性，图 6-5 给出了 CC 边界条件下回转类壳体结构的模态振型对比。从图 6-5 可以看出，本章所建立的回转类壳体结构分析模型不仅可以准确求解获得结构的固有频率，还可以获得结构的模态振型。

表 6-2　回转类壳体结构固有频率 Ω 对比结果　　　　　（单位：Hz）

| 模态阶次 (m=1) | 圆柱壳 | | | | 模态阶次 (m=1) | 圆锥壳 | | | | 模态阶次 (n=0) | 球壳 | |
| | SDSD | | CC | | | SS | | CC | | | CC | |
	文献[6]	SGM	文献[6]	SGM		文献[7]	SGM	文献[7]	SGM		文献[8]	SGM
n=7	484.60	483.90	685.40	682.70	n=1	14.51	13.88	11.30	11.25	m=1	823.50	823.10
n=8	489.60	488.60	697.30	695.40	n=2	15.11	14.32	11.02	10.94	m=2	1127.70	1126.30
n=9	546.20	544.80	727.20	723.70	n=3	15.23	14.88	12.89	12.91	m=3	1377.20	1376.90
n=6	553.30	553.10	775.20	773.90	n=4	17.26	16.85	15.36	15.21	m=4	1851.70	1848.60
n=10	636.80	634.90	809.70	805.30	n=5	17.46	16.53	12.79	12.93	m=5	2629.60	2620.10

表 6-3　CC 边界条件下回转类壳体结构固有频率 Ω 对比结果　　　　　（单位：Hz）

| 模态阶次 | | 圆柱壳 | | 圆锥壳 | | 球壳 | |
n	m	SGM	FEM	SGM	FEM	SGM	FEM
	1	265.28	265.34	294.44	294.49	480.68	480.82
1	2	498.92	498.97	403.04	403.11	486.04	485.97
	3	675.08	674.94	515.37	515.78	671.14	671.36
	1	172.15	171.56	209.05	208.96	559.23	559.3
2	2	334.63	333.56	355.87	355.82	636.1	636.53
	3	507.43	506.22	493.57	493.90	709.46	710.03
	1	220.46	219.78	176.09	175.85	609.79	609.83
3	2	321.03	319.21	325.10	324.83	669.78	670.4
	3	461.82	459.43	486.59	486.76	730.69	731.61

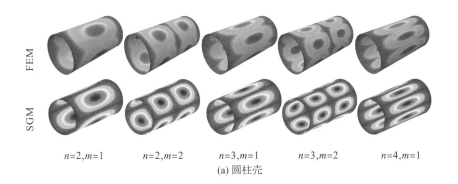

n=2,m=1　　　n=2,m=2　　　n=3,m=1　　　n=3,m=2　　　n=4,m=1

(a) 圆柱壳

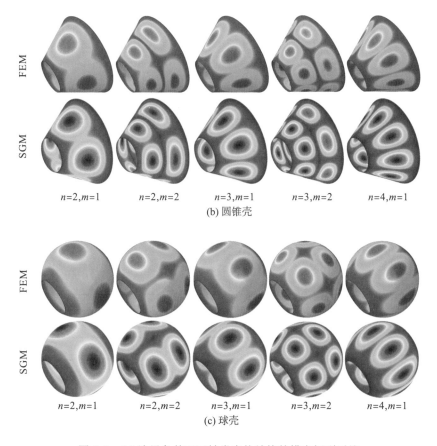

(b) 圆锥壳

(c) 球壳

图 6-5   CC 边界条件下回转类壳体结构的模态振型对比

图 6-6 给出了不同位移函数截断数下点支撑(单点, 弹簧刚度值大小设置为 10^{14})边界约束回转类壳体结构的固有频率及其模态振型, 圆柱壳、圆锥壳及球壳的几何参数与材料参数分别设定为: E=216GPa, μ=0.3, ρ=7900kg/m^3, L=1m, h=0.003m, R=0.237m; E=216GPa, μ=0.3, ρ=7900kg/m^3, L=1m, h=0.003m, R_0=0.237m, α_0=30°; E=206GPa, μ=0.3, ρ=7850kg/m^3, φ_0=30°, φ_1=150°, h=0.005m。从图 6-6 可知, 当圆柱壳与圆锥壳分析模型位移函数截断数的取值为 5×5 时, 不论是固有频率还是模态振型, 均与 FEM 结果有较大的偏差; 当截断数取值达到 10×10 以上, 结构的模态振型虽然已经与 FEM 结果接近, 但是频率之间的偏差依然很大; 当截断数取值大于 20×20 时, 基于本章分析模型求解获得的固有频率与 FEM 结果之间的相对偏差不超过 3.36%。因此, 对于点支撑非均匀边界约束圆柱壳和圆锥壳的动力学分析模型, 当截断数取值为 20×20 时, 可以获得相对准确和收敛的结果。对于球壳分析模型而言, 点支撑非均匀边界下的收敛性不如圆柱壳和圆锥壳, 当截断数取到 50×50 时, 与 FEM 结果的相对偏差为 3.23%。综上,

数值分析算例较充分地验证了本章模型（SGM）对于圆柱壳、圆锥壳和球壳结构振动特性求解的准确性和可靠性。为了更深入地了解回转类壳体结构的动力学特性，下面对回转类壳体结构的自由振动特性开展参数化研究。

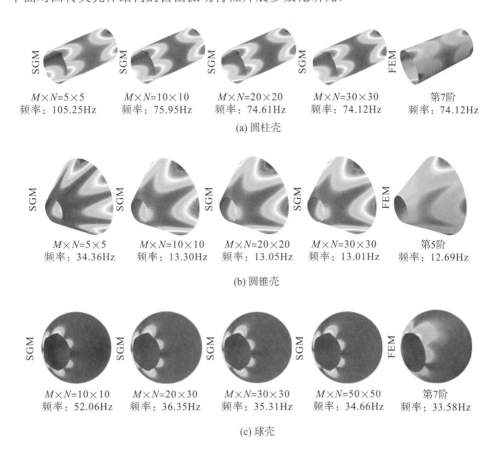

图 6-6　不同位移函数截断数下点支撑边界约束回转类壳体结构的固有频率及其模态振型

图 6-7 给出了边界条件对圆锥壳、圆柱壳和球壳固有频率的影响规律，其中边界条件设定为 CC、SS、SDSD 和 E^1E^1，波数取值为 $n=1$、2、3，$m=1$。从图 6-7 可以看出，结构固有频率随着边界约束弹簧刚度值的增大而逐渐增大，这是因为边界条件参数变化会对结构刚度矩阵产生影响。从图 6-7 还可以看出，边界条件的变化会对回转类壳体结构基频所对应的周向波数产生影响，CC、SS 和 SDSD 边界条件下，圆柱壳结构固有频率随着周向波数的增大而减小，说明在这三种边界条件下，圆柱壳结构的基频对应的周向波数 $n \geqslant 3$，而在 E^1E^1 边界条件下，固有频率随着周向波数的增大而增大，说明在该边界条件下，结构基频的周向波数 $n=0$ 或 1。

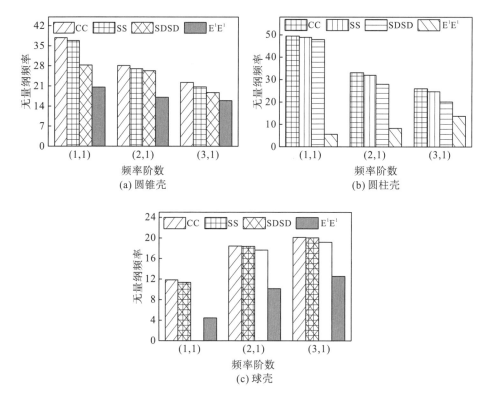

图 6-7　边界条件对回转类壳体结构固有频率的影响规律

图 6-8 给出了长径比 L/R_0 (L/R) 和周向波数 n 对圆锥壳和圆柱壳固有频率的影响规律，其中边界条件设定为 E^1E^1 和 E^1F，圆柱壳的半径 $R=1\text{m}$，圆锥壳的半径 $R_0=1\text{m}$，长度 L 分别取 0.5m、0.8m、1.0m、1.2m 和 1.5m，固有频率阶次的波数取值范围为：$n=0\sim8$，$m=1$。从图 6-8 可以看出，无论结构形式和边界条件如何变化，结构固有频率均随着长径比增加而呈现减小趋势，这是因为长度增加，导致结构整体刚度的降低。除此之外，结构固有频率随着周向波数的增加呈现出先减小后增大的趋势，这将会对基频出现的波数取值产生影响。

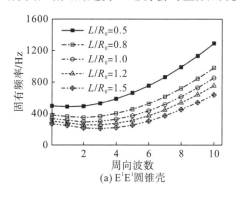
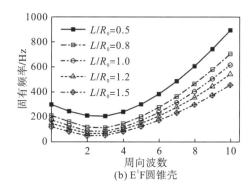

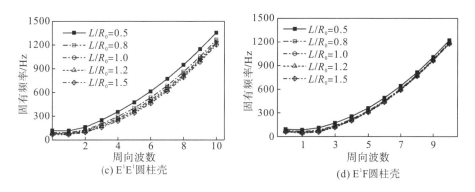

图 6-8　长径比和周向波数对圆锥壳和圆柱壳固有频率的影响规律

图 6-9 展示了半顶角 α_0 对圆锥壳固有频率的影响规律，几何参数定义为：$R_0=1\text{m}$，$L=2\text{m}$，$h=0.05\text{m}$；边界条件设定为：CC、SDSD、E^1E^1 和 E^2E^2；半顶角 α_0 的变化区间为[5°，75°]。从图 6-9 可以看出，无论何种边界条件，圆锥壳的固有频率随着半顶角 α_0 的增大而不断减小，这是因为半顶角的增大会使得结构的面积增加，导致结构整体刚度降低。

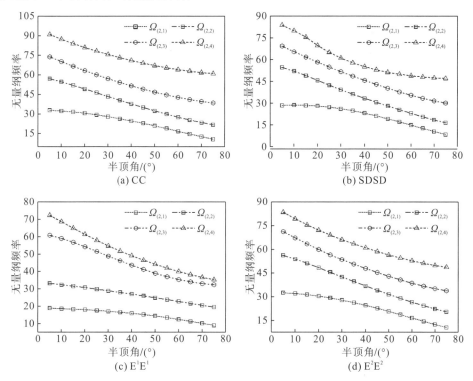

图 6-9　半顶角 α_0 对圆锥壳固有频率的影响规律

图 6-10 给出了起始角 φ_0 对球壳固有频率的影响规律，几何参数定义为：$R=1\text{m}$，$\varphi_1=150°$，$h=0.05\text{m}$；边界条件定义为 CC、SDSD、E^1E^1 和 E^2E^2；起始角 φ_0 的变化区间为 [5°，75°]。从图 6-10 可以看出，当边界条件为 CC、SDSD 和 E^2E^2 时，球壳的固有频率随着起始角的增大而逐渐增大，这是因为起始角的增大会使得结构的质量与刚度降低，此时质量球壳的频率占主导作用。

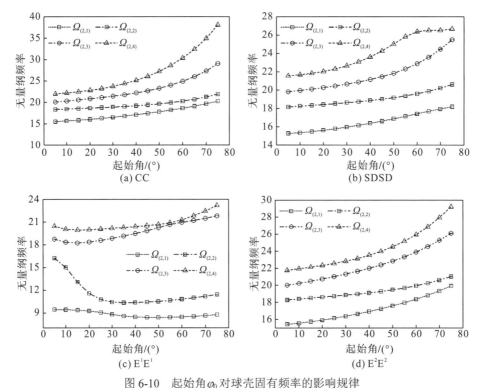

图 6-10   起始角 φ_0 对球壳固有频率的影响规律

6.3.2   简谐响应特性分析

6.3.1 节已经用本章所建立的回转类壳体结构动力学分析模型验证了求解圆柱壳、圆锥壳和球壳自由振动特性的正确性和有效性，并且对回转类壳体结构的自由振动特性进行了分析探讨，本节将进一步对回转类壳体结构的简谐响应进行分析。由于圆柱壳的研究结果已经较为丰硕，为了简化研究，选取圆锥壳和球壳作为简谐响应分析的研究对象。在进行结构简谐响应分析之前，先对本章模型(SGM)求解简谐响应特性的准确性进行验证，并在此基础上进行简谐响应参数化分析。在本节中，用 [$(x_1, x_2),(\theta_1, \theta_2)$] 表示面载荷施加的位置，其中，$x_1$ 和 x_2 表示面载荷沿结构母线方向的起点和终点；θ_1 和 θ_2 表示面载荷沿结构周向的起点和终点，用 (x_3, θ_3) 表示测点位置。如未特殊说明，圆锥壳结果的载荷施加位置设定为[(1m, 2m)，

(0°, 30°)], 测点位置分别设定为: 测点 1: (3m, 0°)、测点 2: (2m, 90°)、测点 3:
(2m, 180°) 和测点 4: (2m, 270°); 球壳载荷施加位置设定为[(0°, 60°), (0°, 90°)],
测点位置分别设定为: 测点 1: (90°, 180°)、测点 2: (90°, 270°)、测点 3: (60°, 270°)
和测点 4: (120°, 180°)。

  图 6-11 和图 6-12 分别给出了 CC 圆锥壳和 CC 球壳简谐位移响应结果, 其中
圆锥壳算例中的扫频范围为 100～300Hz, 球壳算例中的扫频范围为 300～750Hz,
作为对比数据, FEM 结果也在图 6-11 和图 6-12 中给出。通过图 6-11 和图 6-12
可以看出, 本章模型(SGM)的求解结果与 FEM 结果之间具有较好的一致性, 表
明本章模型(SGM)可以有效预测回转类壳体结构的简谐响应特性。

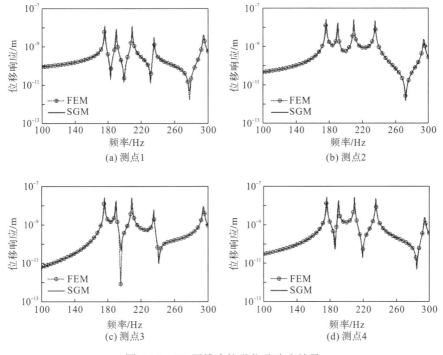

图 6-11　CC 圆锥壳简谐位移响应结果

  图 6-13 给出了不同边界条件下圆锥壳简谐位移响应特性, 其中边界条件设定
为 CC、E^1E^1 和 E^2E^2, 扫频范围为 0～250Hz。从图 6-13 可以看出, CC 与 E^1E^1
边界条件圆锥壳的简谐位移响应的变化规律较为一致, 且 CC 边界条件下的共振
峰位置比 E^1E^1 边界条件下的更往高频移动。这是因为 k_w 和 k_x 对圆锥壳的影响较
小, CC 边界条件对应的 k_w 和 k_x 大于 E^1E^1 边界条件工况。从图 6-13 中还可以看
出, E^2E^2 边界条件第 1 个共振峰对应的模态振型阶次和 CC 与 E^1E^1 边界条件存在
差异, 这是因为 E^2E^2 边界条件改变了对振动特性影响较为显著的弹簧刚度值, 进
而导致 E^2E^2 边界条件下的简谐位移响应和 CC 与 E^1E^1 边界条件有较大差别。

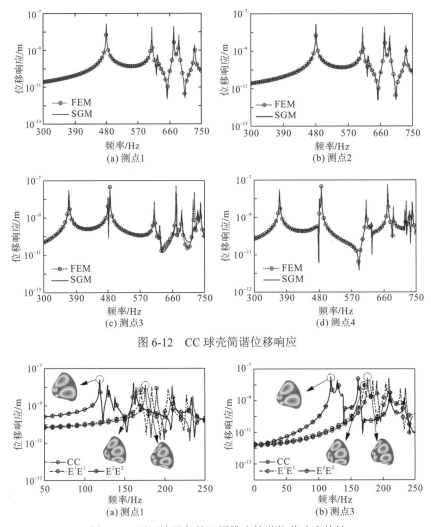

图 6-12　CC 球壳简谐位移响应

图 6-13　不同边界条件下圆锥壳简谐位移响应特性

　　图 6-14 给出了不同厚度下 CC 圆锥壳简谐位移响应特性，其中厚度分别为 0.05m、0.10m、0.15m。从图 6-14 可以看出，结构厚度的增加会使圆锥壳的简谐位移响应在观测频域内的共振峰数目减少，同时使共振峰向高频方向移动，其对应模态振型也有一定变化。此外还可以发现，结构厚度越大，相应的峰值越低。图 6-15 给出了不同半顶角下 CC 圆锥壳简谐位移响应特性，其中半顶角分别为 15°、30°、45°。从图 6-15 可知，半顶角的增大会导致整体刚度逐渐减小，进而使得结构的简谐位移响应的某些共振峰出现向低频移动的趋势，同时振幅大小也出现逐渐增大的趋势。此外还可以看出，半顶角的变化并未引起模态振型的阶次的变化，因此简谐位移响应整体变化趋势在所观测频域内基本一致。

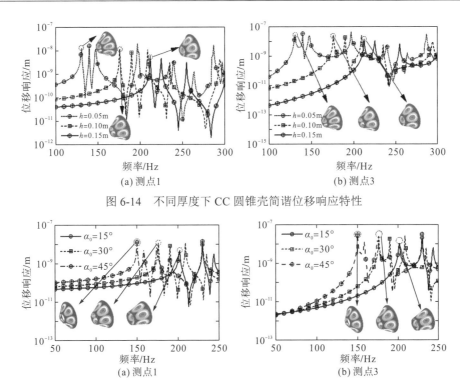

图 6-14　不同厚度下 CC 圆锥壳简谐位移响应特性

图 6-15　不同半顶角下 CC 圆锥壳简谐位移响应特性

图 6-16 给出了起始角 φ_0 对 CC 球壳简谐位移响应的影响规律，其中起始角 φ_0 分别为 10°、20°和 30°，终止角 $\varphi_1=150°$，载荷施加位置设定为[(120°, 150°)，(0°, 90°)]。从图 6-16 可知，简谐位移响应随着起始角的增大，结构共振峰虽然向高频方向移动，但是趋势基本一致，这与起始角对球壳振动特性的影响规律相吻合。图 6-17 分析了终止角 φ_1 对 CC 球壳简谐位移响应的影响规律，其中终止角分别为 135°和 150°，起始角 $\varphi_0=15°$。从图 6-17 可以看出，终止角对于简谐位移响应变化趋势影响不大，仅影响简谐位移响应共振峰的位置，随着终止角增大，简谐位移响应向低频方向移动。

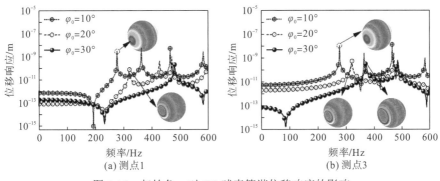

图 6-16　起始角 φ_0 对 CC 球壳简谐位移响应的影响

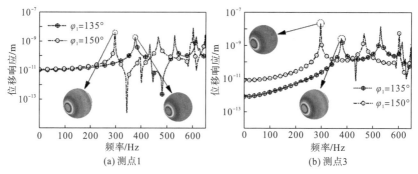

图 6-17　终止角 φ_1 对 CC 球壳简谐位移响应的影响规律

6.3.3　瞬态动力学特性分析

6.3.1 节和 6.3.2 节已经对回转类壳体结构的自由振动特性和简谐响应特性开展了分析讨论，本节将对回转类壳体结构的瞬态动力学特性进行讨论。若无特殊说明，本节算例中的激励选择为矩形脉冲类型，时间增量步 Δt =0.025ms，圆锥壳算例中分析时间 t=0.05s，激励时间 t_0=0.02s；球壳算例中分析时间 t =0.02s，激励时间 t_0=0.01s。

图 6-18 和图 6-19 分别给出了 CC 圆锥壳和 CC 球壳瞬态位移响应结果，作为对比数据，FEM 结果也在图 6-18 和图 6-19 中给出。从图 6-18 和图 6-19 可以看出，本章模型(SGM)求解的瞬态位移响应计算结果与 FEM 结果具有良好的一致性，验证了本章模型(SGM)预测回转类壳体结构瞬态动力学的正确性。

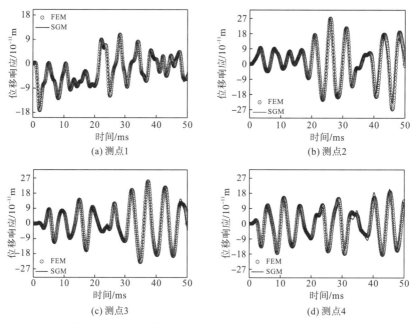

图 6-18　CC 圆锥壳瞬态位移响应与 FEM 结果的对比

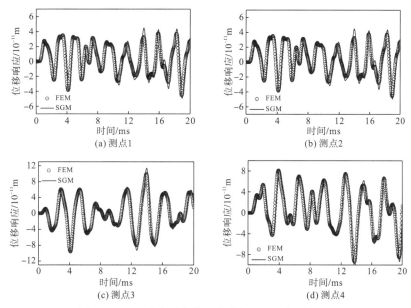

图 6-19　CC 球壳瞬态位移响应与 FEM 结果的对比

图 6-20 给出了不同边界条件下圆锥壳和球壳瞬态位移响应特性,计算时间为 0~20ms。从图 6-20 可以看出,CC、SDSD、E^1E^1 和 E^2E^2 边界条件下的瞬态位移响应曲线的幅值依次增大。这主要是因为随着边界约束的增强,结构刚度相应增加,从而导致瞬态响应幅值降低。

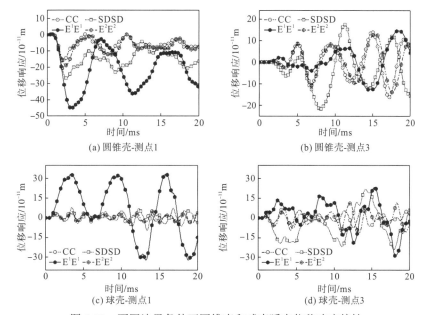

图 6-20　不同边界条件下圆锥壳和球壳瞬态位移响应特性

　　图 6-21 给出了不同厚度下 CC 圆锥壳瞬态位移响应特性，其中厚度参数为 h=0.05m、0.10m、0.15m 和 0.20m。从图 6-21 可以看出，瞬态位移响应曲线随着厚度增加，从起伏明显逐渐过渡至十分平缓。这是因为厚度的增加可以有效提高结构的刚度，进而有效抑制了结构的瞬态位移响应。图 6-22 给出了不同半顶角下 CC 圆锥壳瞬态位移响应特性，其中半顶角分别为 15°、30°、45°和 60°。从图 6-22 可知，随着半顶角 α_0 的增加，圆锥壳结构刚度有所降低，导致瞬态响应曲线的变化幅度有所增加。

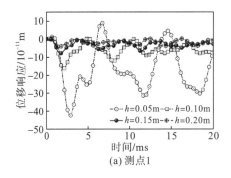 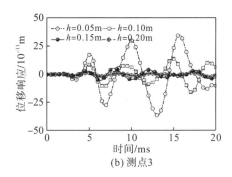

(a) 测点1　　　　　　　　　　　　　(b) 测点3

图 6-21　　不同厚度下 CC 圆锥壳瞬态位移响应特性

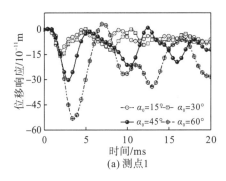 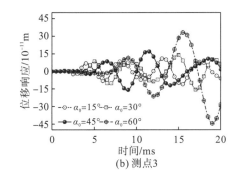

(a) 测点1　　　　　　　　　　　　　(b) 测点3

图 6-22　　不同半顶角下 CC 圆锥壳瞬态位移响应特性

　　图 6-23 和图 6-24 分别给出了不同球壳起始角 φ_0（终止角 φ_1 为 150°）和终止角 φ_1（起始角 φ_0 为 15°）下 CC 球壳结构瞬态位移响应特性。从图 6-23 和图 6-24 可以看出，球壳随着起始角 φ_0 的增大，瞬态位移响应曲线的幅值逐渐降低，而随着终止角 φ_1 的增大，瞬态位移响应曲线的幅值先增大后减小。

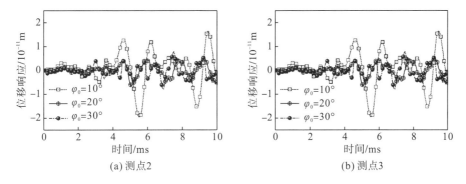

(a) 测点2　　　　　　　　　　　　(b) 测点3

图 6-23　不同球壳起始角 φ_0 下 CC 球壳结构瞬态位移响应特性

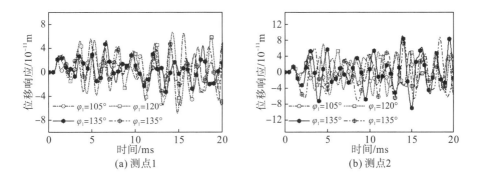

(a) 测点1　　　　　　　　　　　　(b) 测点2

图 6-24　不同球壳终止角 φ_1 下 CC 球壳结构瞬态位移响应特性

参 考 文 献

[1] Li Z, Ye T, Jin G, et al. Dynamic stiffness formulation for vibration analysis of an open cylindrical shell and its coupling structures based on a generalized superposition method[J]. Journal of Sound and Vibration, 2022, 538: 117237.

[2] He D, Shi D, Wang Q, et al. A unified power series method for vibration analysis of composite laminate conical, cylindrical shell and annular plate[J]. Structures, 2021, 29: 305-327.

[3] Jin G, Ye T, Wang X, et al. A unified solution for the vibration analysis of FGM doubly-curved shells of revolution with arbitrary boundary conditions[J]. Composites Part B: Engineering, 2016, 89: 230-252.

[4] Qu Y, Long X, Yuan G, et al. A unified formulation for vibration analysis of functionally graded shells of revolution with arbitrary boundary conditions[J]. Composites Part B: Engineering, 2013, 50: 381-402.

[5] Chen W, Luo W M, Chen S Y, et al. A FSDT meshfree method for free vibration analysis of arbitrary laminated composite shells and spatial structures[J]. Composite Structures, 2022, 279: 114763.

[6] Pellicano F. Vibrations of circular cylindrical shells: Theory and experiments[J]. Journal of Sound and Vibration, 2007, 303(1/2): 154-170.

[7] 张聪, 陈美霞. 任意边界条件下截顶圆锥壳体振动特性分析[C]//第十三届船舶水下噪声学术讨论会论文集, 鹰潭: 中国造船工程学会, 2011.

[8] Singh A V. Transient response of thin elastic spherical shells[J]. Journal of the Acoustical Society of America, 1980, 68(1): 191-197.

第7章　任意边界条件下回转类板-壳耦合结构动力学特性分析

　　回转类板-壳耦合结构是一种建立在回转类板和壳体结构基础上，综合考虑各种边界条件及耦合连接条件的耦合结构系统[1]，其动力学特性引起了广大研究人员的关注，并取得了丰硕研究成果。然而，现有研究成果大多是针对圆柱壳-环板耦合结构[2-6]的自由振动特性，关于圆锥壳-环板耦合结构的动力学特性研究成果却鲜有发表。本章在前述章节研究基础上，采用人工虚拟弹簧技术来处理任意边界条件以及子结构间的耦合连接条件，基于谱几何法推导了圆锥壳-环板耦合结构的动力学分析模型，并结合里兹法对模型进行求解，得到耦合结构的动力学特性分析模型；在建立的圆锥壳-环板耦合结构动力学分析模型基础上，通过几何参数设置，即可得到圆柱壳-环板耦合结构动力学分析模型；通过数值算例验证了本章建立的耦合结构动力学分析模型的可靠性和准确性，并在此基础上开展了任意边界条件下回转类板-壳耦合结构动力学特性参数化研究。

7.1　回转类板-壳耦合结构模型描述

　　本章以圆锥壳作为基本结构来建立回转类板-壳耦合结构，其几何结构及参数设置后的结构（圆柱壳与环板）如图 7-1 所示。在 7-1(a) 中，O 点为坐标原点；(x, θ, z) 为建立在结构中性面 $(z = 0)$ 处的正交坐标系；α 为圆锥壳的半顶角，当半顶角值分别取 0° 和 90° 时，圆锥壳分别蜕化为圆柱壳和环板结构，如图 7-1(b) 和图 7-1(c) 所示；R_0 和 R_1 分别为圆锥壳两端的小圆半径以及大圆半径；h 和 L 分别为厚度与母线方向长度。

　　在上述基础结构的基础上，通过子结构之间的耦合连接条件，可以建立如图 7-2 所示的圆柱壳-环板耦合结构和圆锥壳-环板耦合结构，其中 x_c 表示环板在耦合结构上的耦合位置。因为圆柱壳-环板耦合结构可通过将圆锥壳-环板耦合结构的半顶角设置为 0° 蜕化得到的，所以本章以圆锥壳-环板耦合结构为对象开展结构动力学建模。

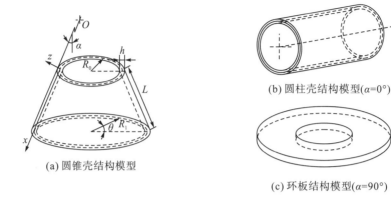

(a) 圆锥壳结构模型

(b) 圆柱壳结构模型($\alpha=0°$)

(c) 环板结构模型($\alpha=90°$)

图 7-1　几何结构及参数设置后的结构示意图

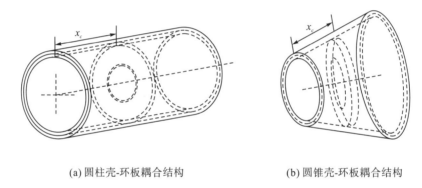

(a) 圆柱壳-环板耦合结构

(b) 圆锥壳-环板耦合结构

图 7-2　回转类板-壳耦合结构模型示意图

7.2　回转类板-壳耦合结构动力学建模

7.2.1　圆锥壳结构基本方程

基于一阶剪切变形理论，分别用 $u(x, \theta, z, t)$、$v(x, \theta, z, t)$ 和 $w(x, \theta, z, t)$ 表示圆锥壳结构上任一点沿 x、θ 和 z 方向的位移分量，它们可以描述为[7,8]

$$\begin{bmatrix} u(x,\theta,z,t) \\ v(x,\theta,z,t) \\ w(x,\theta,z,t) \end{bmatrix} = \begin{bmatrix} u_0(x,\theta,t) \\ v_0(x,\theta,t) \\ w_0(x,\theta,t) \end{bmatrix} + z \begin{bmatrix} \varphi_x(x,\theta,t) \\ \varphi_\theta(x,\theta,t) \\ 0 \end{bmatrix} \tag{7-1}$$

式中，t 为时间变量；$(u_0, v_0, w_0)^{\mathrm{T}}$ 为结构中面参考点沿 (x, θ, z) 方向的平移位移分量；$(\varphi_x, \varphi_\theta)^{\mathrm{T}}$ 为绕 x-z 和 θ-z 平面的旋转位移分量。

基于小变形假设和线性应变-位移关系，圆锥壳结构上任意一点位置处的应变分量 $(\varepsilon_x, \varepsilon_\theta, \gamma_{x\theta}, \gamma_{xz}, \gamma_{\theta z})$ 可以表示为

$$\varepsilon_x = \varepsilon_x^0 + z\kappa_x, \varepsilon_\theta = \varepsilon_\theta^0 + z\kappa_\theta, \gamma_{x\theta} = \gamma_{x\theta}^0 + z\kappa_{x\theta},$$
$$\gamma_{xz} = \varphi_x + \frac{\partial w_0}{\partial x}, \gamma_{\theta z} = \varphi_\theta - \frac{v_0}{R_\theta} + \frac{1}{A} \cdot \frac{\partial w_0}{\partial \theta} \tag{7-2}$$

其中，A 和 R_θ 分别代表拉梅常量和曲率半径，圆锥壳结构的具体取值为：$A = R_0 + x\sin\alpha$ 和 $R_\theta = x\tan\alpha + R_0/\cos\alpha$。$\boldsymbol{\varepsilon}^0 = \left(\varepsilon_x^0, \varepsilon_\theta^0, \gamma_{x\theta}^0\right)^{\mathrm{T}}$ 和 $\boldsymbol{\gamma} = \left(\gamma_{xz}, \gamma_{\theta z}\right)^{\mathrm{T}}$ 为中面的应变向量，$\boldsymbol{\kappa} = \left(\kappa_x, \kappa_\theta, \kappa_{x\theta}\right)^{\mathrm{T}}$ 为曲率变化向量，它们的具体表达式可参见文献[9]。

根据应力-应变本构方程，通过沿厚度方向进行积分运算可得结构的力和力矩分量，其具体表达式为

$$\boldsymbol{N} = \begin{bmatrix} A_{11} & A_{12} & 0 \\ A_{12} & A_{22} & 0 \\ 0 & 0 & A_{66} \end{bmatrix} \boldsymbol{\varepsilon}^0, \quad \boldsymbol{M} = \begin{bmatrix} D_{11} & D_{12} & 0 \\ D_{12} & D_{22} & 0 \\ 0 & 0 & D_{66} \end{bmatrix} \boldsymbol{\kappa},$$

$$\boldsymbol{Q}_x = K_s \begin{bmatrix} A_{55} & 0 \\ 0 & A_{44} \end{bmatrix} \boldsymbol{\gamma} \tag{7-3}$$

式中，$\boldsymbol{N} = \left(N_x, N_\theta, N_{x\theta}\right)^{\mathrm{T}}$ 和 $\boldsymbol{Q}_x = \left(Q_x, Q_\theta\right)^{\mathrm{T}}$ 为力向量；$\boldsymbol{M} = \left(M_x, M_\theta, M_{x\theta}\right)^{\mathrm{T}}$ 为力矩向量；K_s 为剪切修正因子，其值取为 5/6；A_{ij} 和 D_{ij} $(I, j = 1, 2, 6)$ 分别为结构的拉伸刚度系数和弯曲刚度系数，其计算公式为

$$\left(A_{ij}, D_{ij}\right) = \int_{-h/2}^{h/2} Q_{ij}\left(1, z^2\right) \mathrm{d}z \tag{7-4}$$

圆锥壳结构的应变势能为

$$U_v = \frac{1}{2} \iiint_V \left\{ N_x \varepsilon_x^0 + N_\theta \varepsilon_\theta^0 + N_{x\theta} \gamma_{x\theta}^0 + M_x \kappa_x + M_\theta \kappa_\theta + M_{x\theta} \kappa_{x\theta} + Q_x \gamma_{xz}^0 + Q_\theta \gamma_{\theta z}^0 \right\} \mathrm{d}V \tag{7-5}$$

圆锥壳结构的总动能为

$$T = \int_s \frac{A}{2} \left\{ \rho \left[\left(\frac{\partial u}{\partial t}\right)^2 + \left(\frac{\partial v}{\partial t}\right)^2 + \left(\frac{\partial w}{\partial t}\right)^2 \right] \right\} \mathrm{d}x\mathrm{d}\theta$$

$$= \int_s \frac{A}{2} \left\{ \begin{matrix} I_0 \left[\left(\frac{\partial u_0}{\partial t}\right)^2 + \left(\frac{\partial v_0}{\partial t}\right)^2 + \left(\frac{\partial w_0}{\partial t}\right)^2 \right] \\ + I_2 \left[\left(\frac{\partial \psi_x}{\partial t}\right)^2 + \left(\frac{\partial \psi_\theta}{\partial t}\right)^2 \right] \end{matrix} \right\} \mathrm{d}x\mathrm{d}\theta \tag{7-6}$$

7.2.2 耦合结构边界和连续性条件

在经典解析或半解析法中，若不同边界条件下所描述的结构位移容许函数形式不一致，则不利于结构参数化研究，而本章所建立的回转类板-壳耦合模型能够普遍适用于任意边界条件，其物理含义是由边界力载荷和位移变量共同决定的。基于此，本章通过在结构边界处引入人工虚拟弹簧，在保持边界力物理含义不变的前提下，将经典边界条件扩展至任意边界条件，再采用谱几何法统一构造耦合结构的位移容许函数，使得结构位移变量及其导数与任意边界条件能够普适匹配。

由于人工虚拟弹簧的引入，在耦合结构边界存在 3 组线性弹簧 k_{ug}、k_{vg} 和 k_{wg} 以及 2 组扭转弹簧 k_{xg} 与 $k_{\theta g}$，其中下角标 g 为 0、1 和 $a0$，分别表示耦合结构的左边界、右边界和环板内边界。此时，储存在人工虚拟弹簧中的弹性势能表示为

$$V_B = \int_0^{2\pi} \frac{A}{2} \left\{ \begin{array}{l} \left(k_{u0}u_{0c}^2 + k_{v0}v_{0c}^2 + k_{w0}w_{0c}^2 + k_{x0}\psi_{xc}^2 + k_{\theta 0}\psi_{\theta c}^2 \right)_{x=R_{0c}/\sin\alpha} \\ + \left(k_{u1}u_{0c}^2 + k_{v1}v_{0c}^2 + k_{w1}w_{0c}^2 + k_{x1}\psi_{xc}^2 + k_{\theta 1}\psi_{\theta c}^2 \right)_{x=R_{0c}/\sin\alpha + L_c} \\ + \left(k_{ua0}u_{0a}^2 + k_{va0}v_{0a}^2 + k_{wa0}w_{0a}^2 + k_{xa0}\psi_{xa}^2 + k_{\theta a0}\psi_{\theta a}^2 \right)_{x=R_{0a}} \end{array} \right\} \mathrm{d}\theta \qquad (7\text{-}7)$$

式中，c 和 a 分别表示为圆锥壳和环板结构。

此外，对于圆锥壳和环板之间的耦合连接界面，同样需要引入人工虚拟弹簧来确保力平衡与位移连续性条件，如图 7-3 所示。

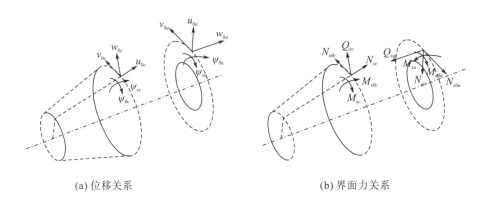

(a) 位移关系　　　　　　　　　　　　　　(b) 界面力关系

图 7-3　圆锥壳-环板耦合结构在耦合界面处的位移及力平衡示意图

此时，圆锥壳与环板在耦合连接界面处的连续性条件表示为

$$u_{0a} = w_{0c}\cos\alpha, \; v_{0a} = -v_{0c}, \; w_{0a} = u_{0c}\cos\alpha - w_{0c}\sin\alpha, \; \varphi_{xa} = \varphi_{xc}, \; \varphi_{\theta a} = \varphi_{\theta c} \qquad (7\text{-}8)$$

耦合界面连续性条件与结构边界类似，也是由力载荷和位移变量共同决定的，因此根据人工虚拟弹簧技术的内涵，这里同样需要通过引入 3 组线性弹簧(k_{cu}、k_{cv}、

k_{cw})和 1 组扭转约束弹簧(K_{cx})来满足耦合连接界面处的位移和力的连续协调条件，此时存储在引入的人工虚拟弹簧中的弹性势能可表示为

$$V_c = \int_0^{2\pi} \frac{A}{2} \left\{ \begin{array}{l} k_{cu}\left(u_{0a}|_{x=R_{1a}} - w_{0c}|_{x=R_{0c}/\sin\alpha + x_c}\cos\alpha\right)^2 + k_{cv}\left(v_{0a}|_{x=R_{1a}} + v_{0c}|_{x=R_{0c}/\sin\alpha + x_c}\right)^2 \\ + k_{cw}\left[w_{0a}|_{x=R_{1a}} - \left(u_{0c} - w_{0c}\right)_{x=R_{0c}/\sin\alpha + x_c}\cos\alpha\right]^2 \\ + k_{cx}\left(\varphi_{xa}|_{x=R_{1a}} - \varphi_{xc}|_{x=R_{0c}/\sin\alpha + x_c}\right)^2 \end{array} \right\} d\theta$$

$$(7\text{-}9)$$

当考虑外界激励作用下回转类板-壳耦合结构动力学响应特性时，需要引入外界激励力所做功 $W_{f\zeta}$，具体表达式为

$$W_{f\zeta} = \int_{L_x^\zeta} \int_{L_\theta^\zeta} \left[\begin{array}{l} f_{u\zeta}(x,\theta)u_{0\zeta} + f_{v\zeta}(x,\theta)v_{0\zeta} + f_{w\zeta}(x,\theta)w_{0\zeta} \\ + f_{x\zeta}(x,\theta)\psi_{x\zeta} + f_{\theta\zeta}(x,\theta)\psi_{\theta\zeta} \end{array} \right] dxd\theta \qquad (7\text{-}10)$$

式中，$f_{u\zeta}$、$f_{v\zeta}$、$f_{w\zeta}$ 分别表示 x、θ、z 方向上的力矢量；$f_{x\zeta}$、$f_{\theta\zeta}$ 分别表示 x、θ 方向上的力矩矢量；L_x^ζ 与 L_θ^ζ 分别为外界激励沿 x 和 θ 方向的作用区域。

在本章的动力学特性研究中，主要考虑横向载荷 $f_{w\zeta}$ 作用做功。对于瞬态动力学问题，本章主要考虑矩形脉冲、三角形脉冲、半正弦形脉冲及指数形脉冲四种瞬态载荷形式。

7.2.3　谱几何动力学模型

对于本章中所涉及的回转类板-壳耦合结构，由于其几何特征在空间中具有对称性，位移变量 $u_{0\zeta}(x,\theta,t)$、$v_{0\zeta}(x,\theta,t)$、$w_{0\zeta}(x,\theta,t)$ 和旋转变量 $\psi_{x\zeta}(x,\theta,t)$、$\psi_{\theta\zeta}(x,\theta,t)$ 在周向采用傅里叶正余弦谐波函数展开，在结构母线方向上采用谱几何法展开。因此，耦合结构的位移容许函数展开式可描述为

$$u_{0\zeta}(x,\theta,t) = \left[\boldsymbol{\Phi}(x,\theta), \boldsymbol{\Phi}_c(x,\theta)\right]\left[A_{u\zeta}\right]e^{j\omega t} \qquad (7\text{-}11a)$$

$$v_{0\zeta}(x,\theta,t) = \left[\boldsymbol{\Phi}(x,\theta), \boldsymbol{\Phi}_c(x,\theta)\right]\left[A_{v\zeta}\right]e^{j\omega t} \qquad (7\text{-}11b)$$

$$w_{0\zeta}(x,\theta,t) = \left[\boldsymbol{\Phi}(x,\theta), \boldsymbol{\Phi}_c(x,\theta)\right]\left[A_{w\zeta}\right]e^{j\omega t} \qquad (7\text{-}11c)$$

$$\psi_{x\zeta}(x,\theta,t) = \left[\boldsymbol{\Phi}(x,\theta), \boldsymbol{\Phi}_c(x,\theta)\right]\left[A_{x\zeta}\right]e^{j\omega t} \qquad (7\text{-}11d)$$

$$\psi_{\theta\zeta}(x,\theta,t) = \left[\boldsymbol{\Phi}(x,\theta), \boldsymbol{\Phi}_c(x,\theta)\right]\left[A_{\theta\zeta}\right]e^{j\omega t} \qquad (7\text{-}11e)$$

其中，$\boldsymbol{\Phi}(x,\theta)$ 和 $\boldsymbol{\Phi}_c(x,\theta)$ 分别表示由傅里叶余弦级数和辅助函数组成的函数向量；A_q（$q=u\zeta$, $v\zeta$, $w\zeta$, $x\zeta$, $\theta\zeta$）表示由位移系数 A_{mn}^q、$A_{ln}^{q,c}$ 组成的广义系数向量；ω 表示耦合结构系统的圆频率。上述函数向量采用克罗内克积形式可表示为

$$\boldsymbol{\Phi}(x,\theta) = \begin{bmatrix} \cos(\lambda_0 x), \cos(\lambda_1 x), \cdots, \\ \cos(\lambda_m x), \cdots, \cos(\lambda_M x) \end{bmatrix} \otimes \begin{bmatrix} \cos(\lambda_0 \theta), \cos(\lambda_1 \theta), \cdots, \\ \cos(\lambda_n \theta), \cdots, \cos(\lambda_N \theta) \end{bmatrix} \tag{7-12a}$$

$$\boldsymbol{\Phi}_c(x,\theta) = \begin{bmatrix} \sin(\lambda_{-2} x), \sin(\lambda_{-1} x) \end{bmatrix} \otimes \begin{bmatrix} \cos(\lambda_0 \theta), \cos(\lambda_1 \theta), \cdots, \\ \cos(\lambda_n \theta), \cdots, \cos(\lambda_N \theta) \end{bmatrix} \tag{7-12b}$$

$$A_q = \begin{bmatrix} A_q^f; A_q^c \end{bmatrix} \tag{7-12c}$$

$$A_q^f = \begin{bmatrix} A_{00}^q, \cdots, A_{0n}^q, \cdots, A_{0N}^q, \cdots, A_{m0}^q, \cdots, A_{mn}^q, \cdots, \\ A_{mN}^q, \cdots, A_{M0}^q, \cdots, A_{Mn}^q, \cdots, A_{MN}^q \end{bmatrix}^{\mathrm{T}} \tag{7-12d}$$

$$A_q^c = \begin{bmatrix} A_{-20}^{q,c}, \cdots, A_{-2n}^{q,c}, \cdots, A_{-2N}^{q,c}, A_{-10}^{q,c}, \cdots, A_{-1n}^{q,c}, \cdots, A_{-1N}^{q,c} \end{bmatrix}^{\mathrm{T}} \tag{7-12e}$$

式中，$\lambda_m = m\pi/L_\zeta$（$L_\zeta = L_c$ 或 $R_{1a}-R_{0a}$）；m 为轴向模态阶数；M 表示母线 x 方向的位移函数截断数；n 为周向波数；N 表示 θ 方向总的周向波数。

综上所述，根据圆锥壳和环板结构的能量表达式，圆锥壳-环板耦合结构的拉格朗日能量泛函可描述为

$$\Xi = T^c + T^a - U_v^c - U_v^a - V_B - V_c + W_{fc} + W_{fa} \tag{7-13}$$

将式(7-11)与式(7-12)代入式(7-13)中，并对式(7-13)中的未知系数进行变分极值操作：

$$\frac{\partial \Xi}{\partial \iota} = 0, \iota = A_{u\zeta}、 A_{v\zeta}、 A_{w\zeta}、 A_{x\zeta}、 A_{\theta\zeta} \tag{7-14}$$

即可获得圆锥壳-环板耦合结构的动力学特性求解方程：

$$\left(\boldsymbol{K} - \omega^2 \boldsymbol{M}\right)\boldsymbol{H} = \boldsymbol{F} \tag{7-15}$$

式中，$\boldsymbol{K}$ 和 $\boldsymbol{M}$ 分别为耦合结构的刚度矩阵和质量矩阵；$\boldsymbol{F}$ 为载荷向量。当研究耦合结构的自由振动特性时，此时载荷做功 $\boldsymbol{F}$ 为 0，式(7-15)直接转化为一个标准的特征值，通过求解该特征值，便能获得任意边界条件下圆锥壳-环板耦合结构的固有频率和模态振型。

当考虑任意外界激励下的简谐响应时，耦合结构简谐响应解的未知展开系数可以直接从式(7-15)计算得到，即：

$$\boldsymbol{H} = \left(\boldsymbol{K} - \omega^2 \boldsymbol{M}\right)^{-1} \boldsymbol{F} \tag{7-16}$$

在求得未知展开系数向量 $\boldsymbol{H}$ 后，将其代入耦合结构的位移容许函数中即可获得在特定激励频率下的简谐响应，而对于瞬态响应，通常采用具有无条件稳定的平均加速度 Newmark 法（相关参数设置参见第 2 章）对耦合结构的动力学方程进行迭代求解，即可得到各个时刻下对应的瞬态位移、速度和加速度响应情况。

7.3   数值结果与讨论

本节将基于 7.2 节所建立的回转类板-壳耦合结构动力学分析模型,进行自由振动、简谐响应以及瞬态响应等动力学特性分析。本节算例研究中涉及的自由、第一种简支、第二种简支以及固支边界分别采用符号 F、SS、SD 以及 C 表示,相对应的弹簧刚度值设置可参见 6.3.1 节。耦合结构的边界条件采用符号表示,例如,CSSF 表示耦合结构的左端边界(x_c=0)为固支边界、右端边界(x_c=L_c)为第一种简支边界和环板的内边界为自由边界。此外,除非有特殊说明,耦合结构的材料参数均为:弹性模量 E=2.06×10^{11}Pa、泊松比 μ=0.3、密度 ρ=7850 kg/m^3;圆柱壳-环板耦合结构的几何参数均设置为:h_c=h_a=0.05m、R_{0c}=1m、L_c=4m、R_{0a}=0.5m、x_c=L_c/2;圆锥壳-环板耦合结构的几何参数均设置为:h_c=h_a=0.05m、α=30°、R_{0c}=1m、L_c=3m、R_{0a}=0.5m、x_c=L_c/2。参考前述章节对回转类壳体结构动力学特性的收敛性研究,本节所有算例中的圆锥壳和环板位移容许函数截断数取值分别设定为:M=30 和 M=18。

7.3.1   自由振动特性分析

根据耦合连接界面的连续性条件模拟方法可知,需要通过引入人工虚拟弹簧来满足,因此首先需要开展耦合连接边界处弹簧的刚度值对耦合结构振动特性的收敛性研究。图 7-4 和图 7-5 给出了耦合界面处弹簧刚度对圆柱壳-环板耦合结构和圆锥壳-环板耦合结构固有频率的影响变化情况,其中固有频率阶次用波数表示,周向波数 n 设定为 1、2、3,轴向模态阶数 m 设定为 1 和 5。在图 7-4 和图 7-5 中,耦合连接界面处的 4 种类型弹簧刚度值大小统一从 10^8 增长至 10^{20},耦合结构边界条件设定为 CCC。根据图 7-4 和图 7-5 可以看出,当弹簧刚度值小于 10^8 时,刚度值的变化对耦合结构的固有频率几乎没有什么影响;当刚度值在 10^8 到 10^{13} 之间变化时,刚度值的变化会迅速地引起固有频率变化;当刚度值超过 10^{13} 以后,耦合结构的固有频率几乎保持不变。综上分析,为了确保耦合连接界面处的连续性条件(本质上为刚性连接),后续算例中将耦合界面处所有类型弹簧的刚度值均设定为 10^{14}。

为了进一步验证本章模型(SGM)的准确性和可靠性,接下来开展耦合结构自由振动特性分析,并将文献解和 FEM 结果作为参考结果进行对比分析。表 7-1 给出了 CFC、FFF 以及 SDFSD 边界条件下圆柱壳-环板耦合结构前 6 阶固有频率,其中文献对比数据来源于文献[4]。耦合结构的几何参数为:h=0.003m,R_{0c}=0.1045m,L_c=0.5m,

R_{0a}=0.03m，x_c=L_c。固有频率参数的无量纲化参数计算公式为：$\Omega = \omega R_{0c}\sqrt{\rho\left(1-\mu^2\right)/E}$。从表 7-1 的对比分析可知，本章模型（SGM）的计算结果与文献解、FEM 结果吻合良好。

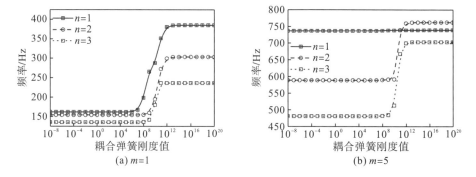

图 7-4　耦合界面处弹簧刚度对圆柱壳-环板耦合结构固有频率的影响

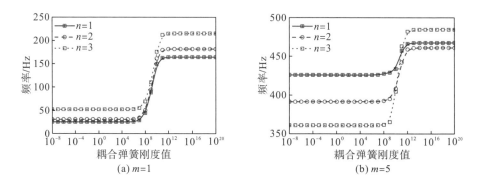

图 7-5　耦合界面处弹簧刚度对圆锥壳-环板耦合结构固有频率的影响

表 7-1　不同边界条件下圆柱壳-环板耦合结构前 6 阶固有频率参数 Ω

边界条件	方法	模态阶次					
		1	2	3	4	5	6
CFC	SGM	0.0893	0.1108	0.1294	0.1713	0.1792	0.1997
	文献[4]	0.0891	0.1108	0.1296	0.1715	0.1796	0.2003
	FEM	0.0889	0.1105	0.1294	0.1710	0.1789	0.1999
FFF	SGM	0.0230	0.0634	0.0831	0.0945	0.1207	0.1249
	文献[4]	0.0227	0.0634	0.0834	0.0940	0.1210	0.1246
	FEM	0.0226	0.0633	0.0829	0.0939	0.1208	0.1246
SDFSD	SGM	0.0100	0.0778	0.0851	0.1261	0.1614	0.1625
	文献[4]	0.0101	0.0778	0.0848	0.1262	0.1611	0.1622
	FEM	0.0100	0.0777	0.0848	0.1261	0.1610	0.1621

　　表 7-2 给出了 CCC、CFC、SSSSC 以及 FSSC 边界条件下圆锥壳-环板耦合结构前 10 阶固有频率。从表 7-2 可以看出，本章模型(SGM)求解结果与 FEM 结果间的偏差较小，最大相对偏差不超过 1.14%。为了更好地验证本章模型(SGM)的有效性，图 7-6 给出了 CCC 和 CFC 边界约束条件下耦合结构的模态振型对比情况。从图 7-6 可以看出，本章所建立的耦合结构动力学分析模型不仅可以准确预测耦合结构固有频率，还能可靠地获得耦合结构的模态振型。

表 7-2　不同边界条件下圆锥壳-环板耦合结构前 10 阶固有频率　　（单位：Hz）

模态阶次	CCC			CFC		
	SGM	FEM	偏差	SGM	FEM	偏差
1	159.99	158.19	-1.14%	62.28	61.99	-0.46%
2	164.85	163.05	-1.10%	62.28	61.99	-0.46%
3	164.85	163.05	-1.10%	69.10	68.88	-0.33%
4	182.16	180.38	-0.98%	69.10	68.88	-0.33%
5	182.16	180.38	-0.98%	71.25	70.96	-0.40%
6	215.92	214.35	-0.73%	71.25	70.96	-0.40%
7	215.92	214.35	-0.73%	90.77	90.52	-0.28%
8	218.15	217.86	-0.13%	90.77	90.52	-0.28%
9	218.15	217.86	-0.13%	93.41	93.23	-0.18%
10	223.55	223.21	-0.15%	93.41	93.24	-0.18%

模态阶次	SSSSC			FSSC		
	SGM	FEM	偏差	SGM	FEM	偏差
1	159.98	158.18	-1.14%	144.17	143.70	-0.33%
2	164.84	163.04	-1.10%	144.17	143.70	-0.33%
3	164.84	163.04	-1.10%	159.44	157.66	-1.13%
4	182.15	180.37	-0.99%	164.45	162.66	-1.10%
5	182.15	180.38	-0.98%	164.45	162.66	-1.10%
6	199.01	198.70	-0.16%	167.84	167.45	-0.23%
7	199.01	198.70	-0.16%	167.84	167.45	-0.23%
8	203.01	202.65	-0.18%	182.00	180.23	-0.98%
9	203.01	202.65	-0.18%	182.00	180.24	-0.98%
10	209.40	209.18	-0.10%	189.73	189.42	-0.16%

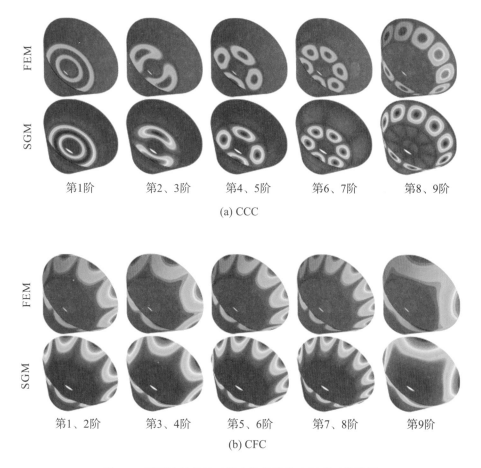

(a) CCC

(b) CFC

图 7-6   不同边界条件下耦合结构的模态振型对比结果

综上可知，本章所建立的回转类板-壳耦合结构动力学分析模型具有较高准确性和可靠性。为了进一步了解回转类板-壳耦合结构的动力学特性，下面进一步对圆柱壳-环板耦合结构和圆锥壳-环板耦合结构的自由振动特性开展参数化研究。

图 7-7 和图 7-8 分别展示了圆柱壳和圆锥壳的壳体长度 L_c 对其耦合结构固有频率的影响，其中边界条件设定为 SSSSC 和 SSFC，壳体长度 L_c 从 3m 递增至 8m，模态阶次的轴向模态阶数取为 $m=1$。从图 7-7 和图 7-8 可以看出，无论是圆柱壳-环板耦合结构还是圆锥壳-环板耦合结构，它们的固有频率都会随着壳体长度 L_c 的增大而减小，这是因为随着壳体长度 L_c 的增加会导致耦合结构整体刚度逐渐减小，从而引起固有频率降低。

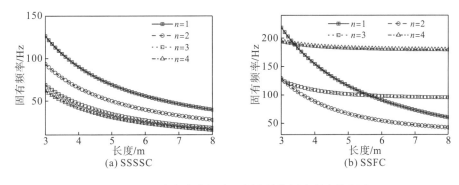

图 7-7 圆柱壳的壳体长度对耦合结构固有频率的影响

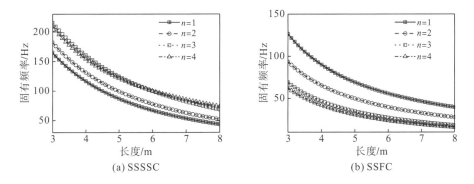

图 7-8 圆锥壳的壳体长度对耦合结构固有频率的影响

图 7-9 和图 7-10 给出了环板耦合位置 x_c 对圆柱壳-环板耦合结构和圆锥壳-环板耦合结构固有频率的影响，边界条件设定为 SSSSC 和 SSFC，圆柱壳-环板耦合结构与圆锥壳-环板耦合结构中环板耦合位置 x_c 分别为 0.0～4.0m 和 0.0～3.0m，$m=1$。从图 7-9 和图 7-10 可以看出，随着环板耦合位置向右移动，所有曲线都呈现先上升后下降的趋势。对于圆柱壳-环板耦合结构，在 SSSSC 左右对称边界条件下，其频率最大值在 $x_c=2.0$m 时取得，而在 SSFC 左右非对称边界条件下，其频率最大值在 $x_c=3.0$m 时取得。以 SSSSC 边界条件为例，提取了 $(m, n)=(1, 1)$ 模态阶次下模态振型，如图 7-9(a) 所示。从图 7-9(a) 不难看出，无论是在曲线上升阶段（$x_c=1.0$m）还是下降阶段（$x_c=3.0$m），结构模态振型图上的峰值区域集中在以环板耦合处为中心的单边位置处，而当曲线达到峰值时（$x_c=2.0$m），结构模态图上的峰值区域则是集中在以环板耦合处为中心的双边位置处。对于圆锥壳-环板耦合结构，由于随着环板耦合位置的变化，环板的外径也会随之变化。因此，各阶固有频率达到最大值所对应的环板耦合位置也各不相同。

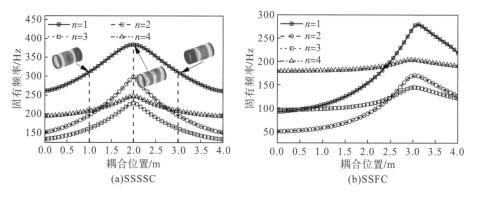

图 7-9　环板耦合位置对圆柱壳-环板耦合结构固有频率的影响

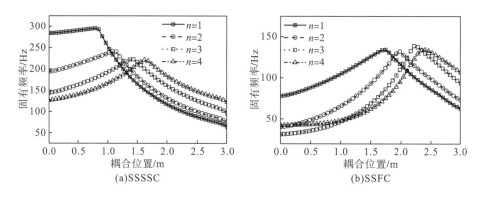

图 7-10　环板耦合位置对圆锥壳-环板耦合结构固有频率的影响

图 7-11 和图 7-12 展示了环板内径 R_{0a} 对圆柱壳-环板耦合结构和圆锥壳-环板耦合结构固有频率的影响规律，其中环板内径的变化区间为 [0.2m, 0.8m]，$m=1$，边界条件主要考虑为 SSSSC 和 SSFC。从图 7-11 和图 7-12 可以看出，对于圆柱壳-环板耦合结构，无论边界条件如何，环板内径 R_{0a} 的增加会使得 $n=1$ 下的固有频率呈现明显上升趋势，而对其余固有频率结果则变化不明显；对于圆锥壳-环板耦合结构，在 SSSSC 边界条件下，除了 $n=4$ 对应的模态阶次外，其余阶次的固有频率都会随着环板内径 R_{0a} 的增加呈现明显上升趋势；而在 SSFC 边界条件下，$n=1$ 对应的模态阶次固有频率结果呈现明显上升趋势，而其余模态阶次固有频率变化不明显。取 $R_{0a}=0.5m$，以 SSSSC 边界条件为例，提取了 $n=1$ 对应的模态阶次以及 $n=4$ 对应的模态阶次的模态振型图，如图 7-11(a) 和图 7-12(a) 所示。从图 7-11 和图 7-12 不难看出，$n=4$ 对应的耦合结构模态阶次，其模态特征主要位于圆柱壳或圆锥壳，此时环板内径 R_{0a} 的变化对于整体耦合结构的固有频率影响较小。

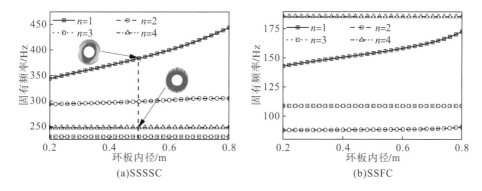

图 7-11　环板内径对圆柱壳-环板耦合结构固有频率的影响

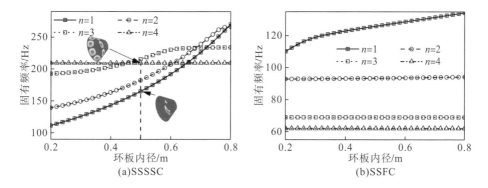

图 7-12　环板内径对圆锥壳-环板耦合结构固有频率的影响

　图 7-13 和图 7-14 给出了环板厚度 h_a 对圆柱壳-环板耦合结构和圆锥壳-环板耦合结构固有频率的影响，其中环板厚度 h_a 从 0.02m 递增至 0.10m，边界条件设定为 SSSSC 和 SSFC，$m=1$。从图 7-13 和图 7-14 可以看出，对于圆柱壳-环板耦合结构，无论边界条件如何，耦合结构的固有频率会随着环板厚度 h_a 的增大而变大；对于圆锥壳-环板耦合结构，随着环板厚度 h_a 的增加，耦合结构的固有频率变化趋势是先增加后趋于平缓，且 n 越大，平缓趋势则更为明显。如图 7-14(a) 所示，以 SSSSC 边界条件为例，取 $h_a=0.06$m，提取了 $n=1$ 阶次以及 $n=4$ 阶次模态振型图，可以看出，产生耦合结构固有频率变化现象的原因与图 7-12 和图 7-13 类似，本质上是由于耦合结构在某些模态阶次所对应的模态特征主要位于壳体或者环板结构上。

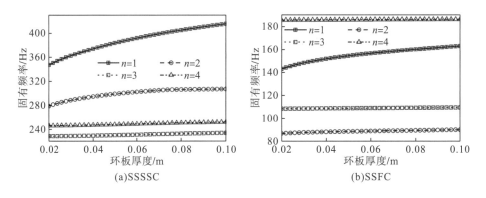

图 7-13　环板厚度对圆柱壳-环板耦合结构固有频率的影响

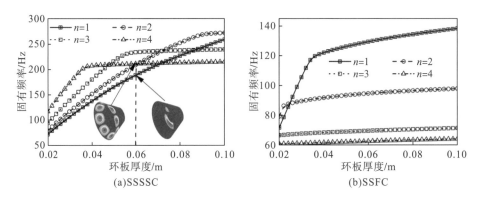

图 7-14　环板厚度对圆锥壳-环板耦合结构固有频率的影响

图 7-15 给出了圆锥壳半顶角对圆锥壳-环板耦合结构固有频率的影响,其中半顶角的变化区间为[15°, 60°],边界条件设定为 SSSSC 和 SSFC,$m=1$。从图 7-15 可以看出,圆锥壳-环板耦合结构的固有频率随着圆锥壳半顶角的增大而减小,这是因为半顶角的增大会使得结构的面积增加,导致耦合结构整体刚度降低。

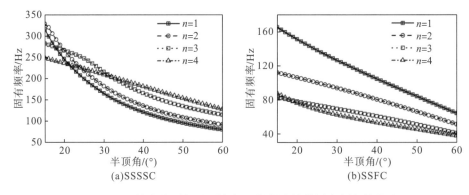

图 7-15　圆锥壳半顶角对圆锥壳-环板耦合结构固有频率的影响

7.3.2　简谐响应特性分析

7.3.1 节对本章所建立耦合结构动力学分析模型预示分析自由振动特性的正确性和有效性进行了验证，并且对其自由振动特性进行了分析探讨，本节进一步对耦合结构的简谐响应进行分析。在进行结构简谐响应特性分析之前，先对本章构建的模型求解简谐响应的准确性进行验证，并在此基础上进行简谐响应参数化分析。在本节中，外界激励载荷采用矩阵 $f_\zeta = (0, 0, -1, 0, 0)$ 来表示，载荷在轴向和周向方向的加载区域分别为 $L_x^c = [1\mathrm{m}, 2\mathrm{m}]$ 和 $L_\theta^c = [0°, 90°]$，同时采用 $P_m^\zeta = (x, \theta)$ 来表示耦合结构上测点位置，如未特殊说明，载荷的扫频范围均设置为 1～400Hz。

图 7-16 和图 7-17 分别给出了 CCC 圆柱壳-环板耦合结构和 CCC 圆锥壳-环板耦合结构简谐位移响应结果，其中测点 1 和测点 2 在壳体上，位置分别为 $(0.5\mathrm{m}, 0°)$ 和 $(2.5\mathrm{m}, 0°)$，测点 3 和测点 4 在环板上，位置分别为 $(0.75\mathrm{m}, 0°)$ 和 $(0.75\mathrm{m}, 90°)$。作为对比数据，FEM 的结果也在图中给出。从图 7-16 和图 7-17 可以看出，本章模型（SGM）的求解结果与 FEM 的结果具有较好的一致性，从而验证了本章模型（SGM）预测耦合结构简谐响应特性的正确性。

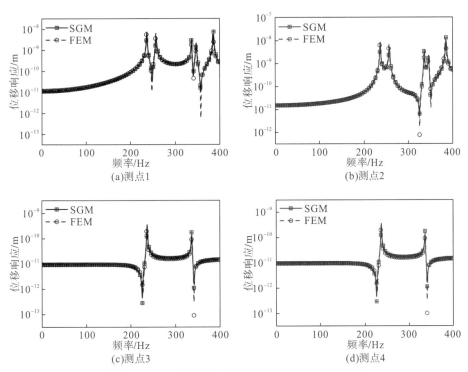

图 7-16　CCC 圆柱壳-环板耦合结构简谐位移响应

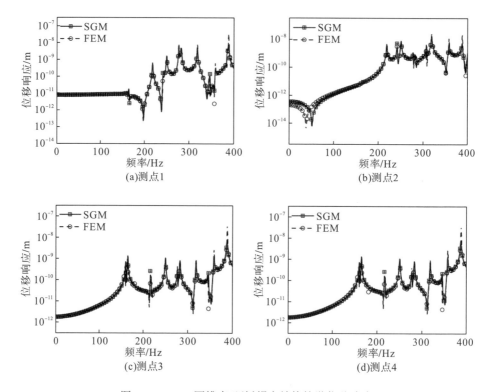

图 7-17 CCC 圆锥壳-环板耦合结构简谐位移响应

    在验证了耦合结构动力学模型求解简谐响应特性的正确性和有效性基础上，继续开展圆柱壳-环板耦合结构和圆锥壳-环板耦合结构简谐响应特性参数化研究。为了简化研究工作，仅选取两个测点来开展简谐位移响应参数化分析，其中测点 A 在壳体上，位置为 $(0.5m, 0°)$，测点 B 在环板上，位置为 $(0.75m, 0°)$。

    图 7-18 和图 7-19 分别给出了不同壳体长度 L_c 下 CCC 圆柱壳-环板耦合结构和 CCC 圆锥壳-环板耦合结构简谐位移响应特性，其中壳体长度分别取 L_c=3m、4m、5m 和 6m。从图 7-18 和图 7-19 可以看出，无论是圆柱壳-环板耦合结构还是圆锥壳-环板耦合结构，随着壳体长度 L_c 的增大，耦合结构的简谐位移响应曲线会向低频方向移动，同时在所分析频带范围内的共振峰数目也会相应增加，这与图 7-7 和图 7-8 所得到的结论一致，结构尺寸增大导致整个耦合结构刚度减小。

    图 7-20 和图 7-21 给出了环板耦合位置 x_c 对 CCC 圆柱壳-环板耦合结构和 CCC 圆锥壳-环板耦合结构简谐位移响应特性的影响规律，其中选取了 x_c=0、$1/3L_c$、$2/3L_c$ 和 L_c 四种环板耦合位置。从图 7-21 和图 7-22 可以看出，对于圆柱壳-环板耦合结构，当环板耦合位置在 x_c=0 和 $1/3L_c$ 之间变化时，简谐位移响应曲线会向高频方向移动；当环板耦合位置在 x_c=$1/3L_c$ 和 $2/3L_c$ 之间变化时，简谐位移响应曲线的共

振峰位置变化不明显；当环板耦合位置在 $x_c=2/3L_c$ 与 L_c 之间变化时，简谐位移响应曲线会向低频方向移动。从图 7-9 可以看出，随着环板位置的移动，耦合结构的频率参数呈现先上升后下降的趋势，$x_c=1/2L_c$ 恰好为结构频率的最大值，所以其简谐位移响应曲线在特定频率域内的峰值个数会先增加后减少。对于圆锥壳-环板耦合结构，当环板耦合位置在 $x_c=0$ 和 $1/3L_c$ 之间变化时，简谐位移响应曲线会向高频方向移动；当环板耦合位置在 $x_c=1/3L_c$ 和 L_c 之间变化时，简谐位移响应曲线的共振峰位置会向低频方向移动。其原因与图 7-20 类似，区别在于耦合结构频率的最大值不再固定，如图 7-10 所示，变化过程也会有所不同。

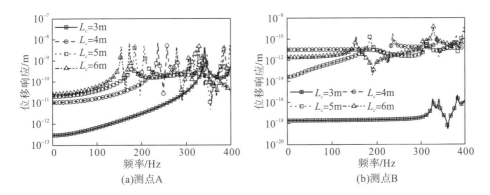

图 7-18　不同壳体长度 L_c 下 CCC 圆柱壳-环板耦合结构简谐位移响应特性

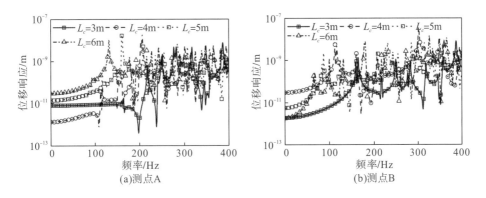

图 7-19　不同壳体长度 L_c 下 CCC 圆锥壳-环板耦合结构简谐响应特性

图 7-22 和图 7-23 分别给出了不同环板内径 R_{0a} 下圆柱壳-环板耦合结构和圆锥壳-环板耦合结构在测点 A 处的简谐位移响应特性，其中耦合结构边界条件设定为 CCC 与 CFC。从图 7-22 和图 7-23 可知，随着环板内径 R_{0a} 的增加，耦合结构的刚度会略微有所增加，耦合结构简谐位移响应曲线的一些共振峰会向高频移动，但是变化效果并不十分明显。

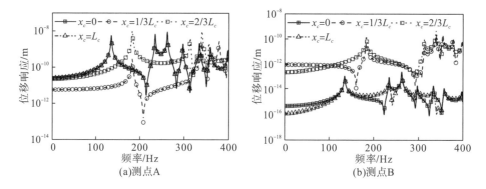

图 7-20   不同环板耦合位置 x_c 下 CCC 圆柱壳-环板耦合结构简谐位移响应特性

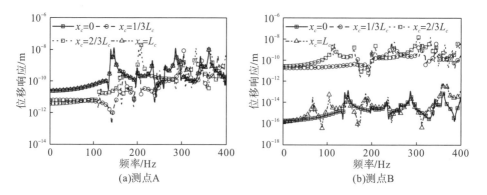

图 7-21   不同环板耦合位置 x_c 下 CCC 圆锥壳-环板耦合结构简谐位移响应特性

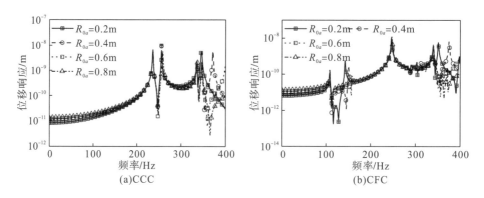

图 7-22   不同环板内径 R_{0a} 下圆柱壳-环板耦合结构在测点 A 处的简谐位移响应特性

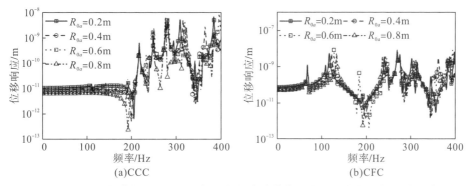

图 7-23　不同环板内径 R_{0a} 下圆锥壳-环板耦合结构在测点 A 处的简谐位移响应特性

图 7-24 和图 7-25 分别给出了环板厚度 h_a 对 CCC 圆柱壳-环板耦合结构和 CCC 圆锥壳-环板耦合结构简谐位移响应特性的影响规律，其中环板厚度选取 h_a=0.02m、0.04m、0.06m 和 0.08m 四个工况。从图 7-24 和图 7-25 可知，对于圆柱壳-环板耦合结构，环板厚度 h_a 不会明显改变响应曲线共振峰的位置；对于圆锥壳-环板耦合结构，随着环板厚度 h_a 的增加，耦合结构简谐位移响应曲线的共振峰会向高频移动，尤其是对于测点 B。

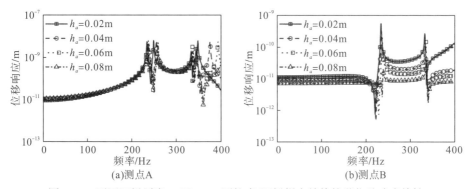

图 7-24　不同环板厚度 h_a 下 CCC 圆柱壳-环板耦合结构简谐位移响应特性

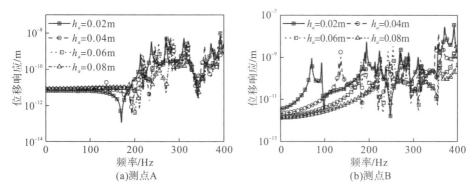

图 7-25　不同环板厚度 h_a 下 CCC 圆锥壳-环板耦合结构简谐位移响应特性

图 7-26 给出了圆锥壳半顶角 α 对 CCC 圆锥壳-环板耦合结构的简谐位移响应特性的影响规律,其中半顶角 α 从 15°递增至 60°。从图 7-26 可以看出,随着半顶角的增大会导致整体刚度逐渐变小,进而使得圆锥壳-环板耦合结构的简谐位移响应曲线某些共振峰出现向低频移动的趋势,同时振幅大小也会出现逐渐增大的趋势。

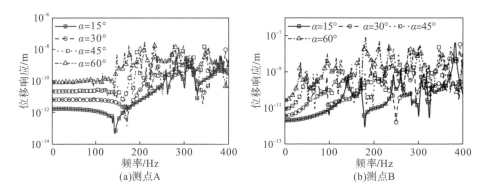

图 7-26   不同圆锥壳半顶角 α 下 CCC 圆锥壳-环板耦合结构简谐位移响应特性

图 7-27 和图 7-28 分别给出了不同载荷位置下 CCC 圆柱壳-环板耦合结构和 CCC 圆锥壳-环板耦合结构简谐位移响应特性的影响规律,其中载荷位置 1: L_x^c =[0.0m, 0.5m]和 L_θ^c =[0°, 90°];载荷位置 2: L_x^c =[0.5m, 1.0m]和 L_θ^c =[0°,90°];载荷位置 3: L_x^c =[1.0m, 1.5m]和 L_θ^c =[0°, 90°];载荷位置 4: L_x^c =[1.5m, 2.0m]和 L_θ^c =[0°, 90°]。从图 7-27 和图 7-28 可知,载荷位置的变化不会改变简谐位移响应曲线的共振峰位置,这是因为简谐位移响应共振峰位置大多数是耦合结构的固有频率,其位置变化仅与结构属性相关,而与外界激励无关。

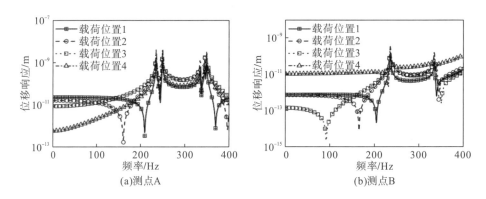

图 7-27   不同载荷位置下 CCC 圆柱壳-环板耦合结构简谐位移响应特性

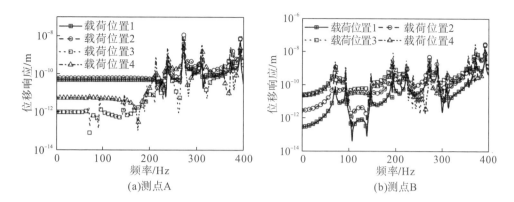

图 7-28　不同载荷位置下 CCC 圆锥壳-环板耦合结构简谐位移响应特性

7.3.3　瞬态动力学特性分析

7.3.1 节和 7.3.2 节已经对耦合结构的自由振动特性和简谐响应特性开展了分析讨论，本节将对圆柱壳-环板耦合结构和圆锥壳-环板耦合结构的瞬态动力学特性进行讨论。若无特殊说明，本节算例中的激励选择为矩阵脉冲类型，激励时间 $t_0=0.02\text{s}$、时间增量步 $\Delta t=0.001\text{ms}$、分析时间 $t=0.04\text{s}$。

图 7-29 和图 7-30 给出了矩形、三角形、半正弦形和指数形四种脉冲激励下 CCC 圆柱壳-环板耦合结构和 CCC 圆锥壳-环板耦合结构在测点 A 处的瞬态位移响应与 FEM 结果的对比情况。从图 7-29 和图 7-30 可知，本章模型（SGM）获得的瞬态位移响应计算结果与 FEM 结果具有良好的一致性，由此验证了本章所建立的耦合结构动力学分析模型可以准确、可靠的预测结构瞬态动力学特性。

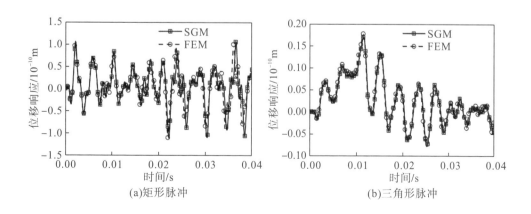

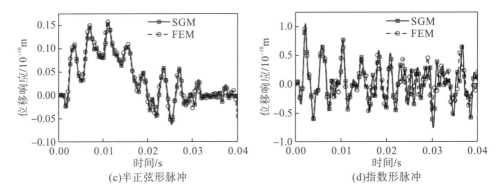

(c)半正弦形脉冲 (d)指数形脉冲

图 7-29 不同脉冲类型下 CCC 圆柱壳-环板耦合结构瞬态位移响应

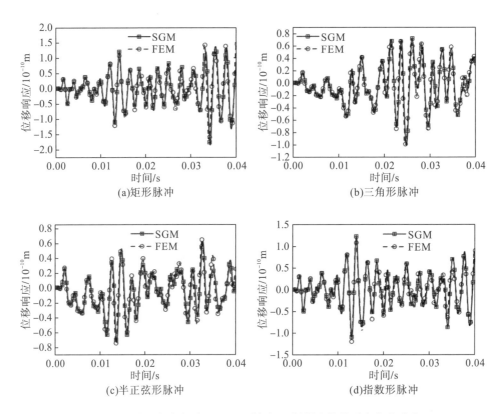

(a)矩形脉冲 (b)三角形脉冲

(c)半正弦形脉冲 (d)指数形脉冲

图 7-30 不同脉冲类型下 CCC 圆锥壳-环板耦合结构瞬态位移响应

　　在对本章所构建动力学分析模型分析瞬态动力学特性正确性和有效性验证的基础上，开展相关参数对圆柱壳-环板耦合结构和圆锥壳-环板耦合结构瞬态位移响应特性的影响研究。

图 7-31 和图 7-32 展示了壳体长度 L_c 对 CCC 圆柱壳-环板耦合结构和 CCC 圆锥壳-环板耦合结构瞬态位移响应特性的影响情况，其中壳体长度 L_c=3m、4m、5m 和 6m。从图 7-31 和图 7-32 可以看出，壳体长度 L_c 的增大会使耦合结构刚度减小，从而增大耦合结构瞬态位移响应曲线的变化幅度，尤其是对于圆柱壳-环板耦合结构在环板上的瞬态位移响应。

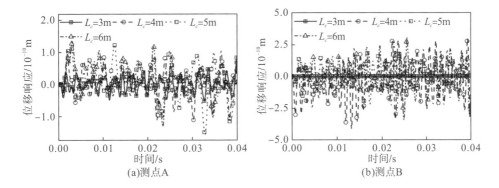

图 7-31　不同壳体长度 L_c 下 CCC 圆柱壳-环板耦合结构瞬态位移响应特性

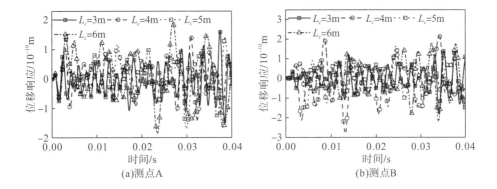

图 7-32　不同壳体长度 L_c 下 CCC 圆锥壳-环板耦合结构瞬态位移响应特性

图 7-33 和图 7-34 给出了环板耦合位置 x_c 对 CCC 圆柱壳-环板耦合结构和 CCC 圆锥壳-环板耦合结构瞬态位移响应特性的影响情况。从图 7-33 和图 7-34 可知，对于环板上的瞬态位移响应，环板耦合位置在壳体两边时结构刚度最低，因此其瞬态位移曲线变化幅度要远远小于其在中间耦合位置时的；对于壳体上的瞬态位移响应，环板耦合位置在壳体两边时的瞬态位移曲线变化形势非常一致，当环板耦合位置在 $x_c=1/3L_c$ 和 $x_c=2/3L_c$ 时，圆锥壳-环板耦合结构瞬态位移响应的变化幅度有所降低。

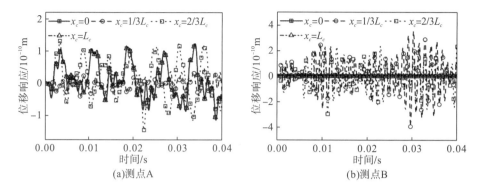

图 7-33　环板耦合位置 x_c 对 CCC 圆柱壳-环板耦合结构瞬态位移响应特性的影响情况

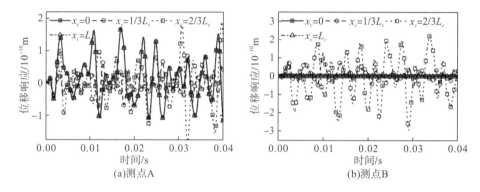

图 7-34　环板耦合位置 x_c 对 CCC 圆锥壳-环板耦合结构瞬态位移响应特性的影响情况

　　图 7-35 和图 7-36 给出了环板内径 R_{0a} 对圆柱壳-环板耦合结构和圆锥壳-环板耦合结构在测点 A 处的瞬态位移响应特性的影响情况。从图 7-35 和图 7-36 可知，随着环板内径 R_{0a} 的增加，圆柱壳-环板耦合结构的瞬态位移曲线变化效果不明显，而圆锥壳-环板耦合结构的瞬态位移曲线变化幅度有所增加。

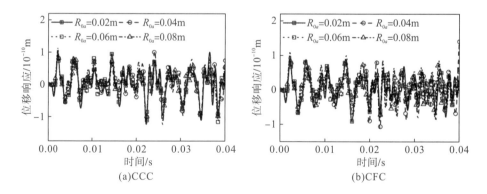

图 7-35　环板内径 R_{0a} 对圆柱壳-环板耦合结构瞬态位移响应特性的影响情况

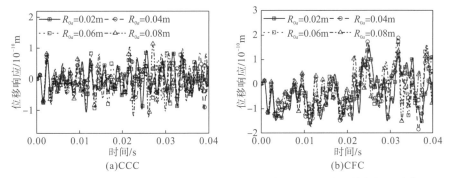

(a)CCC　　　　　　　　　　　(b)CFC

图 7-36　不同环板内径 R_{0a} 下圆锥壳-环板耦合结构瞬态位移响应特性的影响情况

　　图 7-37 和图 7-38 给出了环板厚度 h_a 对 CCC 圆柱壳-环板耦合结构和 CCC 圆锥壳-环板耦合结构瞬态位移响应特性的影响情况，其中选取了 $h_a=0.02$m、0.04m、0.06m 和 0.08m 四种类型的环板厚度。从图 7-37 和图 7-38 可知，随着环板厚度的增加，对于耦合结构的整体刚度影响有限，导致壳体上的瞬态位移响应曲线变化不明显，而对于环板上的瞬态响应，由于环板厚度的增加可以提高环板结构的刚度，因此其曲线变化幅度会出现大幅度降低。

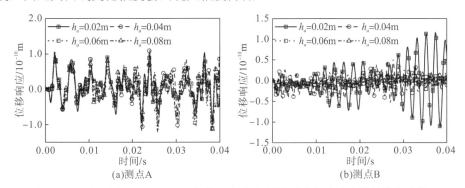

(a)测点A　　　　　　　　　　(b)测点B

图 7-37　环板厚度 h_a 对 CCC 圆柱壳-环板耦合结构瞬态位移响应特性的影响情况

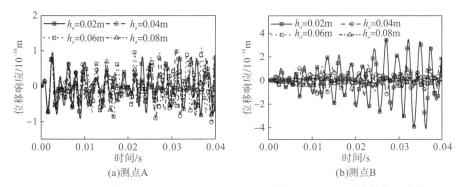

(a)测点A　　　　　　　　　　(b)测点B

图 7-38　环板厚度 h_a 对 CCC 圆锥壳-环板耦合结构瞬态位移响应特性的影响情况

　　图 7-39 给出了圆锥壳半顶角 α 对 CCC 圆锥壳-环板耦合结构瞬态位移响应特性的影响规律，其中半顶角 α 从 15°递增至 60°。从图 7-39 可知，随着半顶角 α 的增加，耦合结构刚度有所降低，导致耦合结构瞬态响应曲线的变化幅度有所增加。

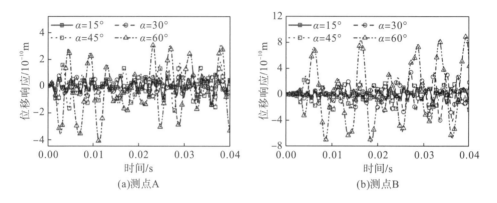

图 7-39　圆锥壳半顶角 α 对 CCC 圆锥壳-环板耦合结构瞬态位移响应特性的影响规律

　　图 7-40 和图 7-41 分别给出了载荷位置对 CCC 圆柱壳-环板耦合结构和 CCC 圆锥壳-环板耦合结构瞬态位移响应特性的影响情况，载荷加载位置与图 7-28 算例设置参数保持一致。从图 7-40 和图 7-41 可知，壳体位置瞬态位移响应的变化幅度会在载荷位置 2 处达到最大，这是因为该载荷位置距离测点更近，而圆锥壳-环板耦合结构上环板位置的响应曲线变化幅度会在载荷位置 4 处达到最大，这是因为该载荷位置距离环板上的测点更近。

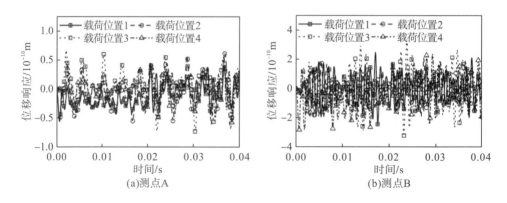

图 7-40　载荷位置对 CCC 圆柱壳-环板耦合结构瞬态位移响应特性的影响情况

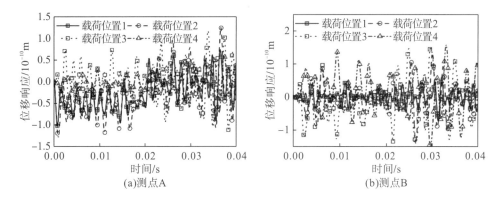

图 7-41　载荷位置对 CCC 圆锥壳-环板耦合结构瞬态位移响应特性的影响情况

参 考 文 献

[1] Qin Z, Yang Z, Zu J, et al. Free vibration analysis of rotating cylindrical shells coupled with moderately thick annular plates[J]. International Journal of Mechanical Sciences, 2018, 142: 127-139.

[2] Cheng L, Nicolas J. Free vibration analysis of a cylindrical shell-circular plate system with general coupling and various boundary conditions[J]. Journal of Sound and Vibration, 1992, 155(2): 231-247.

[3] Wang Z H, Xing J T, Price W G. A study of power flow in a coupled plate-cylindrical shell system[J]. Journal of Sound and Vibration, 2004, 271(3-5): 863-882.

[4] Ma X, Jin G, Shi S, et al. An analytical method for vibration analysis of cylindrical shells coupled with annular plate under general elastic boundary and coupling conditions[J]. Journal of Vibration and Control, 2017, 23(2): 305-328.

[5] Xie K, Chen M, Zhang L, et al. Wave based method for vibration analysis of elastically coupled annular plate and cylindrical shell structures[J]. Applied Acoustics, 2017, 123: 107-122.

[6] Cao Y, Zhang R, Zhang W, et al. Vibration characteristics analysis of cylindrical shell-plate coupled structure using an improved fourier series method[J]. Shock and Vibration, 2018, 2018(2): 1-19.

[7] He D, Shi D, Wang Q, et al. A unified power series method for vibration analysis of composite laminate conical, cylindrical shell and annular plate[J]. Structures, 2021, 29: 305-327.

[8] Qu Y, Long X, Yuan G, et al. A unified formulation for vibration analysis of functionally graded shells of revolution with arbitrary boundary conditions[J]. Composites Part B: Engineering, 2013, 50: 381-402.

[9] Su Z, Jin G, Shi S, et al. A unified solution for vibration analysis of functionally graded cylindrical, conical shells and annular plates with general boundary conditions[J]. International Journal of Mechanical Sciences, 2014, 80: 62-80.

第8章 任意边界条件下球–锥–柱耦合结构
动力学特性分析

由球壳、圆锥壳、圆柱壳与环板构成的耦合结构在船舶、航天等工程领域中得到了广泛应用[1-3]，且子结构之间的能量流动和传递导致此类耦合结构动力学特性变得更为复杂。目前，国内外学者就锥、柱、球壳与环板耦合结构的动力学特性进行了研究，然而大多局限于锥-柱组合结构[4-9]的自由振动特性分析，很少涉及球-锥-柱与环板耦合结构。鉴于此，本章在前述章节的基础上，首先采用人工虚拟弹簧技术来处理任意边界条件以及子结构之间的连续性条件，并根据谱几何法统一构造各子结构的位移容许函数；然后在一阶剪切变形理论框架下，建立球-锥-柱与环板耦合结构的能量泛函，并采用里兹法获得耦合结构动力学分析模型；最后通过数值仿真算例验证模型的可靠性和准确性，并在此基础上开展任意边界条件下球-锥-柱耦合结构动力学特性的参数化研究。

8.1 球-锥-柱耦合结构模型描述

球-锥-柱耦合结构模型如图 8-1 所示，其中 h_{cy}、h_{co}、h_s 和 h_a 分别为圆柱壳、圆锥壳、球壳和环板结构的厚度；L_{cy} 和 L_{co} 分别为圆柱壳和圆锥壳结构沿母线方向的长度；R_{cy}、R_{0co}、R_{1co}、R_{0a}、R_{1a} 和 R_s 分别为圆柱壳半径、圆锥壳小圆半径、圆锥壳大圆半径、环板内径、环板外径和球壳半径；θ 为圆锥壳的半顶角；φ_1 为球壳底部所对应的中心角，在本章模型(SGM)中，球壳与圆锥壳在耦合连接界面处相切，两者之间的结构参数为：$\varphi_1=90°-\theta$，$R_s=(R_{1co}-L_{co}\sin\theta)/\cos\theta$；$N_a$ 为环板；α_{ak} 为第 k 个环板在圆柱壳上的耦合位置，此外，符号 s、cy 和 co 分别表示球壳、圆柱壳和圆锥壳。

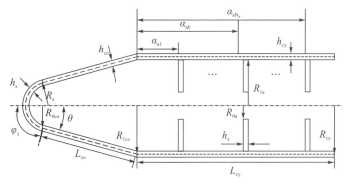

图 8-1　球-锥-柱耦合结构模型示意图

8.2　球-锥-柱耦合结构动力学建模

8.2.1　耦合结构基本方程以及位移连续性

在前述章节中，已经对球壳、圆锥壳、圆柱壳以及环板结构的动力学特性开展了相关研究。在此基础上，通过采用人工虚拟弹簧技术来确保耦合连接界面处的力平衡与位移连续性条件。此时，球-锥-柱耦合结构的拉格朗日能量泛函表示为

$$\Xi = T^{\mathrm{s}} + T^{\mathrm{cy}} + T^{\mathrm{co}} + \sum_{k=1}^{N_a} T^{a,k} - U_v^{\mathrm{s}} - U_v^{\mathrm{cy}} - U_v^{\mathrm{co}} - V_b - V_{\mathrm{sc}} - V_{\mathrm{cc}}$$
$$- \sum_{k=1}^{N_a} V_{\mathrm{ca}}^k + W_{\mathrm{fs}} + W_{\mathrm{fco}} + W_{\mathrm{fcy}} + \sum_{k=1}^{N_a} W_{\mathrm{fa},k} \tag{8-1}$$

式中，上角标 a,k 为第 k 个环板；V_b 为耦合结构右边界以及环板内边界处的边界弹簧势能总和；V_{sc} 为人工虚拟弹簧在球壳与圆锥壳之间存储的弹簧势能。由于在本章中，球壳与圆锥壳在耦合连接界面处相切，其连续条件如图 8-2 所示，可以表示为

$$u_0^{\mathrm{s}} = u_0^{\mathrm{co}}, \ v_0^{\mathrm{s}} = v_0^{\mathrm{co}}, \ w_0^{\mathrm{s}} = w_0^{\mathrm{co}}, \ \psi_\alpha^{\mathrm{s}} = \psi_\alpha^{\mathrm{co}}, \ \psi_\beta^{\mathrm{s}} = \psi_\beta^{\mathrm{co}} \tag{8-2}$$

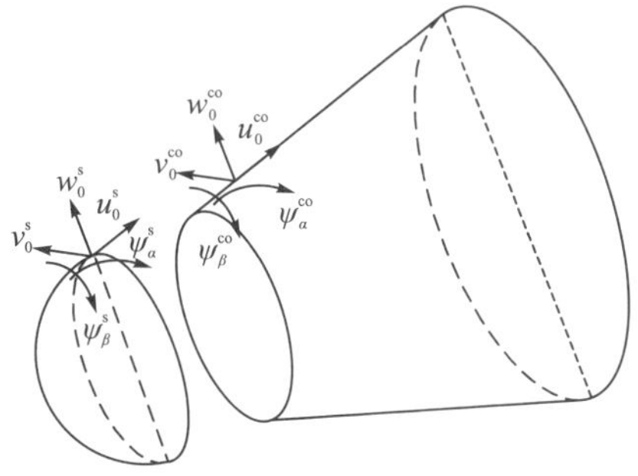

图 8-2　球壳与圆锥壳在耦合连接界面处位移示意图

与圆锥壳与环板耦合类似，在这里同样是通过引入一组包含线性弹簧和扭转约束弹簧在内的人工虚拟弹簧来满足耦合连接位置处的位移和力连续协调条件。因此，球壳与圆锥壳之间的耦合弹簧势能可以表示为

$$V_{sc}=\frac{1}{2}\int_{-h/2}^{h/2}\int_{0}^{2\pi}\left\{\begin{array}{l}k_{cu}\left(u_0^s\big|_{\alpha=\varphi_1}-u_0^{co}\big|_{\alpha=R_{0co}/\sin\theta}\right)^2+k_{cv}\left(v_0^s\big|_{\alpha=\varphi_1}-v_0^{co}\big|_{\alpha=R_{0co}/\sin\theta}\right)^2\\[2mm]+k_{cw}\left(w_0^s\big|_{\alpha=\varphi_1}-w_0^{co}\big|_{\alpha=R_{0co}/\sin\theta}\right)^2+k_{c\alpha}\left(\psi_\alpha^s\big|_{\alpha=\varphi_1}-\psi_\alpha^{co}\big|_{\alpha=R_{0co}/\sin\theta}\right)^2\\[2mm]+k_{c\beta}\left(\psi_\beta^s\big|_{\alpha=\varphi_1}-\psi_\beta^{co}\big|_{\alpha=R_{0co}/\sin\theta}\right)^2\end{array}\right\}A\mathrm{d}\beta\mathrm{d}z$$

$$(8\text{-}3)$$

对于圆锥壳与圆柱壳耦合，同样需要引入一组人工虚拟弹簧来满足耦合连接界面的位移和物理容许协调条件，如图 8-3 所示。此时，圆锥壳与圆柱壳耦合连接界面处的连续条件表示为

$$u_0^{cy}=u_0^{co}\cos\theta-w_0^{co}\sin\theta,\ v_0^{cy}=v_0^{co},\ w_0^{cy}=w_0^{co}\cos\theta+u_0^c\sin\theta$$
$$\psi_\alpha^{cy}=\psi_\alpha^{co},\ \psi_\beta^{cy}=\psi_\beta^{co}$$

$$(8\text{-}4)$$

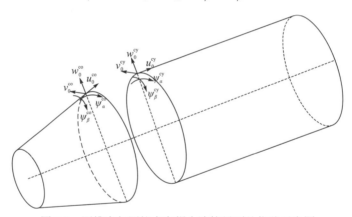

图 8-3　圆锥壳与圆柱壳在耦合连接界面处位移示意图

相应地，存储在圆锥壳和圆柱壳耦合连接界面的人工虚拟弹簧中的势能可以描述为

$$V_{cc}=\frac{1}{2}\int_{-h/2}^{h/2}\int_{0}^{2\pi}\left\{\begin{array}{l}k_{cu}\left(u_0^{cy}\big|_{\alpha=0}-u_0^{co}\big|_{\alpha=R_{0co}/\sin\theta+L_{co}}\cos\theta+w_0^{co}\big|_{\alpha=R_{0co}/\sin\theta+L_{co}}\sin\theta\right)^2\\[2mm]+k_{cv}\left(v_0^{cy}\big|_{\alpha=0}-v_0^{co}\big|_{\alpha=R_{0co}/\sin\theta+L_{co}}\right)^2+k_{cw}\left(w_0^{cy}\big|_{\alpha=0}-w_0^{co}\big|_{\alpha=R_{0co}/\sin\theta+L_{co}}\cos\theta\right)^2\\[2mm]+k_{c\alpha}\left(\psi_\alpha^{cy}\big|_{\alpha=0}-\psi_\alpha^{co}\big|_{\alpha=R_{0co}/\sin\theta+L_{co}}\right)^2+k_{c\beta}\left(\psi_\beta^{cy}\big|_{\alpha=0}-\psi_\beta^{co}\big|_{\alpha=R_{0co}/\sin\theta+L_{co}}\right)^2\end{array}\right\}A\mathrm{d}\beta\mathrm{d}z$$

$$(8\text{-}5)$$

根据第 7 章，环板与圆柱壳在耦合连接界面处的位移和力连续协调条件为

$$u_0^{\mathrm{cy}}\big|_{\alpha=\alpha_{\mathrm{ak}}}=-w_0^{\mathrm{a},k}\big|_{\alpha=\alpha_{\mathrm{ak}}},\ v_0^{\mathrm{cy}}\big|_{\alpha=\alpha_{\mathrm{ak}}}=v_0^{\mathrm{a},k},\ w_0^{\mathrm{cy}}\big|_{\alpha=\alpha_{\mathrm{ak}}}=u_0^{\mathrm{a},k},\ \psi_\alpha^{\mathrm{cy}}\big|_{\alpha=\alpha_{\mathrm{ak}}}=\psi_\alpha^{\mathrm{a},k} \tag{8-6}$$

此时，可以得到第 k 个环板与圆柱壳之间的弹簧势能：

$$V_{\mathrm{ca}}^k=\frac{1}{2}\int_{-h/2}^{h/2}\int_0^{2\pi}\left\{\begin{array}{l}k_{\mathrm{cu}}\left(u_0^{\mathrm{cy}}\big|_{\alpha=\alpha_{\mathrm{an}}}-w_0^{\mathrm{a},k}\big|_{\alpha=R_{\mathrm{la}}}\right)^2+k_{\mathrm{cv}}\left(v_0^{\mathrm{cy}}\big|_{\alpha=\alpha_{\mathrm{an}}}-v_0^{\mathrm{a},k}\big|_{\alpha=R_{\mathrm{la}}}\right)^2\\[3mm]+k_{\mathrm{cw}}\left(w_0^{\mathrm{cy}}\big|_{\alpha=\alpha_{\mathrm{an}}}-u_0^{\mathrm{a},k}\big|_{\alpha=R_{\mathrm{la}}}\right)^2+k_{\mathrm{c}\alpha}\left(\psi_\alpha^{\mathrm{cy}}\big|_{\alpha=\alpha_{\mathrm{an}}}-\psi_\alpha^{\mathrm{a},k}\big|_{\alpha=R_{\mathrm{la}}}\right)^2\end{array}\right\}A\mathrm{d}\theta\mathrm{d}z \tag{8-7}$$

8.2.2　谱几何动力学模型

对于球-锥-柱耦合结构分析模型，各子结构的位移变量 $u_0^\zeta(\alpha,\beta,t)$、$v_0^\zeta(\alpha,\beta,t)$、$w_0^\zeta(\alpha,\beta,t)$ 和旋转变量 $\psi_\alpha^\zeta(\alpha,\beta,t)$、$\psi_\beta^\zeta(\alpha,\beta,t)$ 均可以采用周向方向傅里叶正余弦谐波函数展开与母线方向谱几何展开的混合级数来表示，具体展开式可描述为

$$u_0^\zeta(\alpha,\beta,t)=\left[\boldsymbol{\Phi}(\alpha,\beta),\boldsymbol{\Phi}_c(\alpha,\beta)\right]\left[\boldsymbol{A}_{u\zeta}\right]\mathrm{e}^{\mathrm{j}\omega t} \tag{8-8a}$$

$$v_0^\zeta(\alpha,\beta,t)=\left[\boldsymbol{\Phi}(\alpha,\beta),\boldsymbol{\Phi}_c(\alpha,\beta)\right]\left[\boldsymbol{A}_{v\zeta}\right]\mathrm{e}^{\mathrm{j}\omega t} \tag{8-8b}$$

$$w_0^\zeta(\alpha,\beta,t)=\left[\boldsymbol{\Phi}(\alpha,\beta),\boldsymbol{\Phi}_c(\alpha,\beta)\right]\left[\boldsymbol{A}_{w\zeta}\right]\mathrm{e}^{\mathrm{j}\omega t} \tag{8-8c}$$

$$\psi_\alpha^\zeta(\alpha,\beta,t)=\left[\boldsymbol{\Phi}(\alpha,\beta),\boldsymbol{\Phi}_c(\alpha,\beta)\right]\left[\boldsymbol{A}_{\alpha\zeta}\right]\mathrm{e}^{\mathrm{j}\omega t} \tag{8-8d}$$

$$\psi_\beta^\zeta(\alpha,\beta,t)=\left[\boldsymbol{\Phi}(\alpha,\beta),\boldsymbol{\Phi}_c(\alpha,\beta)\right]\left[\boldsymbol{A}_{\beta\zeta}\right]\mathrm{e}^{\mathrm{j}\omega t} \tag{8-8e}$$

式中，$\boldsymbol{\Phi}(\alpha,\beta)$ 和 $\boldsymbol{\Phi}_c(\alpha,\beta)$ 分别表示由傅里叶余弦级数与辅助函数组成的函数向量，此外符号变量 α 和 β 的具体含义请参考各子结构在前述章节的具体描述，在此不一一赘述。$\boldsymbol{A}_q(q=u\zeta,\ v\zeta,\ w\zeta,\ \alpha\zeta,\ \beta\zeta)$ 表示由位移系数 A_{mn}^q、$A_{ln}^{q,c}$ 组成的广义系数向量；ω 表示系统的圆频率。上述函数向量采用克罗内克积形式可表示为

$$\boldsymbol{\Phi}(\alpha,\beta)=\begin{bmatrix}\cos(\lambda_0\alpha),\cos(\lambda_1\alpha),\cdots,\\\cos(\lambda_m\alpha),\cdots,\cos(\lambda_M\alpha)\end{bmatrix}\otimes\begin{bmatrix}\cos(\lambda_0\beta),\cos(\lambda_1\beta),\cdots,\\\cos(\lambda_n\beta),\cdots,\cos(\lambda_N\beta)\end{bmatrix} \tag{8-9a}$$

$$\boldsymbol{\Phi}_c(\alpha,\beta)=\begin{bmatrix}\sin(\lambda_{-2}\alpha),\sin(\lambda_{-1}\alpha)\end{bmatrix}\otimes\begin{bmatrix}\cos(\lambda_0\beta),\cos(\lambda_1\beta),\cdots,\\\cos(\lambda_n\beta),\cdots,\cos(\lambda_N\beta)\end{bmatrix} \tag{8-9b}$$

$$\boldsymbol{A}_q=\begin{bmatrix}\boldsymbol{A}_q^f;\boldsymbol{A}_q^c\end{bmatrix} \tag{8-9c}$$

$$\boldsymbol{A}_q^f=\begin{bmatrix}A_{00}^q,\cdots,A_{0n}^q,\cdots,A_{0N}^q,\cdots,A_{m0}^q,\cdots,A_{mn}^q,\cdots,\\A_{mN}^q,\cdots,A_{M0}^q,\cdots,A_{Mn}^q,\cdots,A_{MN}^q\end{bmatrix}^{\mathrm{T}} \tag{8-9d}$$

$$\boldsymbol{A}_q^c=\begin{bmatrix}A_{-20}^{q,c},\cdots,A_{-2n}^{q,c},\cdots,A_{-2N}^{q,c},A_{-10}^{q,c},\cdots,A_{-1n}^{q,c},\cdots,A_{-1N}^{q,c}\end{bmatrix}^{\mathrm{T}} \tag{8-9e}$$

式中，$\lambda_m=m\pi/L_o$，L_o 为母线长度；n 为周向波数；N 为方向的周向波数；m 为轴向模态阶数；M 为母线 α 方向上的位移函数截断数。

将式(8-8)和式(8-9)代入式(8-1)中，并采用里兹法对未知系数进行变分极值运算：

$$\frac{\partial \Xi}{\partial \iota} = 0, \quad \iota = A_{u\zeta}、A_{v\zeta}、A_{w\zeta}、A_{x\zeta}、A_{\theta\zeta} \tag{8-10}$$

即可得到以矩阵向量形式表达的球-锥-柱耦合结构动力学特性求解方程：

$$\left(K - \omega^2 M\right)H = F \tag{8-11}$$

式中，K 和 M 分别表示刚度矩阵和质量矩阵，F 为力向量矩阵。通过特征值提取、模态叠加法、Newmark 法等数学运算对式(8-11)进行数学操作，即可轻松获得耦合结构的自由振动、简谐响应以及瞬态动力学响应等动力学特性，相关数学运算在此不再赘述，请参考第 2 章。

8.3　数值结果与讨论

本节将基于 8.2 节所构建的球-锥-柱耦合结构动力学特性分析模型，进行自由振动、简谐响应以及瞬态响应特性分析与讨论。除特殊说明，本节算例中的几何参数设定为：球壳：$h_s = 0.05\text{m}$、$R_s = (R_{1co} - L_{co}\sin\theta)/\cos\theta$、$\varphi_1 = 90° - \theta$；圆锥壳：$h_{co} = 0.05\text{m}$、$R_{1co} = 1\text{m}$、$\alpha_0 = 30°$、$L_{co} = 1\text{m}$；圆柱壳：$h_{cy} = 0.05\text{m}$、$R_{cy} = 1\text{m}$、$L_{cy} = 5\text{m}$；环板：$h_a = 0.05\text{m}$、$R_{0a} = 0.2\text{m}$、$R_{1a} = 1\text{m}$；材料参数设定为：弹性模量 $E = 2.06 \times 10^{11}\text{Pa}$、泊松比 $\mu = 0.3$、密度 $\rho = 7850\ \text{kg/m}^3$。

8.3.1　自由振动特性分析

为了验证本章构建的模型的准确性和可靠性，表 8-1 给出了环板数量 $N_a = 1$ 时球-锥-柱耦合结构前 10 阶固有频率，其中环板的耦合位置为 $\alpha_{a1} = L_{cy}/2$，边界条件设定为 FF_a、CF_a、SSF_a 和 SDF_a。符号 F、SS、SD、C 对应的边界条件参见 7.3 节，下标 a 表示环板的内边界。从表 8-1 可以看出，本章模型(SGM)计算结果与 FEM 结果吻合良好。

表 8-1　不同边界条件下球-锥-柱耦合结构前 10 阶固有频率　　　（单位：Hz）

边界条件	方法	模态阶次									
		1	2	3	4	5	6	7	8	9	10
FF$_a$	SGM	64.98	64.98	101.05	101.05	122.59	160.47	160.47	173.71	173.71	182.25
	FEM	64.45	64.45	100.61	100.61	119.48	159.89	159.89	173.21	173.21	182.16
	偏差	−0.83%	−0.83%	−0.43%	−0.43%	−2.61%	−0.36%	−0.36%	−0.29%	−0.29%	−0.05%
CF$_a$	SGM	48.23	48.23	119.09	141.80	158.09	158.09	172.60	172.60	175.12	175.12
	FEM	48.19	48.19	116.07	141.80	157.52	157.52	172.15	172.15	175.03	175.03
	偏差	−0.10%	−0.10%	−2.61%	0.00%	−0.36%	−0.36%	−0.26%	−0.26%	−0.05%	−0.05%

续表

边界条件	方法	模态阶次									
		1	2	3	4	5	6	7	8	9	10
SSF_a	SGM	48.07	48.07	119.09	141.80	157.83	157.83	172.57	172.57	174.73	174.73
	FEM	48.02	48.02	116.07	141.79	157.26	157.26	172.13	172.13	174.64	174.64
	偏差	−0.09%	−0.09%	−2.60%	0.00%	−0.36%	−0.36%	−0.26%	−0.26%	−0.05%	−0.05%
SDF_a	SGM	122.59	141.80	154.46	154.46	165.17	165.17	172.56	172.56	176.65	176.65
	FEM	119.48	141.79	153.83	153.83	165.05	165.05	172.13	172.13	175.95	175.95
	偏差	−2.61%	0.00%	−0.41%	−0.41%	−0.07%	−0.07%	−0.25%	−0.25%	−0.40%	−0.40%

表 8-2 给出了 CC_a、FC_a、SSC_a 和 SDC_a 边界条件下球-锥-柱耦合结构($N_a=2$) 前 10 阶固有频率，环板的耦合位置分别为 $\alpha_{a1}=L_{cy}/3$ 和 $\alpha_{a2}=2L_{cy}/3$。从表 8-2 可知，本章模型(SGM)计算结果与 FEM 结果吻合良好，最大相对偏差不超过 1.66%。为了进一步验证本章模型(SGM)的准确性，图 8-4 给出了 FF_a 和 CC_a 边界条件下耦合结构前 8 阶模态振型对比结果。从图 8-4 可以看出，本章模型(SGM)可以准确获得耦合结构的模态振型。

综上所述，本章所构建的球-锥-柱耦合结构分析模型可以有效求解任意边界条件下耦合结构的自由振动特性，其中环板数量和耦合位置可以任意设置。

表 8-2　不同边界条件下球-锥-柱耦合结构前 10 阶固有频率　　　　(单位：Hz)

模态阶次	CC_a			FC_a		
	SGM	FEM	偏差	SGM	FEM	偏差
1	100.39	100.09	−0.30%	25.51	25.09	−1.66%
2	100.39	100.09	−0.30%	73.37	72.94	−0.58%
3	160.12	160.19	0.04%	73.37	72.94	−0.58%
4	208.10	208.13	0.01%	83.58	83.66	0.09%
5	236.45	235.68	−0.33%	110.04	109.30	−0.68%
6	236.45	235.68	−0.33%	110.04	109.30	−0.68%
7	249.68	249.01	−0.27%	118.28	117.44	−0.72%
8	249.68	249.01	−0.27%	118.28	117.44	−0.72%
9	261.21	260.38	−0.32%	166.97	166.42	−0.33%
10	261.21	260.38	−0.32%	166.97	166.42	−0.33%
模态阶次	SSC_a			SDC_a		
	SGM	FEM	偏差	SGM	FEM	偏差
1	100.38	100.08	−0.30%	25.51	25.09	−1.66%
2	100.38	100.08	−0.30%	97.15	96.82	−0.34%

续表

模态阶次	SSC$_a$			SDC$_a$		
	SGM	FEM	偏差	SGM	FEM	偏差
3	160.12	160.18	0.04%	97.15	96.82	−0.34%
4	207.83	207.85	0.01%	160.12	160.18	0.04%
5	236.44	235.68	−0.32%	236.42	235.66	−0.32%
6	236.44	235.68	−0.32%	236.42	235.66	−0.32%
7	249.68	249.00	−0.27%	249.68	249.00	−0.27%
8	249.68	249.00	−0.27%	249.68	249.00	−0.27%
9	261.10	260.26	−0.32%	260.40	259.52	−0.34%
10	261.10	260.26	−0.32%	260.40	259.52	−0.34%

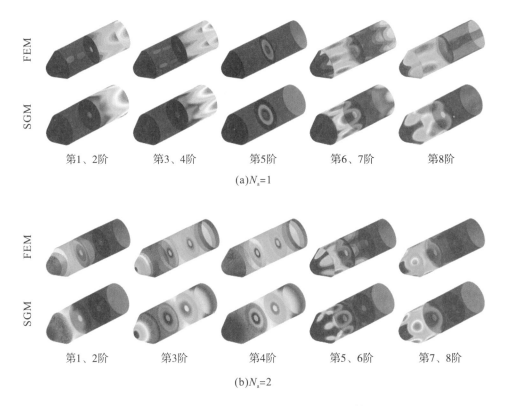

图 8-4　不同环板数量下球-锥-柱耦合结构前 8 阶模态振型

　　在分析模型正确性验证的基础上，为了更深入地了解球-锥-柱耦合结构的动力学特性，下面针对不同边界条件下球-锥-柱耦合结构自由振动特性开展参数化研究。图 8-5 给出了圆锥壳半顶角 θ 对球-锥-柱耦合结构固有频率的影响规律，其

中边界条件设定为 CC_a、SSC_a、SDC_a 和 FC_a，环板数量 $N_a=2$，其耦合位置分别为 $\alpha_{a1}=L_{cy}/3$ 和 $\alpha_{a2}=2L_{cy}/3$，半顶角 θ 变化区间为 $[15°, 60°]$，$m=1$。从图 8-5 可以看出，在 CC_a、SSC_a、SDC_a 边界条件下，半顶角 θ 的增大会使得球-锥-柱耦合结构各阶固有频率呈现上升趋势，这是因为随着半顶角 θ 增大，耦合结构前端的球壳-圆锥壳耦合结构更加趋向于一个圆板结构，这可以有效提升结构刚度，从而提高耦合结构的固有频率。而在 FC_a 边界条件下，半顶角 θ 对耦合结构固有频率的影响与周向波数 n 有一定关联性，$n=1$ 时固有频率会随着半顶角 θ 的增大而增大。取半顶角 $\theta=30°$，提出了 $n=1$ 和 $n=4$ 对应模态阶次的模态振型，如图 8-5(c) 所示。从图 8-5(c) 不难看出，$n=4$ 对应的模态振型峰值区域大多位于圆柱壳结构上，因此对于其他周向波数下的固有频率，虽然其变化趋势整体也是上升的，但是变化幅度较不明显。

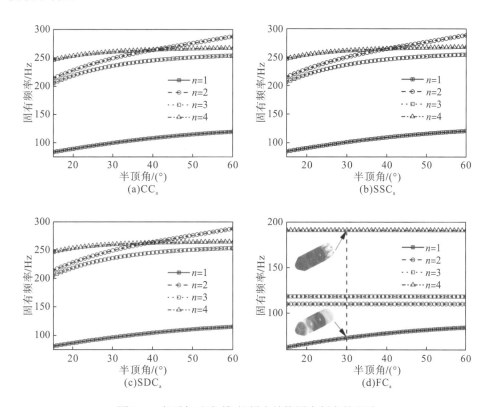

图 8-5　半顶角对球-锥-柱耦合结构固有频率的影响

图 8-6 展现了 CC_a、SSC_a、SDC_a 和 FC_a 边界条件下球-锥-柱耦合结构固有频率随环板间距 L_a 的变化情况，其中环板间距 L_a 从 0.2m 递增至 5m，环板数量 $N_a=2$，耦合位置分别为 $\alpha_{a1}=(L_{cy}-L_a)/2$ 和 $\alpha_{a2}=(L_{cy}+L_a)/2$，$m=1$。从图 8-6 可以看出，无论边界条件如何，环板间距 L_a 的增大都会使得球-锥-柱耦合结构固有频

率呈现先升高后降低的趋势。从图 8-6(a)中的模态振型可以看出，当环板间距 L_a 小于特定值时，耦合结构的模态振型集中在前端球壳-圆锥壳耦合结构，其刚度会随着环板间距 L_a 的增大而增大；当环板间距 L_a 超过特定值后，耦合结构的模态振型会集中在后端的圆柱壳结构上，其刚度会随着环板间距 L_a 的增大而减小。对于 $n=1$ 对应的模态阶次固有频率，最大值出现在 $4\sim5m$；对于其余阶次固有频率，在 CC_a、SSC_a 和 SDC_a 边界条件下，最大值出现在 $1.5\sim2m$，而在 FC_a 边界条件下，最大值出现在 $2.5\sim3m$。

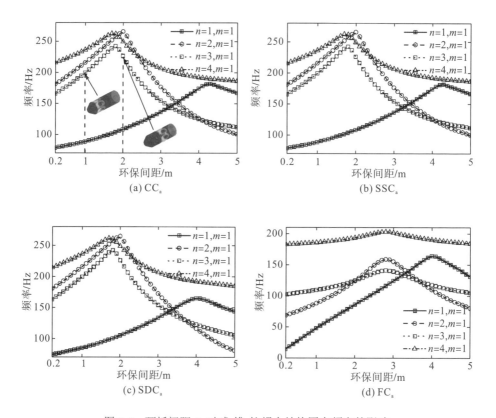

图 8-6　环板间距 L_a 对球-锥-柱耦合结构固有频率的影响

图 8-7 给出了环板数量 N_a 对球-锥-柱耦合结构前 20 阶固有频率的影响，其中边界条件定义为 CC_a、SSC_a、SDC_a 和 FC_a。为了简化研究，假定环板在圆柱壳内的耦合布置为均匀布置，此时间隔为 $L_a=L_{cy}/(N_a+1)$。从图 8-7 可以看出，当 N_a 从 0 递增至 3 时，由于环板的存在可以有效提高耦合结构的整体刚度，从而增加其各阶次固有频率；在 FC_a 边界条件下，当 $N_a>1$ 时，环板数量 N_a 的增加对于耦合结构固有频率的影响较小。

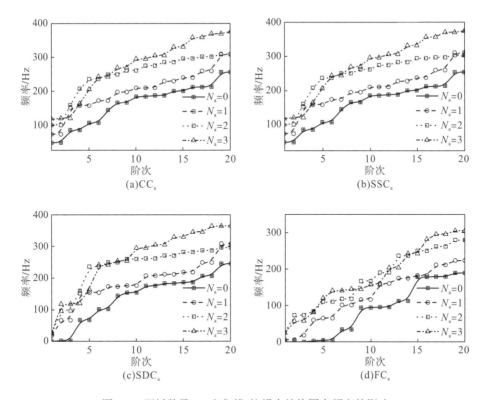

图 8-7　环板数量 N_a 对球-锥-柱耦合结构固有频率的影响

8.3.2　简谐响应特性分析

8.3.1 节对本章球-锥-柱耦合结构动力学分析模型求解自由振动特性的正确性和有效性进行了验证，并且对其自由振动特性进行分析探讨，本节将进一步对球-锥-柱耦合结构的简谐响应进行分析。在本节中，矩阵 $f_\zeta = (f_{u\zeta}, f_{v\zeta}, f_{w\zeta}, f_{a\zeta}, f_{\beta\zeta})$ [ζ=s, co, cy, ak]表示外界激励载荷；$P_e^\zeta = \left[\left(\alpha_0^\zeta, \alpha_1^\zeta \right), \left(\beta_0^\zeta, \beta_1^\zeta \right) \right]$ 表示载荷加载区域，其中 α_0^ζ 和 α_1^ζ 为 α 方向的起点和终点，β_0^ζ 和 β_1^ζ 为 β 方向的起点和终点；$P_m^\zeta = \left[\alpha^\zeta, \beta^\zeta \right]$ 表示测点位置。如未特殊说明，载荷的扫频范围均设置为 1~400Hz。

图 8-8 给出了 CF_a 边界条件下球-锥-柱耦合结构简谐位移响应结果，其中环板数量 $N_a=1$（$\alpha_{a1}=L_{cy}/2$）时，激励载荷 $f^{cy}=(0, 0, -1, 0, 0)$ 作用于圆柱壳上，激励位置为 $P_e^{cy}=[(1m, 3m), (0°, 90°)]$，测点 1、测点 2、测点 3 和测点 4 分别位于圆柱壳、圆锥壳、球壳和环板上，对应的测点位置分别为：$P_m^{cy}=[1m, 0°]$、$P_m^{co}=[0.5m, 0°]$、$P_m^s=[30°, 0°]$ 和 $P_m^{a,1}=[0.6m, 0°]$。作为对比，FEM 结果也在图中给出。从图 8-8

分析可知，无论是从趋势还是峰值方面，本章模型(SGM)的简谐位移响应计算结果与 FEM 结果吻合较好。

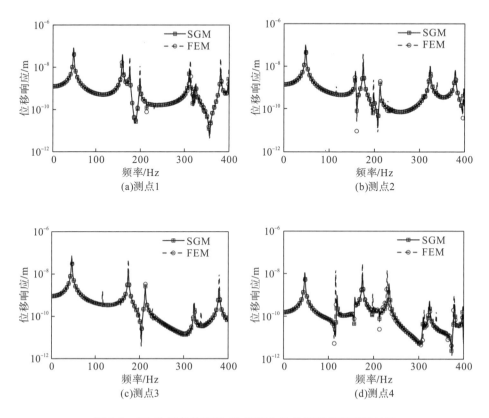

图 8-8   CF$_a$ 边界条件下球-锥-柱耦合结构简谐位移响应结果

图 8-9 给出了 CC$_a$ 边界条件下球-锥-柱耦合结构简谐位移响应特性，其中环板数量 N_a=2 (α_{a1}=L_{cy}/3，α_{a2}=2 L_{cy} /3)。从图 8-9 同样可以看出，本章模型(SGM)的计算结果与 FEM 结果一致性较好。

综上分析，上述数值分析算例验证了本章模型(SGM)预测球-锥-柱耦合结构简谐响应特性的正确性和有效性。

在验证了球-锥-柱耦合结构动力学分析模型求解谐响应正确性和有效性的基础上，下面进一步开展球-锥-柱-耦合结构简谐位移响应参数化研究，测点位置选取为测点 1、测点 2 和测点 3，边界条件均设定为 CC$_a$。图 8-10 给出了不同圆锥壳半顶角 θ 对 CC$_a$ 边界条件下球-锥-柱耦合结构简谐位移响应特性的影响规律，其中环板数量为 N_a=2，耦合位置分别为 α_{a1}=L_{cy}/3 和 α_{a2}=2L_{cy}/3。从图 8-10 可知，无论是对于圆柱壳、圆锥壳还是球壳，圆锥壳的半顶角 θ 的增大会使得球-锥-柱耦合结构简谐位移响应曲线的第 1 个共振峰出现向高频方向移动。这是因为半顶角 θ 的增大可以提高耦合结构整体刚度,从而使其位移响应第 1 个共振峰向高频移动。

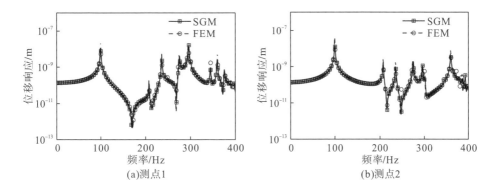

图 8-9　面载荷激励对 CC_a 边界条件下球-锥-柱耦合结构简谐位移响应特性的影响规律

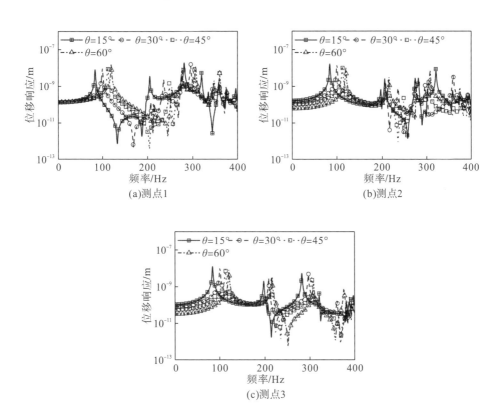

图 8-10　不同圆锥壳半顶角 θ 对 CC_a 边界条件下球-锥-柱耦合结构简谐位移响应特性的影响规律

图 8-11 展示了不同环板间距 L_a 对 CC_a 边界条件下球-锥-柱耦合结构简谐位移响应特性的影响规律，其中环板数量为 $N_a=2$，环板耦合位置分别为 $\alpha_{a1}=(L_{cy}-L_a)/2$ 和 $\alpha_{a2}=(L_{cy}+L_a)/2$。从图 8-11 可知，对于圆柱壳结构而言，随着环板间距 L_a 的增加，简谐位移响应的第 1 个共振峰的位置会先向高频方向移动再向低频方向移动；对于圆锥壳和球壳而言，简谐位移响应的第 1 个共振峰的位置会随着环板间距 L_a 的增大而向高频方向移动。

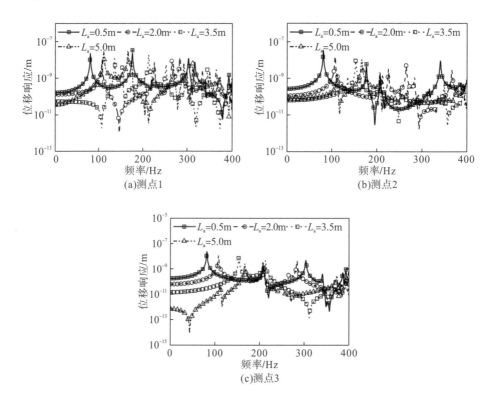

图 8-11　不同环板间距 L_a 对 CC_a 边界条件下球-锥-柱耦合结构简谐位移响应特性的影响规律

图 8-12 给出了不同环板数量 N_a 对 CC_a 边界条件下球-锥-柱耦合结构简谐位移响应特性的影响规律，其中环板在圆柱壳内的排列和图 8-6 算例参数保持一致，即 $L_a=L_{cy}/(N_a+1)$。从图 8-12 可以看出，随着环板数量的增加，球-锥-柱耦合结构简谐位移响应曲线的共振峰向高频方向移动，在相同频段内的共振峰数量有所减少，这是因为增加环板数量 N_a 可以提高耦合结构刚度，使得大多阶次固有频率增大，进而引起耦合结构简谐位移响应共振峰出现向高频偏移的趋势。

图 8-13 给出了不同载荷位置对 CC_a 边界条件下球-锥-柱耦合结构简谐位移响应特性的影响规律，其中环板数量为 $N_a=2$，环板耦合位置分别为 $\alpha_{a1}=L_{cy}/3$ 和 $\alpha_{a2}=2L_{cy}/3$，载荷位置 1：$P_e^{cy}=[(1m, 3m), (0°, 30°)]$、载荷位置 2：$P_e^{cy}=[(1m, 3m),$

（0°, 50°）]、载荷位置 3：P_e^{cy} =[（1m, 3m），（0°, 70°）]、载荷位置 4：P_e^{cy} =[（1m, 3m），
（0°, 90°）]。从图 8-13 可以发现，载荷激励面积的增大对球-锥-柱耦合结构简谐位
移响应曲线的共振峰位置影响较小，但是会对其共振峰谷造成影响，尤其是对于
圆柱壳和圆锥壳，随着载荷激励面积的增大，简谐位移响应的第 1 个共振峰谷出
现向高频方向移动的趋势。

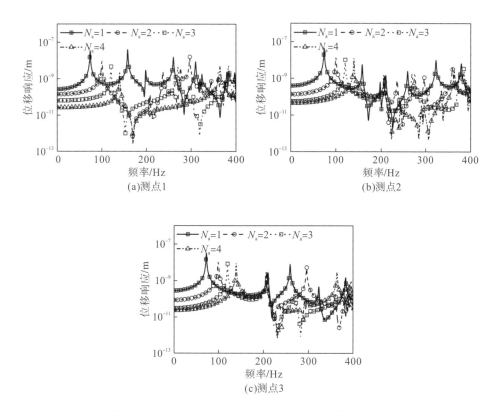

图 8-12　不同环板数量 N_a 对 CC_a 边界条件下球-锥-柱耦合结构简谐位移响应特性的影响规律

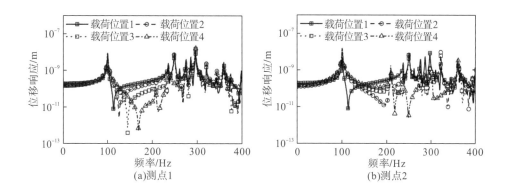

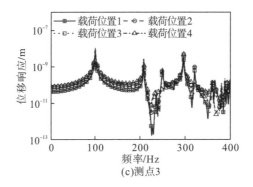

图8-13　不同载荷位置对CC_a边界条件下球-锥-柱耦合结构简谐位移响应特性的影响规律

8.3.3　瞬态动力学特性分析

8.3.1节和8.3.2节已经对球-锥-柱耦合结构的自由振动特性和简谐响应特性开展了分析与讨论，本节将进一步开展瞬态动力学特性分析研究，并开展参数化研究。为了简化研究，若无特殊说明，本节算例中的激励选择为矩阵脉冲类型，激励时间t_0=0.02s、时间增量步Δt=0.001ms、分析时间t=0.04s。

图8-14给出了面激励载荷作用下CF_a边界条件下球-锥-柱耦合结构瞬态位移响应与FEM结果的对比情况，其中环板数量N_a=1(α_{a1}=L_{cy}/2)，激励位置及观测位置与图8-8算例参数保持一致。从图8-14可以看出，无论是从趋势上还是峰值，本章模型(SGM)的计算结果与FEM结果吻合较好。

图8-15给出了在矩形、三角形、半正弦形和指数形四种脉冲类型下球-锥-柱耦合结构在测点1处的瞬态位移响应与FEM结果的对比情况。在该算例中，环板数量N_a=2(耦合位置分别为α_{a1}=L_{cy}/3，α_{a2}=2L_{cy}/3)，载荷作用于圆锥壳上，载荷矩阵为f^{co}=(0,0,-1,0,0)，激励位置为P_e^{co}=[(0m,1m)，(0°，90°)]。从图8-15可以看出，本章模型(SGM)的瞬态位移响应变化趋势和峰值均能与FEM结果较好吻合。

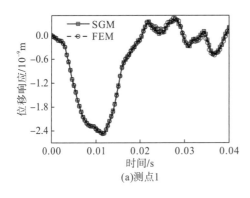

(a)测点1

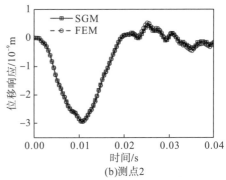

(b)测点2

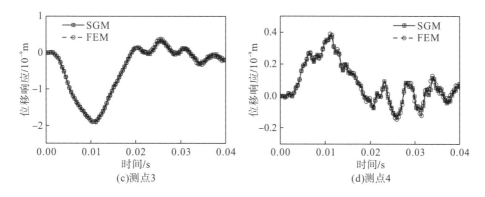

(c)测点3　　　　　　　　　　　　　(d)测点4

图 8-14　面载荷激励对 CF_a 边界条件下球-锥-柱耦合结构瞬态位移响应的影响规律

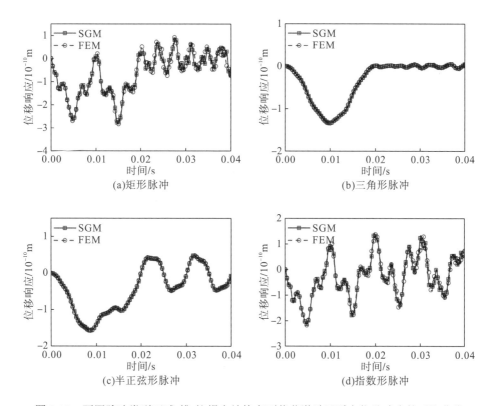

(a)矩形脉冲　　　　　　　　　　　　(b)三角形脉冲

(c)半正弦形脉冲　　　　　　　　　　(d)指数形脉冲

图 8-15　不同脉冲类型下球-锥-柱耦合结构在面载荷激励下瞬态位移响应的对比曲线

为此，上述数值算例证明了本章所建立的球-锥-柱耦合结构动力学分析模型能够有效预测结构的瞬态动力学特性。

在对本章所构建球-锥-柱耦合结构动力学分析模型求解瞬态动力学特性正确性和有效性验证的基础上，下面开展几何结构参数等因素对球-锥-柱耦合结构瞬态位移响应特性的影响研究。为简化后续研究，测点位置为 1、2 和 3，边界条件均设定为 CCₐ。图 8-16 给出了圆锥壳半顶角 θ 对球-锥-柱耦合结构瞬态位移响应的影响规律，其中环板数量和耦合位置与图 8-10 算例参数保持一致，激励载荷位置与图 8-15 算例参数保持一致。从图 8-16 可知，无论是圆柱壳、圆锥壳还是球壳，增大圆锥壳半顶角 θ 都会使得球-锥-柱耦合结构瞬态位移响应出现整体向低频方向移动的趋势，且变化幅度随着半顶角 θ 的变大也会有所降低。

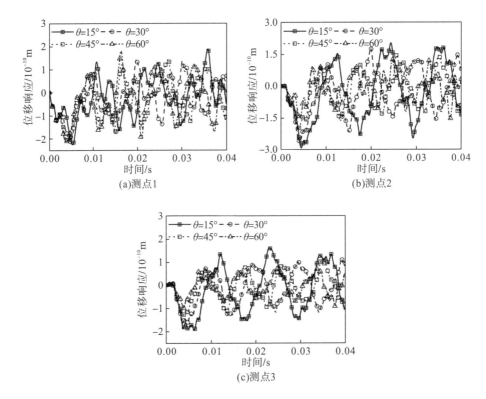

图 8-16 不同圆锥壳半顶角 θ 下的球-锥-柱耦合结构瞬态位移响应特性

图 8-17 给出了环板间距 L_a 对球-锥-柱耦合结构瞬态位移响应的影响规律，其中环板数量和耦合位置与图 8-11 算例参数保持一致，激励载荷位置和图 8-15 算例参数保持一致。从图 8-16 可知，对于圆柱壳，瞬态位移响应的变化幅度要先随着环板间距 L_a 的增大先减小，在 L_a=2.0m 时的变化幅度最小，L_a=5.0 时的变化幅度最大；对于圆锥壳以及球壳，随着环板间距 L_a 的增加，结构的瞬态位移响应的变化幅度会有所降低，当环板间距 L_a=0.5m 时，所对应的结构瞬态位移响应变化幅度要远远大于其他环板间距的，这是因为环板耦合在圆柱壳两端时，可以有效提高圆锥壳以及球壳刚度。

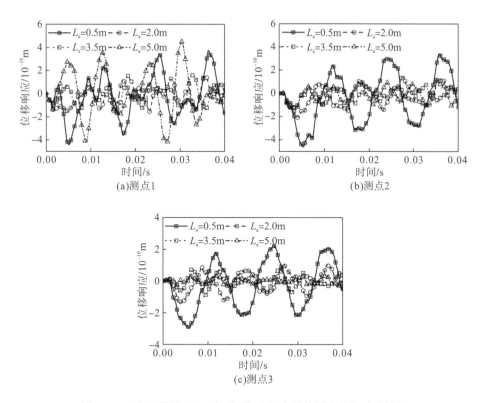

图 8-17　不同环板间距 L_a 的球-锥-柱耦合结构瞬态位移响应特性

　　图 8-18 给出了环板数量 N_a 对球-锥-柱耦合结构瞬态位移响应的影响规律,其中环板在圆柱壳内的耦合排列和图 8-12 算例参数保持一致,其余参数设置与图 8-15 算例参数保持一致。从图 8-18 可知,无论是圆柱壳、圆锥壳还是球壳,环板数量的增加都会有效增加耦合结构刚度,从而降低球-锥-柱耦合结构瞬态位移的变化幅度。

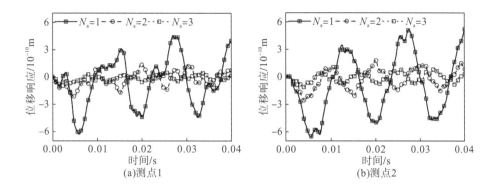

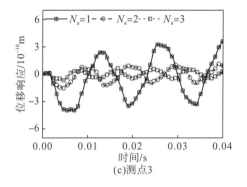

(c)测点3

图 8-18　不同环板数量 N_a 下的球-锥-柱耦合结构瞬态位移响应特性

　　图 8-19 给出了激励载荷位置对球-锥-柱耦合结构瞬态位移响应的影响规律，其中环板数量、耦合位置以及测点位置与图 8-13 算例参数保持一致。从图 8-19 可知，随着激励载荷面积的增大，球-锥-柱耦合结构的瞬态位移响应变化趋势基本不变，整体幅值随着载荷激励面积的增大而增大，这是因为外力做功与激励面积密切相关。

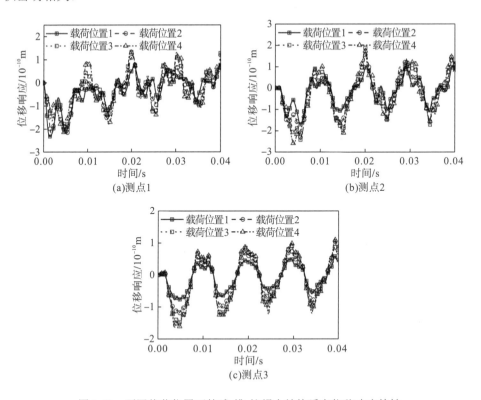

图 8-19　不同载荷位置下的球-锥-柱耦合结构瞬态位移响应特性

图 8-20 给出了矩形、三角形、半正弦形以及指数形 4 种载荷脉冲类型对球-锥-柱耦合结构瞬态位移响应的影响规律，其中环板数量和耦合位置与图 8-10 算例参数保持一致，激励载荷位置和图 8-15 算例参数保持一致。从图 8-20 可以发现，矩形和指数形脉冲载荷下的球-锥-柱耦合结构瞬态位移响应非常接近，其瞬态动力学特性曲线的变化幅度最大，而三角形和半正弦形脉冲的作用效果对球-锥-柱耦合结构的瞬态位移响应的影响最小。

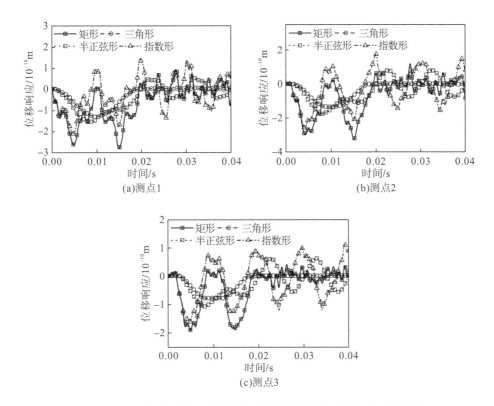

图 8-20　不同载荷脉冲类型下的球-锥-柱耦合结构瞬态位移响应特性

参 考 文 献

[1] Tang Q, Li C, She H, et al. Nonlinear response analysis of bolted joined cylindrical-cylindrical shell with general boundary condition[J]. Journal of Sound and Vibration, 2019, 443: 788-803.

[2] Qin Z, Yang Z, Zu J, et al. Free vibration analysis of rotating cylindrical shells coupled with moderately thick annular plates[J]. International Journal of Mechanical Sciences, 2018, 142: 127-139.

[3] Gao C, Pang F, Cui J, et al. Free and forced vibration analysis of uniform and stepped combined conical-cylindrical-spherical shells: a unified formulation[J]. Ocean Engineering, 2022, 260: 111842.

[4] 刘理, 刘土光. 复合材料锥柱结合壳的自由振动分析[J]. 华中理工大学学报, 1997, 25(9): 33-35.

[5] Caresta M, Kessissoglou N J. Free vibrational characteristics of isotropic coupled cylindrical-conical shells[J]. Journal of Sound and Vibration, 2010, 329(6): 733-751.

[6] Qu Y, Chen Y, Long X, et al. A variational method for free vibration analysis of joined cylindrical-conical shells[J]. Journal of Vibration and Control, 2013, 19(16): 2319-2334.

[7] Pang F, Wu C, Song H, et al. The free vibration characteristics of isotropic coupled conical-cylindrical shells based on the precise integration transfer matrix method[J]. Curved and Layered Structures, 2017, 4(1): 272-287.

[8] Kim K, Kwak S, Choe K, et al. Application of Haar wavelet method for free vibration of laminated composite conical-cylindrical coupled shells with elastic boundary condition[J]. Physica Scripta, 2021, 96(3): 1-10.

[9] Guo C, Liu T, Bin Q, et al. Free vibration analysis of coupled structures of laminated composite conical, cylindrical and spherical shells based on the spectral-Tchebychev technique[J]. Composite Structures, 2022, 281: 114965.